21世纪管理科学与工程系列教材

Human Factors Engineering

人因工程

基础与实践

饶培伦　主编

中国人民大学出版社
· 北京 ·

序 言

国际人因工程学会于2012年1月发表了人因未来发展的白皮书（A strategy for Human Factors/Ergonomics：Developing the discipline and profession），其中特别指出，人因与工效学在设计各类工作系统、产品/服务系统中，极具产出重要贡献的潜力，但在市场的准备和高质量应用的供给方面仍面临着一些挑战。人因与工效学是三个基本特征的独特组合：（1）它具有系统方法；（2）它是设计驱动；（3）它着重于两个密切相关的成果：绩效和福祉。为了促进未来系统设计的发展，人因与工效学必须成功地向主要利害关系人证实它的价值。我们过去熟悉的价值主张——福祉已经能和系统参与者（员工和产品/服务的用户）建立合理的互动模式。然而，对另一个价值主张——绩效，与利害关系人有互动的系统专家（参与系统设计的科技和社会科学专家）、系统决策者（参与系统设计、购买、建置、使用的管理者与决策者），人因与工效学尚待努力建立良好的互动模式。

国际人因工程学会2012年新任理事长王明扬教授选择到北京的清华大学休假研究，显然承担了两个挑战：市场的准备和高质量应用的供给。华人经济市场是全球的枢纽，经济发展必然考虑绩效和福祉，国内人因与工效学的市场正在起飞，前置的准备工作需集众人之力量与智慧，两岸三地人因与工效学大团结是当务之急，本书已见证此发展趋势。高质量应用的供给当然要培育大量高素质的人因与工效学人才，本书适合入门者和初学者，先满足各类高校上课所需；同时抛砖引玉，期待未来陆续出版中级与进阶专业领域的人因与工效学教材，实现高质量应用的人因与工效学人才供给。

饶培伦教授与赵金荣教授的付出建立了成功模式并树立了典范，使两岸三地人因与工效学发展已能与国际接轨，借由本书的编撰、教学、致用，奠立稳固基石，预见产出重要贡献的潜力。

邱文科

前　言

自清华在工业工程系建立人因工程的专业方向已十年有余，这十多年来人因的发展与中国工业化的飞速成长息息相关，不但产业界的岗位需求日渐增加，学术界的人才培养也逐步提升。人因专业人才的舞台不只在传统制造业，从生产或服务的现场到掌握高新科技的研发实验室，都能看到人因专业人才大显身手。

与之相比，中文的人因专著包括教材还有很大的成长空间，尤其是入门的基础教材，既要适合各种背景专业师生的教学，又要奠定继续深入进行科研的基础，着实不易。本书的目标就在于提供这样一本由浅入深又实用易读的基本教材，所以特别邀请台湾人因工程学会的先进前辈倾囊相授，基于多年的教学与实践经验，为人因的基础课程建设贡献心力。同时，本书在编撰时也力求让不同背景的读者能够自行阅读入门，从章节案例中看到人因在各个行业领域与生活角落发挥的作用。时间仓促，书中难免存在不妥之处，敬请各位读者和学者批评指正。

展望未来，人因对于解决中国在工业化和现代化进程中遇到的许多问题应该还能够发挥更大的作用。不管是蓝领的工作条件和保障，白领的压力管理和身心健康，还是食品安全和环境尤其是空气和水的保护，高龄化社会和弱势群体的福祉，乃至信息技术、新能源、医疗体系的变革改善，都是人因专业可以参与改变的，以使大家生活得更好、更幸福。希望本书的读者在字里行间能感受到人因专业对人的根本关怀，学习到人本科技的科学实践方法，让以人为本从概念成为现实。

全书共分 16 章。第 1 章由台湾中原大学吕志维编写，第 2 章由台湾明志科技大学陈一郎编写，第 6 章由台湾中原大学赵金荣编写，第 4 章由台湾中原大学萧育霖编写，第 7 章由台湾圣约翰大学刘伯祥编写，第 8 章由长庚大学邱文科编写，第 9 章由台湾中原大学冯文阳编写，第 3 章、第 5 章、第 10 章、第 11 章、第 12 章以及第 15 章由清华大学饶培伦和陈翠玲合作编写，第 13 章由台湾中原大学赵金荣编写，第 14 章由台湾“建国”科技大学夏太长编写，第 16 章由元智大学周金枚编写。

饶培伦

导　读

人因工程作为一门独立的学科，已经有近 50 年的历史。人因工程这门学科自产生之日起，便以提升人类与其生活和工作中涉及的产品、设备、程序以及环境的交互效用来提高人类的生活水平和工作效率为宗旨。因此，人类作为交互效用中不可缺少的一环而被自然而然地放到了不可替代的位置上。以用户为中心的理念即在于时时刻刻把用户放到最重要的位置，具体则为：产品策略阶段应该满足用户的需求，产品设计和开发阶段应该把对用户的研究和理解作为决策的依据，产品评估阶段也必须以用户的反馈为准绳。

那么，人因工程领域所关注的可能影响交互效用的用户特征都包含哪些内容呢？这些特征各自如何影响交互效用，会影响到交互效用的哪些方面呢？简而言之，用户所有的生理和心理特征，尤其是用户的生理和心理能力的局限性，都会影响到交互效用的发挥，影响到人—机之间的匹配。许多人会有一个误区，即认为人因工程所研究的人的生理和心理特征，与其他学科并非有所不同，如心理学、生理解剖学、医学等。实际上，是有差别的，差别就在于人因工程在这方面的研究更加微观和具体化，其通常结合具体的使用情境来研究人的特性。因此，本书在具体章节中描述人的生理特征和心理特征时，会介绍这些特征会影响到哪些方面，尤其是在设计时应该注意什么。人的生理特征部分将在本书中的第 6 章详细介绍。

人的生理特征主要包括人体尺寸和人的运动生理特征。许多书籍在人的生理特征部分还着重介绍了神经系统与感知、人体运动系统、能量代谢特征、心血管和呼吸系统以及人体活动力量与耐力等方面的特性。神经系统是人体的主导系统，主要是保证人体的统一和与外界环境的相对平衡。心理学家认为，神经系统的活动是实现人的一切心理和意识活动的物质基础。人在日常生活和工作中，都会涉及身体的运动，如果工具设计没有考虑人体的运动系统特性，加上人没有采取适当的姿势，则会对人体造成伤害。了解能量代谢特征有益于划分劳动强度，适用于以体力劳动为主的作业。心血管和呼吸系统主要与重体力劳动有关。当进行不同的操作活动时，人体所需的活动力量和耐力也有所不同，对其进行测定可以减少工作伤害，提高工作效率。这些部分的大多数内容与心理学、解剖学或者医学以及国内其他人因工程方面的书籍介绍的没有差别，本书将适时筛选，一些内容不再一一介绍。在人因工程的研究领域内，人体尺寸主要包括身高、重心、腿长、臂长、手掌尺寸、头部尺寸等。人体尺寸主要与工作场所的设计有关。如安全帽的设计需要考虑人的头部尺寸，鞋子的设计需要考虑人的脚部尺寸等。不同国家、不同区域的人体尺寸有所不同，不同年龄群的用户的人体尺寸也有差异，因此，产品设计需要根据目前和潜在用户群的特征而进行有针对性的设计。

除了人—机器—环境中的人之外，环境部分本书将主要涉及颜色，有关照明、噪声、振动、空气湿度和温度等的内容，现有书籍已经有了比较详实的介绍，本书将不再赘述。本书在撰写过程中主要考虑到人—机之间的匹配，将笔墨着重放在了人和机器两方面。前面已经介绍了本书着重探讨的人的生理和心理特征方面，在机器方面，主要从实用性和适用性的角度介绍了人体测量与作业区域设计、人工物料搬运设计、手工具设计、用户界面设计、控制器设计、显示器设计以及人机交互设计。此外，还介绍了在操作过程中重复性骨骼肌肉伤害的防治、人为差错产生的原因和意外事故的预防。考虑到国内许多人因工程方面的图书并未详细涉及绩效评估部分，特加入不同情境下适合采用的绩效评估方法。最后一章以轻松的笔调介绍了目前人因工程的主要应用案例。

目　录

第 1 章 Chapter 1 人因工程与生物力学

导 言

我们的肌肉骨骼系统担任支持身体和运动的主要角色，了解它们的功能和限制有助于了解我们自身的力学系统；没有骨骼的肌肉只能是软瘫在地上，一般而言，在工作或运动时使用哪些肌肉和骨骼都不需要特别考虑动作。骨骼在身体中扮演支撑的角色，正如建筑物的大梁或柱子，又如我们搭帐篷时的营柱，其他对象都连接到它上面，所有肌肉都必须附在骨骼上才能有效地运动。

每个人在一天中都不断地走动或做一些动作。你是否想过为何能握一杯水在空中不动？在这看似不动的姿势下身体的肌肉是如何协调完成的？各个不同肌肉群出了多少力？或者在打棒球挥棒时身体如何运动？乒乓球的杀球为何能如此快速？要回答上述问题，可以把我们的身体看成一个力学系统，它必须按照相关的物理定理来运作。很多情况下，我们的姿势都是不动的，这时就要考虑平衡的问题了，一旦失去身体的力学系统平衡就可能发生跌倒、滑倒的现象。生物力学就是研究上述问题的科学。

一、生物力学是什么

生物力学的英文为 biomechanics，bio 是生物或生命学的意思，如生物学的英文就为 biology，而 mechanics 在与力的作用有关的研究中被称作力学。国际上使用这个合成词大约是在 1970 年以后，代表研究的主题是在活体或生物上与运动或活动有关的范畴。目前网络上使用最为广泛的维基百科——自由的百科全书对其的定义则为：生物力学是采用力学的理论来研究生物体内物质运动的学科。研究主题可以概括地分为以下三方面：（1）生物结构与功能的关系；

（2）生物体的调节与控制机制；（3）生物的应力—生长关系。

生物力学最早由英国牛顿爵士所发现的牛顿力学三定律——古典力学发展而来。在分析身体活动行为的部分时，一般身体的关节在静力学上可以根据支点、施力点和作用力点三者位置之间的关系分成三种不同的杠杆。三者关系有三种：支点在中间，作用力点和施力点在两边（如颈部支撑头部重量）；施力点在中间，支点和作用力点在两侧（如前臂抬举物品）；作用力点在中间，支点和施力点在两侧（如行走时抬起脚跟）。由此可推知人体活动过程中所施的力。

所以，生物力学使用的工具为基本力学，用以解答有关生物体结构或功能，因此对力学和身体结构的了解是学习生物力学的要件；反之，生物力学的研究范畴也包括人体的结构和一些基本的力学。

二、基本力学

生物力学使用的力学不是所谓的现代量子力学，而是一般的古典力学。古典力学分为固体力学和流体力学，而固体力学又可分为不动的刚体力学和作用面会变动的变形体力学；刚体力学又分为静力学（即处理物体在平衡或静止时问题的力学）和动力学（即处理物体在运动中问题的力学），而变形体力学则为处理物体变形和内部应力等问题的力学，主要分为材料力学、弹性力学和塑性力学三支（见图 1—1）。

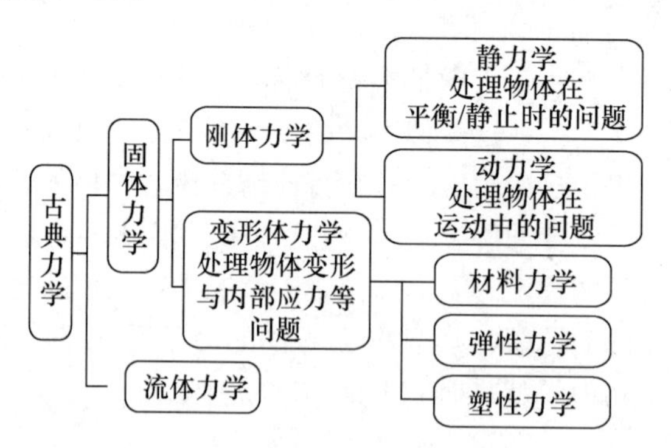

图 1—1　古典力学的分支图

一般，在人因工程上运用的生物力学是刚体力学，如利用静力学来分析平衡时身体某姿势的用力状态，或使用动力学来分析身体运动时的力量或角度。

古典力学中最重要的内容是英国牛顿爵士所发现的牛顿力学三定律，其要点分述如下：

第一运动定律：当物体不受外力或所受外力的合力为零时，若原为静止者，恒保持静止状态；若为运动者，将维持原有速度作匀速的直线运动。

第二运动定律：当物体所受的力总合不为零时，必定在其合力方向产生一个加速度，其加速度的大小与外力成正比，与物体质量成反比。即力量为质量

和加速度的乘积或力量为质量和速度的微分的乘积。

$$\sum \boldsymbol{F} = m\boldsymbol{a}$$

$$\sum \boldsymbol{F} = \frac{\mathrm{d}}{\mathrm{d}t}(m\boldsymbol{v})$$

第三定律：当两个物体互相作用时，彼此施加于对方的力，大小相等、方向相反。

类似于牛顿第二运动定律，力矩与角加速度之间的关系可用下式描述：

$$\sum \boldsymbol{M} = I\boldsymbol{\alpha}$$

式中，I 为质量惯性矩（mass moment of inertia）。

向量：表现力的方法。有时无法对力进行直接计算，必须在平面上依坐标把力分解到 X 轴和 Y 轴两个方向以方便计算和分析，而力可以分解成为 X 轴上和 Y 轴上两个互相垂直的力。

单位：在力学系统中，国际常用的公制为（m，N，s），即米（m），牛顿（N）和秒（s）；而力矩即为米牛顿（Nm）。但在生物力学的人体上，因人体的长度很少大过 2 厘米，最常用的长度单位为厘米（cm），所以力矩即为厘米牛顿（Ncm）。

如图 1—2 所示，设 $\boldsymbol{i}$ 和 $\boldsymbol{j}$ 为沿 X 和 Y 轴的单位向量，则 $F_X\boldsymbol{i}$ 和 $F_Y\boldsymbol{j}$ 为 $\boldsymbol{F}$ 的直角坐标分量 。

q：力 $\boldsymbol{F}$ 与 X 轴的夹角。

$$\boldsymbol{F} = F_X\boldsymbol{i} + F_Y\boldsymbol{j}$$

$$F_X = \boldsymbol{F}\cos q; F_Y = \boldsymbol{F}\sin q$$

$$\tan q = \frac{F_Y}{F_X}$$

$$|\boldsymbol{F}| = \sqrt{F_X^2 + F_Y^2}$$

三维空间中，需要 X，Y 与 Z 三个相互垂直的直角坐标轴来描述，力 $\boldsymbol{F}$ 的分量为：

$$F_X = \boldsymbol{F}\cos q_X; F_Y = \boldsymbol{F}\sin q_Y; F_Z = \boldsymbol{F}\cos q_Z$$

$$|\boldsymbol{F}| = \sqrt{F_X^2 + F_Y^2 + F_Z^2}$$

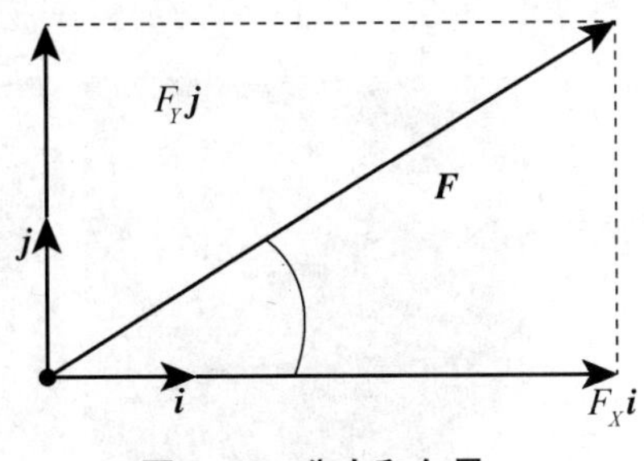

图 1—2 分力和向量

三、与工作或生活相关的生物力学

生活中和生物力学有关的例子有很多，如我们打棒球时，球受到棒的击打而飞到全垒打界即动力学的例子，可以用动力学来说明球为何能飞得如此远。而走钢丝的人大多拿一支大铁杆保持平衡。

一般身体的关节在静力学上可以根据支点、施力点和作用力点三者位置之间的关系分成三种不同的杠杆。

（一）支点在中间，作用力点和施力点在两边

在我们身体上的例子，就是我们的头颈部。头部的重量造成作用力点在头部前面，支点大约在颈椎，而施力的为后颈的肌肉，施力点在后颈部位。即支点在中间，作用力点和施力点在两侧的杠杆。图 1—3 为颈椎施力照片。

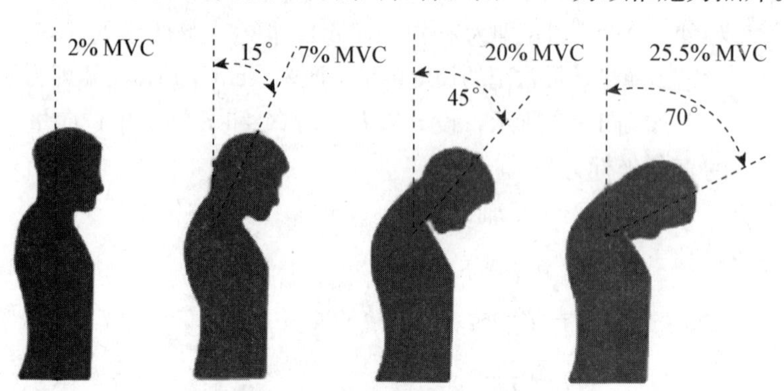

图 1—3　颈椎施力的照片

（二）施力点在中间，支点和作用力点在两侧

在我们身体上的例子为我们的前臂或前肢。当我们利用前臂举物时，必须弯曲手肘，如举水杯或钓鱼时举鱼竿的动作，此时我们的肌肉（如肱二头肌的一头）附着在尺骨或腠骨上为施力点，手部举着水杯为作用力点，而肘部的关节为转动时不动的支点。图 1—4 为前臂举物照片。

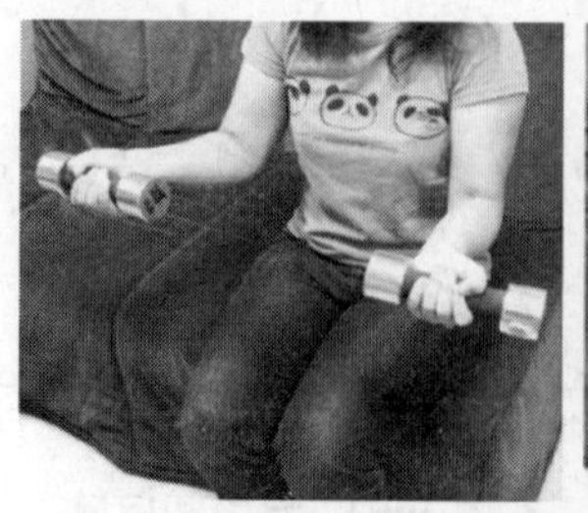

图 1—4　前臂举物的照片

(三) 作用力点在中间，支点和施力点在两侧

在我们身体上的例子为我们的脚，当我们站立时，大多数的重量从上面分到脚跟和脚指部分，如我们要前进，此时我们的肌肉如腓长肌收缩，足部就能抬起为作用力点，而在足尖部的关节为不动的支点，进而能抬起脚跟。图 1—5 为抬起脚跟照片。

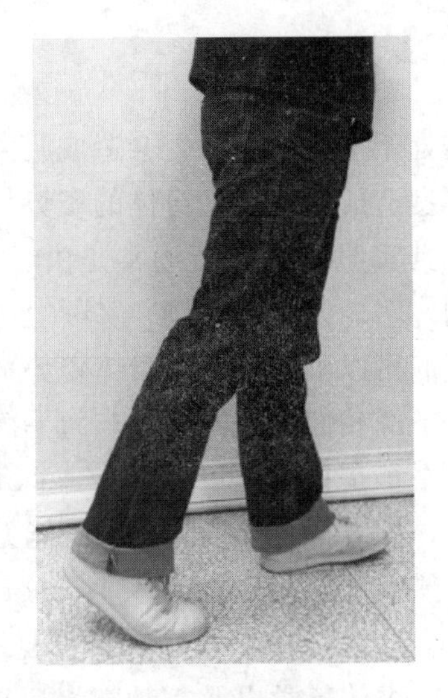

图 1—5　抬起脚跟的照片

生活中还有其他很多例子，只要多注意就可以发现。图 1—6 中一个人手中握有 10kg 的物体，对此我们就可以用力学的方法求出作用在关节上的转动力矩，下面说明如何运用力学计算关节的转动力矩。

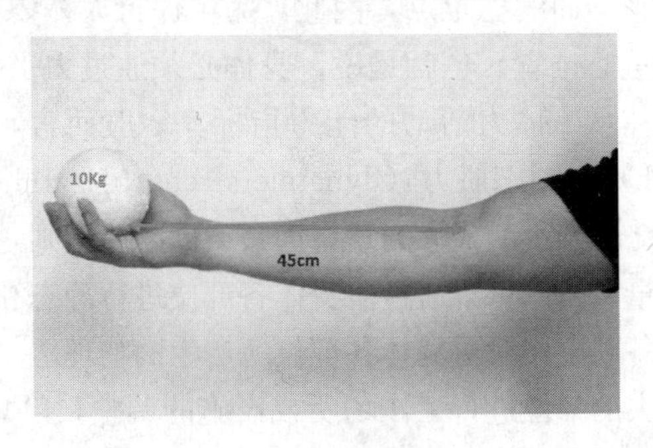

图 1—6　握物的照片

首先，考虑平衡时是不转动的，因此方程式为：

手部握取的重量×力矩＋关节的转动力矩＝0

即

手部握取的重量×力矩＝ 关节的转动力矩

10×9.8×0.45＝44.1(Nm)

如果我们考虑肌肉的作用力点在肘关节前面 2cm 的地方，我们就可利用杠杆原理求出肌肉必须出的力：

44.1＝力矩(0.02 m)×肌肉作用力

肌肉作用力＝44.1/0.02＝2 205(N)

四、姿势和力平衡

姿势长期处于不良状态是否会造成肌肉局部酸痛？现今有越来越多的疾病都是由姿势不良造成的。我们身体的姿势与力学有着很大的关系。姿势不良是习惯的说法，其实肌肉的疲劳通常是由于肌肉的作用力不平衡所造成的。另外，经常看到许多老人容易摔倒，实际上也是由于肌力不足而导致的身体不平衡。因此，我们可以了解良好的身体姿势平衡控制能力是身体稳定与动作发展的基本要素。下面我们来说明姿势与力平衡的关系。

身体姿势平衡是指人体重心（center of gravity）稳定维持于支撑底面积之上的一种状态，即维持身体姿势均衡的能力。身体姿势的平衡主要由三种不同的感知系统控制，包括感觉系统（sensory system）、运动系统（motor system）以及中枢系统（central nervous system）。其中，感觉系统包括视觉、触觉、内耳前庭、本体感觉以及震动觉；运动系统包括肌力以及神经肌肉控制；中枢系统则为感觉与运动因素的整合。通过以上三种系统的控制，便可维持身体姿势的平衡。

从静力学的角度进行探讨，所有的物体均会受到地心引力的作用，重心即为物体平均面的稳定点，因此，为了保持人体姿势的平衡，我们经常需要改变身体的重心位置。也就是说，身体必须通过力平衡来维持身体的平衡，其中肌力是身体从事体力活动的能力指标。一般而言，肌力可分为静态肌力（static strength）与动态肌力（dynamic strength）。其中，最大静态肌力是指身体维持静态姿势时产生的最大力量，而最大动态肌力则是身体从事特定活动时所产生的最大力量。我们可以通过对身体各部位进行静态和动态的肌力测量来观察工作者在进行各项工作时对身体各部位所产生的物理压力，并可根据这些压力反应针对压力过大的部位进行工作场所或设施的调整，以减轻一些不利于工作者的压力，防止对长期在这样的工作条件下工作的人员带来职业伤害或职业病。

五、下背痛的相关因素

欲从生物力学角度改善人员的生活质量，首先要了解目前职场人员的主要不适项目。在目前肌肉骨骼系统的疾病中，下背痛是一种最为常见的疾病。一般，下背痛是指第四、第五腰椎（L4/L5）或是第五腰椎与第一荐椎间（L5/S1）的疼痛，通常也称作腰痛。大部分的下背痛是由不正常的生物力学作用即不良的姿态与错误的动作造成的，发生的相关因子中职业即为其中一类。研究报告指出，我国大约有 60%～80%的人曾经经历过下背痛。根据台湾地区有关部门的统计，平均每年要花 30 亿元治疗下背痛，有近 10%的人曾因下背痛就医。

可能引发下背痛的直接原因有：

- 因椎间盘突出或腰椎狭窄、退化性关节炎等，导致神经疼痛。
- 腰部附近的肌肉因挫伤或扭伤在支撑腰椎时产生疼痛。
- 因腰部附近的骨折、骨头异位、骨质酥松等，产生疼痛。
- 因癌症、肿瘤、骨髓炎或是相关感染，产生疼痛。

在长期生活或工作中，造成下背痛发生的相关因子如下：

- 生理因素：生理变化导致下背痛的产生，例如，腰椎老化、体重过重、骨质疏松导致压迫性骨折等。
- 生活习惯：生活习惯导致下背痛的产生，例如，坐姿不良、睡姿不良、抽烟等。
- 心理因素：忧郁、焦虑、压力过大等，也是导致下背痛的因素。
- 运动因素：运动也有可能造成下背痛，例如，剧烈运动或运动姿势不良造成韧带、肌肉、肌腱、神经等的伤害都可能是日后发生下背痛的原因。
- 职业因素：工作中有常弯腰、举重物、久坐、转身、长时间背部姿势不良、全身性的震动等需求的职业，长期容易造成下背痛。因职业关系造成下背痛的高危险群职业，根据统计，男女排前五名的分别是：男性第一名为土木工程业，其次依序为皮革业、油漆业、家具业、运输业；女性第一名为农业，其次依序为木材产品业、建筑业、环境卫生业、造纸业。
- 突发因素：日常生活中的突发事件也可能会引发急性下背痛。例如，跌倒、从高处摔落或背部突然遭受外来重击的伤害。另外，抬举、推拉重物的时候姿势不当或是负荷大于自身所能承受的量也是引发下背痛的突发因素。

六、人工搬运与生物力学

现今，由于作业空间不足和时效性问题，作业人员往往无法以正确姿势或搭配相关辅具来进行搬运作业，长期容易造成对肌肉骨骼的伤害。依据台湾劳工保险职业病的统计资料，2004—2009 年“肌肉骨骼伤害”占职业伤害的百分比分别是 42.07%，52.11%，55.43%，66.91%，75.19%以及 78.45%。从中我们可以看到由肌肉骨骼伤害所造成的职业伤害比例是一年比一年高，其中职业性下背痛比例最高，其次则是手臂肩颈疾病。过度与不当的人工物料搬运是造成人体下背伤害的主要因素之一，主要是由于一般抬举重物时对腰椎会形成数倍甚至数十倍于物品重量的受力，所以有越来越多的研究探讨人工物料搬运与肌肉骨骼伤害的关系并进行相关的评估，作为职业肌肉骨骼伤害防治的基础。

目前常用于人工物料搬运的评估方法有四种，分别为生物力学法（biomechanical approach）、生理学法（physiological approach）、心理物理法（psychophysical approach）以及流行病学法（epidemiological approach）。人工物料搬运在许多生产作业形态中无法避免，其中包含抬举（lifting）、握持（holding）、携物行走（carry）、推（push）、拉（pull）等动作。而长时间的重复性工作、过度施力、不自然的（工作）姿势、无适当的休息以及工作环境不佳等因素往往会造成肌肉骨骼伤害。生物力学法区分为二维（2D）模式和三维（3D）模式两种，主要是利用美国国家职业安全卫生研究所（NIOSH）所制定的活动界限（action limit，AL）3 400N 以及最大容许界限（maximum permissible limit，MPL）6 400N 进行测量。我们可以通过生物力学法探讨当作业人员从事人工物料搬运时人体肌肉骨骼的受力情形，并以这些力的大小作为评估搬运作业负荷量的指标。其中劳工安全卫生研究所也提供了相关的软件供业主或学术单位用来评估，另外根据 NIOSH 在 1981 年建立的《抬举工作指引》，成年男子的最大搬运重量为 40～50kg，女子则为15～20kg。

目前对人工物料搬运的研究已经相当丰富，若多利用研究的结果以及相关评估软件进行搬运作业的评估，并依循人工物料搬运的准则进行作业，相信由人工物料搬运所造成的肌肉骨骼伤害以及相关职业病会大大减少，从而可以为作业人员提供更多的保障。

七、职业生物力学的相关实验方法

现代工业社会越来越重视工人权益，因此越来越多的资源被投入到职业生物力学中。职业生物力学主要是研究人在各项工作中，在使用各种机械或工具时的力学关系，目的是减少骨骼与肌肉伤害的发生，提高工作效率。以下是几种职业生物力学的相关实验方法。

（一）肌肉电位测量仪

肌肉电位测量仪（electromyography，EMG）是测量肌肉活动的电位的仪器，依据测量电极的种类可分为针状电极（needle electrodes）和表面电极（surface electrodes）两种。针状电极是利用探针插入皮肤下的肌肉组织中，以探测该肌肉或运动单位活动时的电极变化。通常用在医学诊断和治疗方面的表面电极是用一种镀氯化银的银板覆在皮肤表面，并在银板与皮肤表面之间涂上一种有利导电的物质，来测量皮肤下肌肉的活动。用表面电极所测得的肌电图实际上是许多运动单位的活动电位的总合。目前研究广泛使用的是表面电极式肌肉电位测量仪。图1—7为EMG受测者表面电极黏贴范例图。

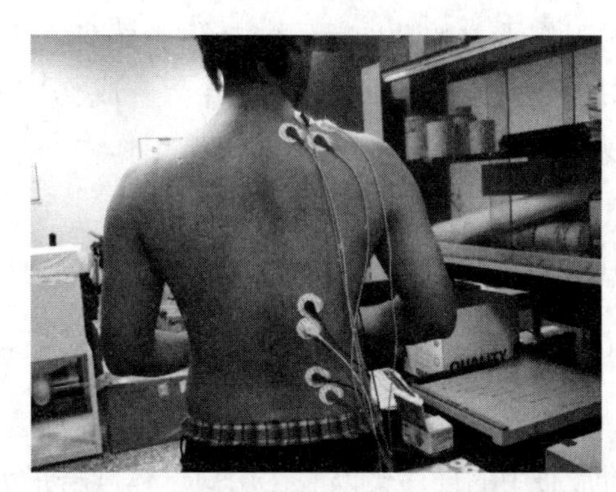

图1—7 EMG实验受测者表面电极黏贴范例图

将电极置于肌肉表面皮肤或肌肉内部，测量肌肉活动时微弱的电流变化，并借由增幅器放大记录。经由这种肌电波的变化，可得到以下信息：

- 特定肌束的活动水平。
- 某肌肉活动中主动肌与拮抗肌在特定动作中发动的顺序。
- 肌肉疲劳的识别和预测。

肌电图所表现的变化是一种经由神经纤维传达至肌肉的神经肌肉冲动。神经本体是位于脑干或是脊髓的运动神经元（motor neuron），其轴突在肌肉处产生许多分支，每一分支与肌肉细胞形成单一联结。单一条运动神经元支配许多肌肉细胞，此构造称为一个运动单元（motor unit）。位于轴突末端正下方的肌肉细胞膜具有特化的性质，称为运动终板（motor end plate），而轴突末端与运动终板的联结称为神经肌肉联结（neuromuscular junction）。当动作电位抵达轴突的末梢引发运动终板的去极化（depolarization）与再极化（repolarization）时会促使肌肉收缩，于是组织液中的钾离子与钠离子移动造成电位的产生。肌电讯号是由个别运动单位一连串的活动所组成的。

一般而言，肌电图的肌动波（myotrams）越大，参与活动的运动单位就越多，运动单位兴奋的程度也越高，故通常利用肌电图推测局部肌肉活动的剧烈程度。

（二）动作分析

通过动作分析（motion analysis）可以了解工作时哪些动作可能会带来危害，例如一直重复的动作、手部移动幅度过大等，并可以发现多余的动作加以去除，使得工作更安全有效率。动作分析的方法可以用数字摄影机（DV）配合反光球记录移动人员活动轨迹后再进行动作元素分析。动作元素分析主要分为3类，共17项动作元素，分别是：

● 进行工作的动作元素：伸手、握取、移物、装配、应用、拆卸、放手、检验。

● 阻碍工作进行的动作元素：寻找、选择、计划、对准、预对。

● 对工作无益的动作元素：持住、休息、迟延、故延。

借由动作元素分析的结果找出会造成伤害的动作后，进行相关的工作改善，可以减少职业伤害的发生并提升工作效率。

（三）肌力计测量

利用测力器（muscle force measurement）可以测量人体做某动作时出力的多少。当设计机械或工作为人工操作时，需考虑使用者是否有足够的力量来操作，通常通用的设计会以潜在用户母体族群最大静态肌力的第5百分位数为施力上限，也就是说，有95%的人都能轻易操作。因此，最大静态肌力的测量也是职业生物力学与设计实务应用上重要的基础工作。手是人工操作的主要施力来源，所以探讨手的握力、捏力、拉力、推力以及举力的最大静态肌力是必要的。

人们施力相当于最大肌力的60%时（60% MVC），流向该收缩肌肉的血液几乎被完全阻断。如果施力小于15%～20% MVC，血流量就趋于正常。但实际研究发现，即使静态施力维持在15%～20% MVC，经过一段时间之后肌肉也会产生疼痛疲劳的现象。[1]因此，许多专家建议人在一整天的工作中，最好能使肌肉静态施力小于10% MVC，只有这样才可以持续工作好几个小时而不会觉得疲劳。拉力计是目前测量最大静态肌力使用最普遍的仪器之一。图1—8是一个机械式的拉力计。实验时，需先用相关按钮将弧形仪表的数值归零，然后双脚置于踏片上，手握握把用力向后拉，仪表中所显示的数字为每次测量拉力的最大值（单位：千克）。

图1—8　机械式的拉力计

八、结　论

人体中的骨骼和肌肉除了帮助我们进行活动之外，还维持了我们身体姿势的平衡，甚至影响了我们的健康和舒适程度，也间接影响了生活的质量。因此生物力学可以用来计算身体转动、力量大小等数据，其结果可以用来解释生活中周遭的事物和现象，对未来生活的改善和提升有重要影响。

除传统产业仍依赖高体力活动所产生的问题之外，高科技产业和计算机作业等目前常见的静态姿势但高重复性作业所衍生的问题也越来越受重视，与其关联的人员数目也在日益增加。维持姿势平衡和力平衡有关，现今有越来越多的疾病是由于姿势不良造成的，肌肉的疲劳通常与肌肉作用力不平衡有关。因此，对身体各部位进行静态和动态的肌力测量并改善工作条件可减轻一些不利于工作者的压力，防止职业伤害或职业病的发生；此外，未来老龄化问题严重，如何维持肌力使人类在平均年龄上升的同时亦维持一定的生活质量也是重要的研究课题。

现今由于作业空间不足以及时效性问题，作业人员往往无法以正确姿势或搭配相关辅具来进行搬运作业，长期容易造成肌肉骨骼伤害。常用于人工物料搬运的评估方法有四种，分别为生物力学法（biomechanical approach）、生理学法（physiological approach）、心理物理法（psychophysical approach）以及流行病学法（epidemiological approach）。

生物力学发展至今，除过去所做的数值性分析的学术研究外，如何应用它来解决生活或工作场所中的问题是未来人因工程可努力的方向。

□ 讨论题

1. 生物力学的研究主题有哪三个方面？
2. 一般身体的关节在静力学上可以分成哪三种不同的杠杆？试举例。
3. 引发下背痛的直接原因有哪些？
4. 什么是身体姿势平衡？
5. 动作分析有哪三大类动作元素？

□ 案例讨论

与下背和脊椎相关的生物力学

与下背或下背和脊椎相关的生物力学相当复杂，有 2D 的模拟方程式，也有 3D 的模式，初学者不易了解。这里只介绍使用静力平衡的简单 2D 模式。

一般在抬举重物时，除了手部施力之外，下背部与脊椎也需要承受力量，其承受点主要在第五腰椎与第一荐椎间（L5/S1）的部分。有关握持重物时背脊所承受的力量部分，主要为静态力学平衡，其演算的方法如图 1—9 所示。

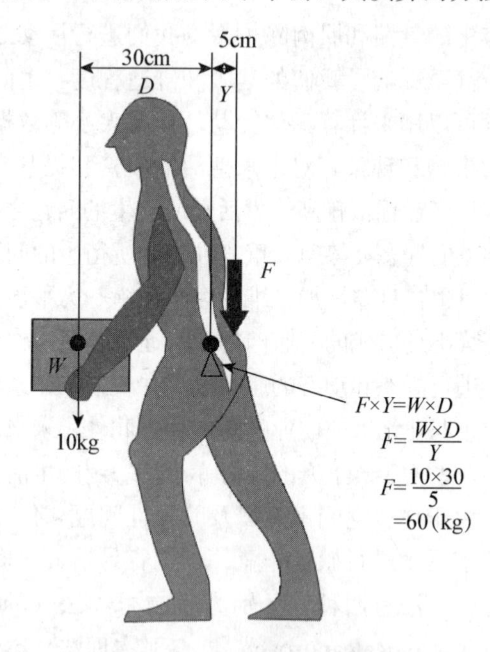

图 1—9 手持 10kg 重物的 L5/S1 静态力学平衡

说明：W 为手持的负重，10kg；F 为背脊的肌肉负荷；D 为物体重心到 L5/S1 之力臂长度；Y 为背脊肌到力的作用支点之力臂长度。

虽然抬举与下背痛的关系目前已被证实，但是并没有明确的公式能计算出抬举多少次、多重或是抬多久会对脊背造成伤害，导致下背痛的产生。NIOSH 鉴于工作上抬举作业会对下背部造成严重的伤害，在 1981 年的《抬举工作指引》中，针对人工双手对称抬举作业建立了一套标准，主要用来计算在不同的作业环境下人员抬举物品的最佳重量，其标准适用于下列作业条件：

- 抬举的动作必须是平顺的。
- 抬举需用双手，并且是对称性的抬举工作。
- 抬举物品的宽度不超过 75cm。
- 需有合适的把手、鞋子与地面等。
- 抬举的姿势无特别的限制。
- 于良好作业环境之下。

NIOSH 将抬举作业的规范主要定在活动界限与最大容许界限上，其计算的公式为：

$$AL(\text{kg})=40(15/H)(1-0.004|V-75|)(1-F/F_{max})(0.7+7.5/D)$$

$$MPL(\text{kg})=3AL$$

式中，H 为两脚踝中心到负荷中心的水平距离（cm）；V 为负荷中心到地面的垂直距离（cm）；F 为抬举的频率（lifts/min）；F_{max} 为可以维持住的最大抬举频率；D 为垂直抬举的高度（cm）。

NIOSH 在 1991 年提出新的《抬举工作指引》，主要为建议抬举的重量极限值（recommend weight limit，RWL），且针对非对称与非最佳的握把状态，将重量常数从 40kg 降至 23kg，其计算的公式如下：

$$RWL = LC \times HM \times VM \times DM \times AM \times FM \times CM$$
$$= 23\left(\frac{25}{H}\right)(1-0.003|V-75|)\left(0.82+\frac{4.5}{D}\right)(1-0.0032A)FM \times CM$$

式中，LC 为负荷常数（load constant）；HM 为水平距离之乘数（multiplier）；VM 为起始点的垂直高度之乘数；DM 为抬举之垂直移动距离的乘数；AM 为身体扭转角度的乘数；FM 为抬举频率的乘数；CM 为握把乘数；A 为身体的扭转角度（sagittal plane）。

在无法避免使用体力劳动进行搬运时，通过生物力学的原理，减少对身体的损伤显得尤为重要，案例中讨论的下背相关内容就是一个典型的生物力学的计算问题。

□注　释

[1] K. H. E. Kroemer and E. Grandjean, *Fitting the task to the human: A textbook of occupational ergonomics*, CRC, 1997.

第2章
Chapter 2 工作生理学

导 言

即使科技文明的自动化或省力装置让工作变得轻松，但在许多行业中，仍存在许多需要大量人力的工作，例如铸造、缆索拉线、建筑钉模、森林伐木，以及服务业的烹饪、搬家卸货、运送宅配作业等。人因工程的目标强调如何通过人员能力（human capacity）与作业需求（task demand）的配合，并借由设计，使工作适合于人（fitting the task to the people）。本章即通过对人员基本工作生理的了解，说明人员在不同作业条件下的生理负荷、反应及其评估，并提出符合人员特性的人因工程设计原则。

一、工作生理学基础

（一）肌肉结构

肌肉约占人体重量的40%，人体的动作主要由肌肉骨骼系统完成，尤其必须通过肌肉收缩（contraction），达成动作或姿势要求，其中骨骼肌扮演重要角色。所谓收缩，是指肌肉中的肌纤维（muscle fiber）长度缩短至某一长度的现象。骨骼肌由不同的肌束组成，肌束则可分为许多的肌纤维，每一块肌群包含10万～100万条肌纤维。肌纤维主要由蛋白质组成，内含肌凝蛋白丝（myosin filament）与肌动蛋白丝（actin filament）。收缩过程中，肌动蛋白丝沿着静止不动的肌凝蛋白丝滑动，如图2—1所示，产生肌肉两端向中间聚集的现象，此现象常称为肌丝滑行假设（sliding hypothesis）。虽然对实际滑动的机制还不完全清楚，但一般都用其解释肌肉的收缩原理。肌力（muscular strength）即为所有肌纤维收缩时所产生力量的总和，因此肌力强弱取决于肌肉的粗细，这也可以解释为何男女肌力存在差异。较量腕力时，落居下风的一方几乎难挽颓势，这主要是因为肌纤维联结处在较不利的状况。

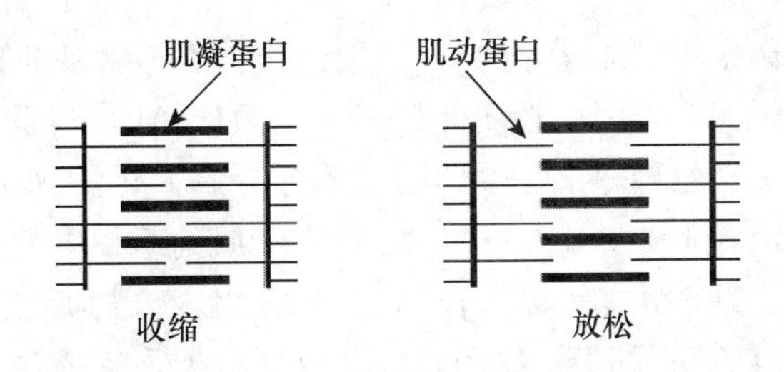

图 2—1 肌肉收缩与放松时的肌丝滑行原理示意图

人类骨骼肌的大小不一，从控制脸部细微表情的复杂微小肌群，到几乎主导背部抬举施力的背棘肌群，肌肉的收缩能力随肌群部位不同而有所差异，例如，人体力量强大的腿肌与手指部位进行细微动作的伸肌或屈肌，性质差异极大。一般将肌肉依收缩速度，分为快肌与慢肌。两种肌纤维在不同部位的肌肉中所占的比例并不一致，但此比例在性别之间并无显著差异。快肌（fast-twitch muscle）又称白肌（white muscle），因相对于慢肌微血管数量较少而得名。快肌内的肌纤维受同一条神经支配的数目较少，从开始收缩到产生最大收缩的时间较短（约 40ms），具有较大爆发力。慢肌（slow-twitch muscle）又称红肌（red muscle），肌肉纤维较小，周围分布许多微血管，含大量肌红素（myoglobin），由于受肌红素与微血管内红血球影响而呈淡红色。慢肌受同一条神经支配的数目较多，每一运动单元可支配许多纤维肌，其收缩速度较慢（约 80～100ms），但耐力较好，可进行长时间收缩。人体可通过不同的训练方式，使身体的快肌或慢肌变得肥大，但很难增加其数量。因此，田径比赛中的十项比赛惯称为铁人十项，是因为在一个人身上同时训练出顶尖的耐力与爆发力，实际中相当困难。

（二）肌肉收缩

人体动作源自于肌肉收缩，以肌肉收缩带动肌肉骨骼系统活动，而肌肉收缩必须依赖能量供应。新陈代谢系统可提供肌肉骨骼系统所需的能量，新陈代谢是将食物经化学反应转换成身体活动所需能量的过程，其化学式如表 2—1 所示。存在于肌肉细胞内的化学物质是三磷酸腺苷酸（adenosine triphosphate，ATP），经由公式 A 分解成为二磷酸腺苷酸（adenosine diphosphate，ADP）和磷（P），此过程即为体力活动能量的直接来源。

表 2—1 肌肉活动的能量交换过程

公式	能量交换化学式	过程时间
A	ATP→ADP ＋ P ＋ 能量	2s
B	CP ＋ ADP→Creatine（肌酸）＋ ATP	15s
C	Glycogen（肝醣）＋ ADP ＋ P→$2C_3H_6O_3$（乳酸）＋ 2ATP	2min
D	$C_6H_{12}O_6$（葡萄糖）＋ $6O_2$＋ 38ADP →$6CO_2$＋ 44 H_2O ＋38ATP	50min

肌肉组织中原储存的ATP仅能维持数秒钟的肌肉剧烈运动，且短时间内就会消耗完毕，因此必须仰赖其他能源让ADP与磷合成ATP。合成ATP的主要途径有三种，第一种为磷酸肌酸分解，化学式见表2—1中公式B。磷酸肌酸（phosphocreatine，CP）是存在于肌肉组织内的化学物质，可经由磷的释放产生能量，此能量可供合成ATP之用。磷酸肌酸分解速度很快，是肌肉组织内合成ATP的最快途径，且合成过程无须氧的参与，属无氧过程（anaerobic process），常见的100m冲刺短跑就是利用此无氧过程的能量。合成ATP的第二种途径也是无氧过程，主要依赖组织内碳水化合物的分解以释放出能量。人体内的碳水化合物主要以醣类形式存在，可转换成葡萄糖并储存于肝脏与肌肉中，葡萄糖分解产生乳酸（lactic acid），并释放出能量，过程化学式见表2—1中公式C。当乳酸在体内堆积至一定程度时，肌肉会感觉疲劳，若乳酸无法经由循环系统顺利排出或排出速度不快，导致乳酸堆积，肌肉会感到明显酸痛，人体活动便无法持久。葡萄糖在组织内氧化分解并释放能量，则是合成ATP的第三种主要途径，如表2—1中公式D所示，此过程需要氧气（O_2）参与，因此称为有氧过程（aerobic process）。

测量生理活动所需能量的单位是众所周知的卡路里（calorie，cal），人体储存的ATP和CP可提供的能量约为数千卡（kcal）。碳水化合物和脂肪为能量供应的主要来源，其中碳水化合物的存量可提供约2 000kcal的能量，脂肪则可高达100 000kcal。对一位体重70kg的男性而言，维持基本生理反应、肌肉活动所需的能量消耗为0.3kcal/min，而休息时的能量消耗为1 700kcal/天；体重60kg的女性则为1 400kcal/天。

（三）呼吸循环系统

如前所述，人体活动依赖肌肉收缩，因而需要能量的提供，其中O_2扮演能量转换的重要角色（如表2—1中公式D所示），而呼吸循环系统具有为人体提供O_2的重要功能。呼吸循环系统包括呼吸系统与循环系统。呼吸系统用于日常呼吸，也就是吸入O_2，呼出CO_2的过程，主要由鼻（口腔）、咽、喉、气管、支气管、肺脏、横膈膜、肋骨、肌肉、微血管等组成。当吸气时，肋骨上举、横膈膜向下，胸腔内部压力变小，于是空气从体外流进肺部，借由扩散作用在3亿个肺泡与微血管之间进行气体交换；反之，吐气时，肋骨下降、横膈膜向上，胸腔内部压力变大，空气便从肺部呼出体外。一次呼与吸的动作，即完成呼吸系统的一次循环。

循环系统（又称心脏血管系统）是指血液在人体内流动与循环的过程，其功能是在细胞之间运送物质，主要通过心脏、动脉、静脉、微血管之间的运作完成。身体心脏的左心室压缩排出的血液，进入大动脉后，依循着血管流动，不断分支后流至最末端的细微血管与细胞进行物质交换，包括供应全身O_2。而由全身收集的CO_2（见表2—1中公式D）与O_2进行交换后，由微血管汇流至大静脉流入右心房，再通过右心室压缩送往肺部。此时肺部透过吸气作用所

获得的 O_2，与送往肺部带着 CO_2 的血液进行交换，再透过呼气作用将 CO_2 排出体外，在肺部经交换而得到的充满 O_2 的血液，流入左心房后注入左心室再循环到全身。在上述过程中，与肺部间的循环称为肺循环（小循环），在全身的循环则称为体循环（大循环），如图 2—2 所示。心脏每一次由左心室压缩排出的血液量，称为心缩排血量，每分钟排出的总血液量则称为心输出量（cardiac output）。心输出量影响人体每分钟吸入的 O_2 量，可通过心缩排血量×心率（heart rate，HR，单位为 bpm）计算得到。

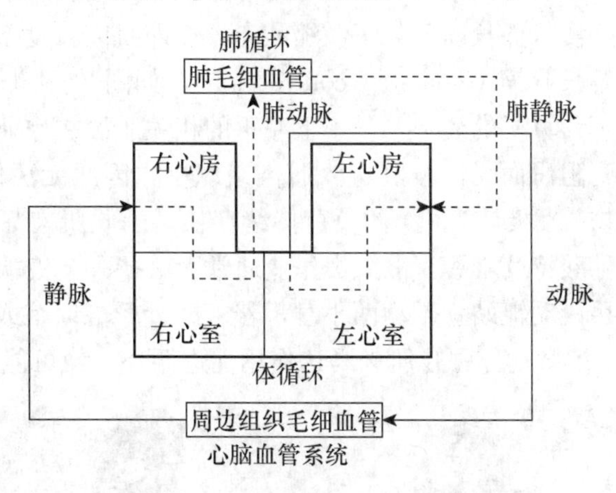

图 2—2 人体的心脏血管系统

此系统中，人们摄取 O_2 以维持生命基本所需的物质代谢。而工作时，需要更多能量以收缩肌肉进而达到活动目的，因此需摄取更多的 O_2。工作时所需的 O_2 称为需氧量，身体实际摄取的 O_2 称为摄氧量。活动刚开始时，呼吸循环系统尚未完全调整，以致无法摄取充分的 O_2，造成摄氧量无法满足需氧量的现象，这种状态称为缺氧（O_2 不足）。活动数分钟之后，呼吸循环系统已完全调整，需氧量与摄氧量得到平衡，产生长时间活动的稳定状态（steady state），通常达到稳定状态需 3～5min。当作业停止时，生理反应并不会立即下降至休息水平，而是以缓和方式恢复。恢复期间增加的能量需求称为氧债（oxygen debt）偿还。需要较多 O_2 的原因主要是此时呼吸和心率均维持在相当水平，以填补细胞内已耗尽的储存能量，并将新陈代谢后的产物分解并排出体外，如图 2—3 所示。简言之，氧债主要是用于活动开始时所产生乳酸的处理，以及体内 O_2 的补充。

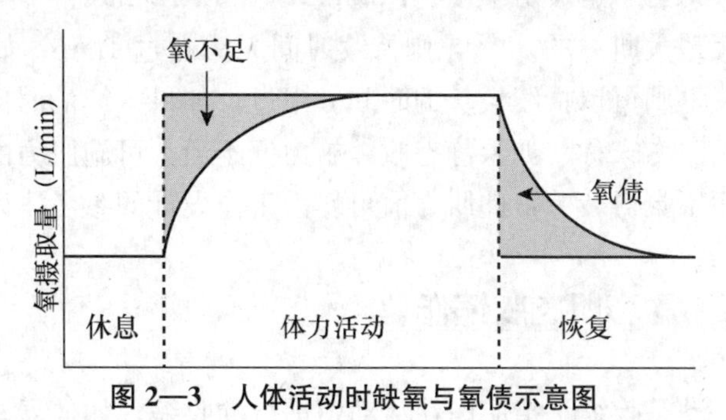

图 2—3 人体活动时缺氧与氧债示意图

二、肌肉活动与形式

（一）静态肌肉收缩作业

肌肉收缩的方式可概略分为静态收缩与动态收缩。静态收缩是指肌肉为维持某个姿势而长时间处于收缩状态，亦即肌肉长度不变下的收缩，此种收缩也称为等长收缩（isometric contraction），如图 2—4（a）所示。图中显示以左手持平板计算机的姿势，基本上左手的相关肌群在作业期间为固定不动，此时血流受到阻碍而无法顺利进入肌肉组织中，因此无法供应 O_2，排出废弃物。由于重物（平板计算机）的负荷持续存在，因此肌肉只能进行无氧程序的能量供给，乳酸持续堆积，故此类作业通常无法持久。极端的例子是国家庆典时的仪队标兵，动辄站立不动两小时，若未经过严格训练或未利用身体部位肌群（如足部）细微动作强化肌肉马达作用促进循环，便可能发生中途缺氧昏倒现象。

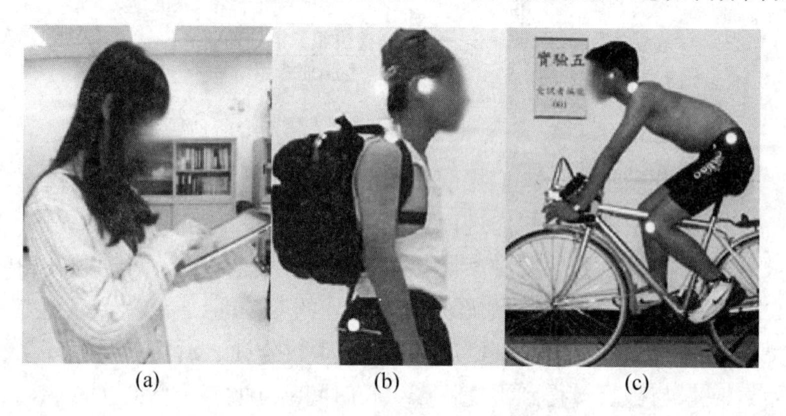

图 2—4　不同肌肉收缩型态的活动实例

进行较吃力的静态收缩时，新鲜血流较少，O_2 和血糖随之降低，导致新陈代谢的废弃物亦无法迅速排出，一经堆积，即造成肌肉疲劳酸痛。所以静态收缩施力越强，越容易导致疲劳，借由肌肉收缩的最大持续时间和施力之间的关系，即可了解疲劳程度。Rohmert[1] 和 Kroemer[2] 研究发现，如果静态收缩施力为最大肌力的 50%，则持续时间无法超过 1min；如果施力低于最大肌力的 20%，则可以持续较长的时间。不过，如果持续的时间太长，仍然会导致肌肉酸痛。专家称，如果静态收缩施力低于最大可施肌力的 10%，则可持续几个小时而不觉得疲劳，此肌力值可作为工作设计的参考，以避免肌肉疲劳发生。

（二）动态肌肉收缩作业

动态收缩是指肌肉在活动中进行的收缩，如伸展与紧张等，呈现规则性的交替出现，并伴随肌肉长度的改变。常见的是肌肉反复的收缩与放松，就如开车时双手操作方向盘，以及骑自行车时双腿的踩踏动作，如图2—4（c）所示。由于肌肉能够交替收缩与放松，因此血液比休息状态下更容易进入肌肉组织，使得O_2与废弃物的交换能更有效地进行。当人们走路时，肌肉就像血液系统的马达一样，肌肉收缩时压力把血液挤压离开肌肉，放松时，便将新鲜血液回流，借此方式逐渐增加的血液供应量，可以达到静止状态时的20倍，这就是经过长时间静态负荷后，需要舒缓运动的原理。所以当肌肉进行动态收缩时，不但充满血液，而且富含O_2及血糖，同时也排出新陈代谢所产生的废弃物。此外，等张收缩（isotonic contraction）亦属于动态收缩，它是指肌肉内张力固定而肌肉长度改变的收缩，典型例子是双手反复提举哑铃，此时在肌肉长度变化的前提下，产生大小固定的力量以支撑哑铃重量。

（三）动/静态组合作业

在日常生活中的许多情况下，动态和静态收缩无法明确区分，一种工作可能同时包含两种肌肉收缩方式。例如肩负背包行走，对腿部肌群而言是动态收缩，对肩背部位则属静态收缩（见图2—4（b））；又如操作键盘时，背部、肩膀、手臂肌肉以静态收缩的方式维持手在键盘上的姿势，而手指在键盘上的动作即为动态收缩。这种维持姿势促使肌肉和肌腱能让手指重复不断地进行敲击动作（动态收缩）的静态收缩，常是造成疲劳的主因。其他如发型设计师站立进行美发作业、餐厅侍者双手端盘送菜、交警在十字路口指挥交通、大楼玻璃外墙长时间高空清洗作业等，都是典型的动态与静态组合作业。

三、生理工作能力

（一）人员生理工作能力

身体工作能力（physical work capacity，PWC）是指某人可以产出能量的能力。此能力反映身体获得食物与O_2的多寡，以及有氧和无氧过程中所产生能量的大小。Astrand and Rodahl[3]认为，身体工作能力可分为无氧作业能力（anaerobic work capacity）和有氧作业能力（aerobic work capacity），前者基于最大氧债量，后者则以最大耗氧量为指标。例如在执行中等负荷作业时，大部分依靠有氧过程产生所需能量，一般而言，每消耗1L O_2，可提供约4.8kcal的能量（约20KJ）。

工作负荷（work load）与工作能力（work capacity）之间的关系，受到许多内外复杂因素的影响。图2—5显示了影响身体工作能力的各项因素，包括身体因素，这部分因素可能与遗传、性别、年龄、体格及健康状况等有关。此外，身体工作能力也受动机等心理因素的影响。外在因素，如空气污染也会增加呼吸道阻力和肺通气量，因而直接影响工作能力；噪音污染不仅会损伤听觉，也会造成心率上升并影响其他生理反应，导致工作能力降低。在工作本质部分，除工作强度（作业负荷）和工作时间长短之外，作业频率也相当重要。工作姿势也是影响因素之一，以站立姿势工作虽然对循环系统造成较大负担，但其所允许的较大活动空间又有利于促进身体循环。20 世纪 80 年代后期，一家全球知名的电子公司通令全球生产组装线的工作姿势改为站立作业，曾引起许多争论与员工反弹，然而纯粹就人体负荷而言，站立作业在一定程度上的确有其优点。

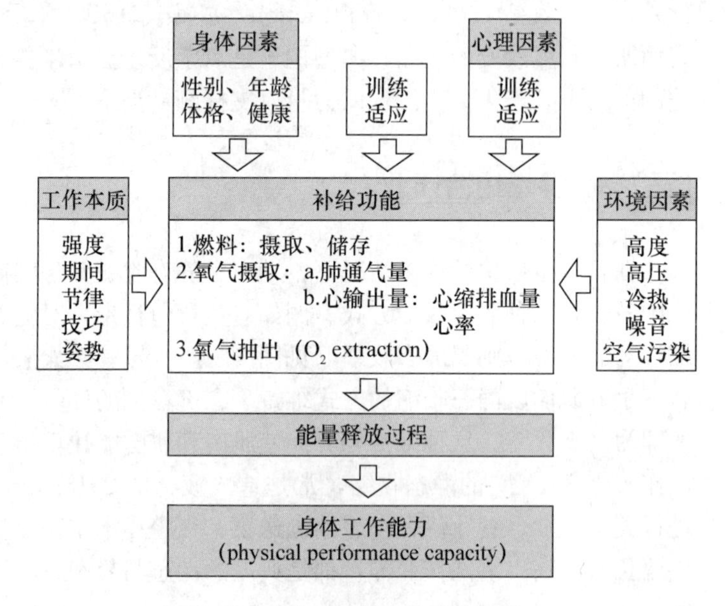

图 2—5　身体工作能力的影响因素

（二）耗氧量指标

身体在完全静止状态下，也会消耗特定能量，以维持基础代谢所需；而运动时新陈代谢远比休息时剧烈，因此长时间体力活动的能量供应主要依赖有氧过程，所以 O_2 消耗量可用来表示全身体力的活动水平。O_2 消耗量可通过人体的 O_2 摄取量（oxygen uptake，VO_2）进行分析。O_2 摄取量会随着工作负荷增加而增加，然而每个人的呼吸循环系统都有运作极限（例如心输出量牵涉到个人心缩排血量与心率值，因而影响 O_2 的摄取量，而人的最大心率有其极限，约为 220－年龄），称为最大摄氧量或最大有氧能力（maximal aerobic capacity，VO_2max）。

一般而言，20 岁之前个体的最大摄氧量随年龄增加，超过此年龄便逐渐下降，因此 60 岁个体大约只能获得其 25 岁时最大摄氧量的 75%。在 25 岁以前，男女之间的最大摄氧量并无显著差异，但之后男性比女性高出 25%～30%。有研究指出，青春期过后耗氧量的性别差异为 15%～20%。20 岁之后最大摄氧量变小，部分是由于心率降低而运动频率降低，造成 O_2 运送系统的运作能力（亦即呼吸循环系统的作用效率，如心输出量）变低。正常人的最大有氧能力约为 3～5L，经过训练此数值可明显提高。

为避免工作时产生过度疲劳，建立最大摄氧量基准以规范工作负荷确实有必要。设立工作负荷标准的主要目的是限制身体的能量消耗，但却无法保证可以完全避免其他潜在累积性伤害的发生。NIOSH 在 1991 年修订了人工抬举能力的三种百分比（50%，40%，33%），以最大摄氧量为基准，规定抬举作业持续时间分别为 1h，1～2h，2～8h 的能量消耗限制，并将个人最大有氧能力的 33%建议为一天 8h 的身体可接受工作量。

（三）心率指标

在相同条件下，心率值会随工作量的增加而线性增加，亦有研究指出心率及肺换气量与能量消耗之间呈现高度相关关系（相关系数约 0.90），故心率值可用来预测能量消耗，因此，心率值与最大摄氧量一样，均可作为工作负荷评估指标。例如，Kilbom[4] 曾针对某位空服人员一次约 4h 的空勤完整服务作业进行心率变化的研究，其心率变化如图 2—6 所示，从图中可以发现，餐点服务是整趟空勤服务中负荷最大的时段。

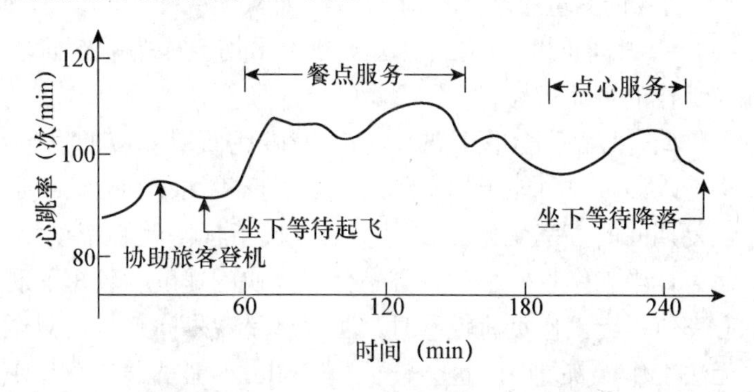

图 2—6 空服人员进行空勤服务作业过程中的心率变化

心率指标的重要性体现在其取代能量消耗作为生理负荷评估指标。生理负荷的高低程度并非完全视所消耗能量的多寡，还必须考虑所牵涉的肌肉数量，以及静态负荷时的肌肉收缩时间。换言之，当身体某部位进行静态收缩时，理论上的耗氧量并不高，但由于心缩排血量受限，可能需要提高心率值以维持一定的心输出量。部分学者反对单独以能量消耗作为工作负荷指标的另一个理由，是耗氧量无法反映实际的工作状况，如高温环境下作业伴随高的工作负荷，虽只造成小部分的能量消耗，但可能引起相对较高的心率值。心率值与能量消耗之间的关系，因作业条件不同而有所差异，如图 2—7 所示。图 2—7 显示工作时在某一能量消耗水平下，不同作业条件对呼吸循环系统有需求上的差异。简言之，当身体活动越接近动态（如在跑步机上跑步）时，能量消耗与心率值越接近线性关系，但当在热环境中作业或静态肌肉收缩作业比例较高时，使用能量消耗指标可能会造成对身体负荷程度的低估。

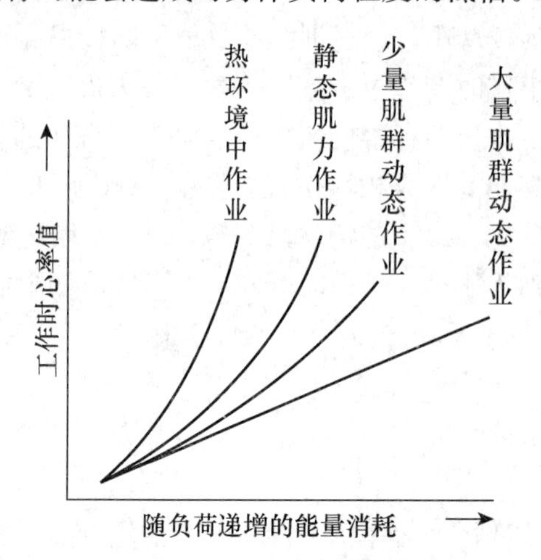

图 2—7 不同作业状况下心率值与能量消耗的关系

Brouha[5]曾进行以心率值评估工作负荷的研究，发现总恢复心率次数（total recovery HR）和总工作心率次数（total work HR）均适合衡量工作负荷。他也发展了一系列适合作为记录恢复心率的程序，例如在工作结束后，在30s间隔内测量手腕上的脉搏数，如从 30s 到 1min，1. 5min 到 2min，2. 5min 到 3min 等，同时将这三次脉搏数的平均值作为撤销阶段的心率值，并当作先前工作的负荷指标。

此外，由于耗氧量的测量难以避免面罩效应的发生[6]，而工作时进行心率追踪测量也可能干扰实际的作业、产生交互影响甚或造成受测者不适，因此恢复期间的心率变化便成为一项取代指标。就心率恢复时间（recovery time）而言，当工作量较小时，心率会以较快的速度（较短的时间）恢复至休息时的心率值；当工作负荷较重时，心率会呈现攀高趋势，甚至会因心率不断增加而无法工作，恢复时间也会较长。Müller[7]首先将工作结束后工人心率恢复到原休息水平的总心率次数定义为心率恢复成本（HR recovery cost，HRRC）。Chen and Lee[8]进一步经由计算与实验验证，将 HRRC 简化为工作时的心率增值和总恢复时间的函数，方程式为：

$$心率恢复成本 = 恢复时间\times(心率增值-1) / \ln(心率增值)$$

亦即只要测量了工作人员的心率恢复时间与工作结束前的心率增值，即可获得心率恢复成本，进行工作负荷的评估。

（四）生理能力评估

常用的生理能力评估方式是测量工人在休息或工作时的心肺功能。最大摄氧量常用作个人生理能力的评价指标，但因其测量变量与限制较多，测量过程中受测者易感觉不适。PWC170 是评估心率为 170bpm 时的身体作业能力，以此为非最大生理负荷测量心肺能力。[9]当比较不同个体时，心率为170bpm的心肺能力高者，其身体作业能力较强。PWC170的理论基础为，体力活动时的心率高低与作业强度成正比，有身体负荷（非最大负荷）时的心率高低与人员生理能力水平成反比。此方法的信度及效度颇高，可用来判定一群样本或个体之间的体能差异，并可用来预测最大摄氧量（个人最大心率值＝220－年龄），而无须采用让受试者活动到筋疲力尽的耗竭实验（all-out test）。进行此测试时，可适当选定3～5个非最大运动负荷（通常以生理脚踏车为工具）的作业负荷水平，测量各负荷水平下的心率与耗氧量，然后利用数据建立回归方程（见图2—8），以估计心率170bpm时的摄氧能力。

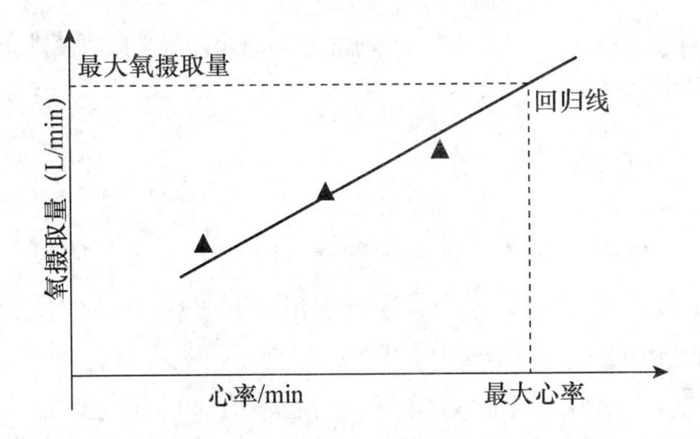

图2—8 利用动态运动建立的心率值与摄氧量之间的回归关系

（五）肌电图

除了以耗氧量评估作业时的生理负荷外，身体局部部位负荷通常以其作业时的肌电信号变化为指标进行评估，这就是常用的肌电图（electromyography，EMG）分析。肌电图依电极不同可分为两类，一类为植入式针极（needle）肌电图，另一类为非侵入式的表面（surface）肌电图。虽然前者的精确度较高，但从人因工程的作业评估角度而言，由于表面肌电图对受测者造成的不适感较低，对工作的干扰亦较少，使用上也较方便简单，因此被普遍采用。依照实验目的进行不同的肌电信号参数分析（例如动作肌群起始时间、肌电振幅、频谱、曲线面积等），可以了解肌群参与动作顺序、特定动作的肌肉收缩强度、不同肌群的参与程度，也可以评估肌肉的共收缩作用、活动轮换、肌肉疲劳等（见图2—9）。

肌电信号是肌肉动作电位的综合信号，相当微弱，必须经过放大才能观察到肌肉收缩的电位变化（通常以miniV为单位）。收集肌电信号过程中，必须严格控制诸多变量，如测量部位的导电性、环境噪音、噪声、人为干扰等，甚至受测者的睡眠、是否饮用运动饮料等，以免影响肌电信号的准确性。此外，由于每次收集的肌电信号为该实验状况下的绝对值，因此需经过标准化（normalization）处理，如以该肌肉最大自主收缩（maximum voluntary contraction，MVC）时的肌电信号为基础，以%MVC作为该肌群的出力，才可以进行后续的比较分析。

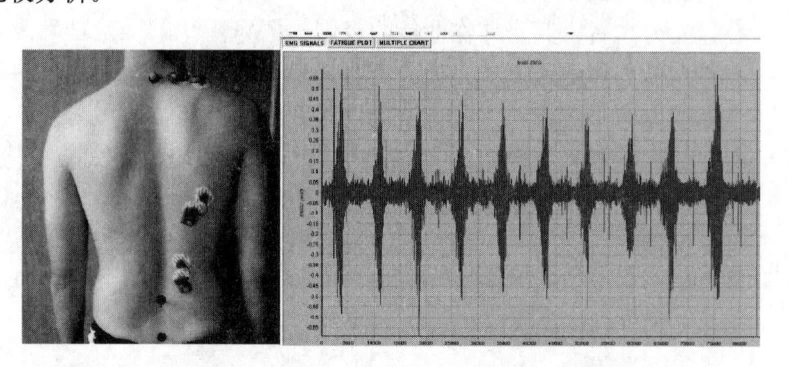

图 2—9 肩部与背部肌群肌电讯号测量与肌群活动讯号示意图

（六）Borg 量表

由于生理工作负荷常是一种全身性的负荷，利用单一指针评估容易顾此失彼，瑞典生理学家 Borg[10] 遂发展出一套评估心理生理（psychophysical）负荷的 Borg 量表（Borg scale），后续又推出了许多修订版本。利用 Borg 量表推测出的作业人员在特定作业负荷下的心率值，可作为评估人体活动状况的有效指标，该量表整合肌肉骨骼系统、呼吸循环系统与中枢神经系统的身体活动信号，建立每个人身体活动状况的知觉感受。Borg 量表属于施力知觉评比（rating of perceived exertion，RPE）的一种，主要依据活动时的心率上升状况，建立知觉等级从 6 到 20 的主观知觉感受。在理想状况下，Borg 评比值乘以 10，便是该负荷状况下的心率值。实际采用 Borg 6～20 运动知觉量表（见表 2—2）时，知觉强度值与心率的关系会受到受测者年龄（例如年龄大者最大心率值较小）、体能状况（例如不常运动的肥胖者休息时心率可能高于 80 bpm）、运动方式（例如使用的身体肌群不同）以及个别差异等因素的影响。通常，20 岁左右经常运动的年轻人，知觉量表的分数乘以 10 之后，与活动时的心率值差异在－20～－30 bpm 之间。

表 2—2 Borg 6～20 运动知觉量表分数与负荷知觉对照图

分数	负荷知觉
6	一点也不费力
7～8	极轻松
9～10	非常轻松
11～12	轻松
13～14	有点困难
15～16	困难
17～18	非常困难
19	极困难
20	已尽最大努力

四、重体力作业

（一）重体力作业规范

前面曾提及，尽管科技产业和服务业是目前主要的工作形态，但以劳力赚取报酬的农工阶级仍是带动社会进步的力量之一。自动化与机械工具的出现，使工人在作业时身体必须付出的成本已明显减少，但在许多行业中，仍然有多项作业属于重体力工作（heavy physical work）。长久以来，这些劳动者承受沉重的体力负荷，借由心肺提供高能量消耗并承受强大压力，以完成身体活动，其能量消耗速度与受伤比例也比其他工作者高。

依据台湾地区《高温作业劳工作息时间标准》，重体力工作是指铲、掘、推等全身运动的工作，并依据《重体力劳动作业劳工保护措施标准》区分为 12 项劳工作业形态，其中包含使用 4.5kg 以上的锤及动力手工具，从事敲击等作业，以及站立以铲或其他器皿装盛 5kg 以上物体做投入与出料或类似的作业等。有关重体力工作的定义，国家间或学术上有所差异，大致可分为从生理学角度与从生物力学角度的定义。从生理学角度，重体力工作定义为在工作中需要消耗高能量的作业；而从生物力学角度，重体力工作是指工作过程中，肌肉、脊椎承受强大力量的作业。

世界各国（或地区）对于重体力工作的界定不尽相同。台湾地区相关“法令”规定，人力搬运或背负重量在 40kg 以上物体的作业，或是人工拉力达 40kg 以上的缆索拉线作业为重体力工作；美国则将抬举/提携 46kg 以上或经常处理 23kg 以下物品的作业归属为重体力工作；同处亚洲的日本在其安卫法中提到，18 岁以上的男性劳工，搬运重量应在 55kg 以下，且平时处理重物应在其体重的 50%以下。以上这些重体力工作认定标准，皆以作业形态为依据。

以作业形态作为重体力工作的判断标准，其客观性不足。现今欧美工作生理学家采用生理作为认定标准，一天工作 8h 消耗 20 000kcal 能量是重度工作合理的最大消耗量，此限制值仅适用于健康状况良好的重度工作者。另外，平均心率大于 150bpm，就属于“重度”或是“极重度”工作负荷。然而，重体力作业规范的标准由不同国家（地区）、研究机构与专家学者，在不同的种族、气候、受测者、动作标准与预估公式条件下求得，因此有所不同。在台湾地区，以代谢率高低区分，清楚定义能量消耗为 72～112cal/min-kg 的作业属于重体力工作；在国外，则有国际标准化组织（International Organization for Standardization，ISO）依据 ISO 8996：1990（E）标准，将重体力工作定义为工人每小时能量消耗大于 310kcal 的工作。此外，国际劳工组织（International Labor Organization，ILO）将工人每小时能量消耗大于 450kcal 的确定为重体力工作。综观各国法定重体力工作，其中不乏偶发性作业和局部作业，因此，纯粹采用作业形态或能量消耗观点作为界定依据，似有不妥之处，引用时宜详加厘清。

（二）生理疲劳

生理疲劳可细分为一般身体疲劳（general physical fatigue）和局部肌肉疲劳（local muscle fatigue）。一般身体疲劳是指全身性身体疲惫与倦怠的感觉。全身性疲劳作业对心肺、肌肉都有极大影响，因此作业伤害比局部疲劳严重，一般常发生在以全身肌肉进行作业的行业，如伐木、人工搬运作业等。全身性疲劳的普遍征兆包括呼吸频率增加、每单位呼吸量加大、心率增快、体温升高等，同时也可用摄氧量、心率、血糖浓度、尿液浓度以及脑波图等加以测定。为避免工人过度身体疲劳，基于能量消耗的基础，必须制定有关劳动过程中的负荷上限，例如工作 8h 不应超过个人最大摄氧量的 30%～40%。

局部肌肉疲劳是指身体的某一肢段或某一块肌肉发生的疼痛或不适现象。产生局部疲劳时，发生疲劳的部位与不适程度多半取决于劳动形态、施力大小和持续时间。例如，长时间的计算机打字作业、过头高的持握作业等，容易导致肩颈局部疲劳；重复频率高的手工组装作业，亦会造成手腕手臂酸痛。局部疲劳的判定与测量比身体疲劳困难，通常以肌力或肌电信号作为判定指标。

□ 讨论题

1. 肌肉活动有哪些形式？
2. 身体工作能力有哪些影响因素？
3. 工作负荷与工作能力之间的关系受到哪些因素的影响？
4. 生理能力评估的常用指标有哪些？
5. 生理疲劳的种类有哪些？试举例说明。

□ 案例讨论

基于心理物理学的感知负荷重量测量

在我们的生产生活中，多有涉及手工物料搬运（MMH）的问题。不管是从生物力学角度还是从生理学角度来看，手工物料搬运与职业性肌肉骨骼损伤都有着密切的关系。在安全方面，手工物料搬运可能由于工作环境或者人为操作不当，而对工作者的人身安全造成威胁。基于生物力学、生理学和心理物理学的原则，学者们通过研究作业的可接受下限制定了不同的标准。NIOSH于1981年发布一个规定抬举作业重量限度的公式，该公式旨在降低与抬举作业相关的下后背损伤发生的频率。1991年，NIOSH又对该公式进行了修订，增加了躯干扭转的内容。虽然NIOSH认为这个修订版本具有更广泛的适用性，但是修订后的公式并没有考虑人种差异。事实上，物料搬运问题在发展中国家表现更为明显，与欧美人群相比，中国人群体型较小，抬举能力也比较弱。此标准难以适用于中国人群。

该案例通过生物力学、生理学和心理物理学的方法，测量抬举作业的最大可接受重量，并与NIOSH公式进行比对，考察该公式对于中国人群的适用性，同时还研究抬举转角和连接质量这两个因素对于抬举者的心理物理指标和生理指标的影响。

NIOSH公式（1991年版）如下：

$$RWL = LC \times HM \times VM \times DM \times FM \times AM \times CM$$

式中，*RWL*（recommended weight limit）为推荐抬举极限；*LC*（load constant）为重量常数；*HM*（horizontal multiplier）为重物距离抬举者脚踝初始位置的水平距离；*VM*（vertical multiplier）为重物的初始垂直位置距离地面的高度；*DM*（distance multiplier）为重物在抬举过程中经历的垂直距离；*FM*（frequency multiplier）为抬举的频率；*AM*（asymmetry multiplier）为抬举起点和终点位置之间的水平转角；*CM*（coupling multiplier）为抬举者手和重物之间的连接质量（是否容易搬运）。

根据NIOSH的建议，工人的工作负荷不应该超过NIOSH公式所规定的水平。

案例中采用实验的方法来测定针对中国男性青年的搬运指标。实验由10名无手工物料搬运工作经验、无肌肉骨骼及心血管疾病病史的大学男生完成。参试人员的身高体重数据所在的百分位数分别是国标分布的66%和86%。

搬运箱一，长35cm，宽25cm，高23cm，两侧带有半椭圆形凹槽。凹槽高6cm，长11.5cm。根据NIOSH公式，凹槽所属的连接质量为Good；当搬运者不利用凹槽搬运时的连接质量为Fair。

搬运箱二，长45cm，宽35cm，高24cm。连接质量为Poor。

控制箱体内质量的内容物为固定质量的铁矿和可调质量的瓶装水。

被试的心率使用心率检测器（见图2—10）测量。

实验设计：采用随机区组全因子实验设计方法。把每一名被试当成一个区组，研究自变量*AM*，*CM*对因变量*MAWL*，*HR*以及*RPE*的影响。其中，*MAWL*（maximum acceptable weight of load）为最大可接受重量（物理心理学

图 2—10 实验用心率检测器

指标)，*HR* 为心率，*RPE*（rating of perceived exertion，有兴趣的读者可以自行阅读更多的资料，这里不再赘述）为工人自觉尽力程度。实验中 *AM* 设定 4 个水平（0°，30°，60°，90°），*CM* 含 3 个水平（见箱体参数）。抬举高度设定为一个高度为 70cm 的水平台面。被试采用心理物理学方法决定每次抬举任务的 *MAWL*。每个被试需要完成 12 组不同 *AM*，*CM* 组合的抬举任务。实验顺序随机产生。每天最多只能参加一组实验，以防止因过度疲劳而对实验结果产生影响。要求被试穿着舒适的衣服和鞋子，实验环境设定相对湿度 45%～55%，温度 22～25℃。

每次实验时，测试者随机给定一个初始抬举重量，被试在 20min 预搬运和调整阶段自行加减重量，找到可以连续较长时间工作而不会感到过度劳累、过热、虚弱或上气不接下气的最大可接受重量。选定后，被试按照最大可接受重量进行 10min 的正式抬举作业，结束后，需要对心率等内容进行评测（设定心率仪每隔 5s 自动记录一次，观察趋势和平均值），并完成主观问卷。实验最终得到结论：

- 抬举转角对 *MAWL* 有显著影响，随着抬举转角增大，*MAWL* 减小。而被试的心率和身体各部分的 *RPE* 在不同转角水平下并没有呈现显著差别。
- 连接质量对于有转角的抬举得到的 *MAWL* 的影响与对无转角的抬举得到的 *MAWL* 的影响相比没有显著差异。相对于无转角抬举作业，转角分别为 30°，60°，90°的抬举作业得到的 *MAWL* 分别减少了 8.5%，15.1%，24.5%。
- 连接质量对 *MAWL* 和 *RPE* 都有显著影响。虽然连接质量降低，*MAWL* 减小，但大体上身体各部分的 *RPE* 呈现增大趋势。
- 抬举转角对于平均心率和 *RPE* 的影响与欧美学者得到的实验结果不同，与台湾学者的结果相似。本实验中，被试的心率和 *RPE* 在不同的抬举转角之间没有显著差异。
- 本实验得出的 *MAWL* 和由 NIOSH 公式 1991 年修订版得到的推荐抬举极限没有明显差异。因此，对于本实验所研究的这类人群而言，NIOSH 公式能够较好地减少他们在抬举作业中受到的下后背损伤，起到维护的作用。
- NIOSH 公式中 *AM* 对 *RWL* 水平的影响相比实验结果略微保守，NIOSH 公式中 *CM* 对 *RWL* 水平的影响相比实验结果有所低估。然而，由于本实验是在有限的实验条件下针对大学男生样本进行的研究，因此本实验也有局限性。

总之，这个案例中所涉及的实验方法，就是通过工作生理学、心理物理学以及工作力学来研究合理的工作参数的典型方法。案例中的实验由于条件所限，样本的选择、样本量等都有一定的局限性，但是实验的流程和方法有典型的代表性。实验中所涉及的物理心理学的内容这里并没有展开讨论，有兴趣的读者可以自行阅读这方面的材料。

资料来源：肖瑾：《基于心理物理学的感知负荷重量量测及音乐的影响程度》，清华大学学士论文。

□注　释

［1］W. Rohmert，*Determination of the recovery pause for static work of man*，Internationale Zeitschrift für angewandte Physiologie，einschliesslich Arbeitsphysiologie，1960，18：123.

［2］K. Kroemer，Human strength：Terminology，measurement，and interpretation of data，*Human Factors：The Journal of the Human Factors and Ergonomics Society*，1970，12（3）：297－313.

［3］P. Astrand，K. Rodahl，*Textbook of work physiology：Physiological Bases of Exercise*（3rd ed.），New York：McGraw-Hill Book Company，1986，pp. 412－485.

［4］A. Kilbom，Measurement and assessment of dynamic work，in *Evaluation of human work：A practical ergonomics methodology*，London：Taylor and Francis，1990，pp. 641－661.

［5］L. Brouha，*Physiology in industry*，Pergamon Press，1960.

［6］J. Malchaire，et al.，Validity of oxygen consumption measurement at the workplace：What are we measuring? *Annals of occupational hygiene*，1984，28（2）：189－193.

［7］Müller，*Die physische Ermüdung*，Baader，EW：Handbuch der gesamten Arbeitsmedizin，Bd. I：Arbeitsphysiologie，1961，p. 405.

［8］Y. L. Chen and Y. H. Lee，Effect of combined dynamic and static workload on heart rate recovery cost，*Ergonomics*，1998，41（1）：29－38.

［9］同注释［3］。

［10］G. A. Borg，*Physical performance and perceived exertion*，1962.

第3章

Chapter 3 视觉感官系统

导 言

视觉系统是最重要的感官系统之一，人类获取的外界信息中80%来自于视觉感官系统。视觉的适应刺激是波长为380～780nm的可见光，感受器是视网膜内的椎体和杆体细胞。视觉系统是相对复杂的系统，比如我们散步于花海，看到一只色彩斑斓的蝴蝶，我们的视线追随着它，跟着它一起飞舞。在此过程中，我们可以感受到颜色、模式、结构、运动以及空间深度等。尽管我们最终看到的是一个统一的视觉形象，但这一形象却是由视觉系统中大量通道协同作用形成的。了解个体的视觉感官系统及其特性，对改善人机系统设计、提升个体的工作绩效至关重要。

一、成像原理及视觉系统

人的视觉系统由折光机制（眼睛、瞳孔和晶状体）、感觉机制（视觉网）、传导机制和中枢机制组成。眼睛是视觉系统的外部感受器，是人体最重要的信息接收器。眼睛由调节进入眼内光亮的瞳孔和对远近不同物体有聚焦调节功能的晶状体组成。视网膜会把外部的光刺激转换成神经冲动，进而由视觉传入神经传入到大脑中枢机制（见图3—1）。

许多人将人眼比作照相机，或者说照相机的创意来源于眼睛。眼睛像照相机那样通过具有收集和汇聚光线能力的透镜观察世界，角膜收集光线，晶状体适时改变形状以聚焦物体，虹膜内肌肉收缩和舒张可以改变瞳孔大小，进而控制进入眼睛的光线量。玻璃体也类似于照相机后部的透镜，将光线投射到视网膜，人眼结构示意图见图3—2。

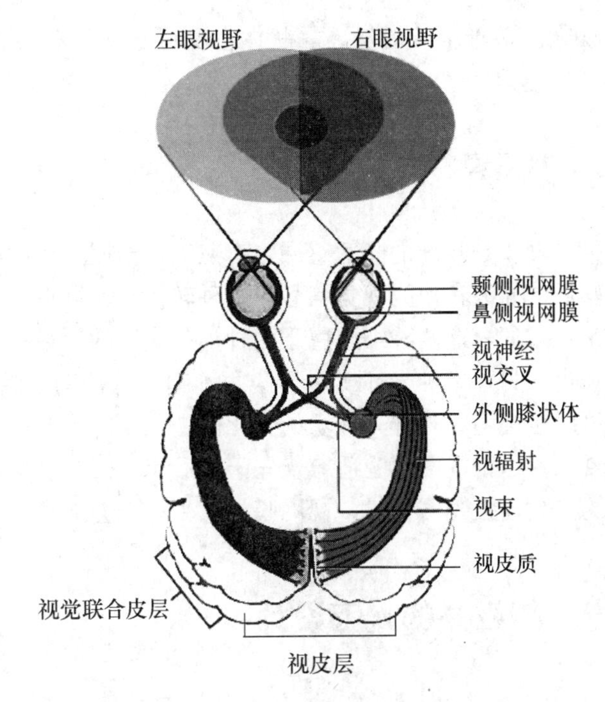

图 3—1　人类的视觉系统通路

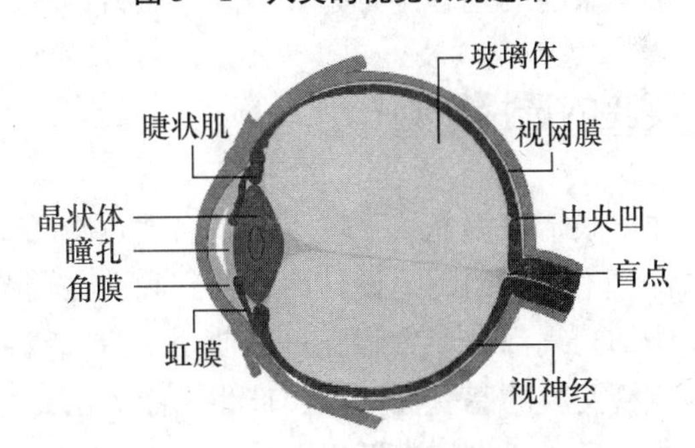

图 3—2　人眼结构示意图

（一）瞳孔和晶状体

瞳孔会随着光线的强度变化适时调整其口径大小，类似于照相机中的光圈。光线通过瞳孔的选择后，会通过晶状体聚焦到视网膜上。瞳孔的这种调节作用可以有限地调节视觉的清晰度，减少视差。当瞳孔缩小时，会对光线产生折射作用，从而可以减少由晶状体调节能力减弱带来的问题，如未戴眼镜的近视眼个体会经常有眯眼睛这一动作。瞳孔的调节作用是一种条件反射，瞳孔大小除了与光线强度有关以外，还与物体距离、情绪以及疲劳程度等因素息息相关。近距离观察物体时，瞳孔缩小。休息时，瞳孔扩大。兴奋时，瞳孔张大。疲劳的时候，瞳孔变小。晶状体倒置客体聚焦到视网膜上的图像也是倒置的。当晶状体对近处或远处物体的聚焦能力下降时，就会产生远视眼或近视眼。随着年龄增长，晶状体会变得越来越浑浊、不透明和扁平，弹性也会越来越差。

（二）视网膜

视网膜是眼球的光敏感层，有点类似于照相机中的底片，它将眼睛收集和调整后的光波转换为视觉信号。这种转换是通过视网膜上的椎体细胞和杆体细胞来完成的，这两种细胞属于两种加工光线的途径。光线不同，或者从一种光环境进入另外一种光环境时，这两种细胞的活动数目是不同的。和瞳孔类似，视网膜也会随着外部光环境的变化而变化，因此会产生明适应、暗适应和眩光等现象。由于视网膜明适应优先于暗适应，因此当两种同时存在时，会以明适应为主。当强光照射时，视网膜的感受性就会下降，产生目眩。

二、与视觉系统相关的人因设计

了解了眼睛的生理学构造，就能够很好地在设计中应用这些生理特点了。

（一）明暗的选择原则

首先，眼睛根据光线强度不同，会通过瞳孔调节光线的进入量，从而形成清晰的像。不合理的明暗设计将会导致瞳孔在调节光线的过程中产生不适，过强或过弱的光线都会导致瞳孔过度使用，造成疲劳。前面已经提到，过强的光线会造成视网膜的感受性下降，产生目眩。由此可见，明暗的选择在人因设计中至关重要。一般应该遵循以下原则：

- 视野内的所有物体的亮度应该尽量相同或者相似；
- 照明强度变化频次不能太高，也不能过于强烈；
- 慎重选用反光过强的材料；
- 色块之间的对比不能太强，一般选用统一色调；
- 明暗变化不能过大。

（二）颜色的选择原则

当光波作用于人眼时，人体会产生颜色视觉。世界上最大的光谱应该是彩虹了，它是由阳光经空气中的水滴折射、分解形成的。这些对颜色的生动体验依赖于物体反射到感受器上的光线。当然，我们知道，颜色并不是光波本身的物理属性，而是不同波长的光波作用于眼睛而形成的特殊视觉属性。不同波长的光产生的颜色视觉有所不同。所有的颜色视觉都离不开三个维度：色调、明度和饱和度。色调即指颜色。在有一种波长的单色光中，色调的心理体验是由波长来决定的。在不同波长的复杂光中，色调取决于占优势的波长。明度是颜色的明暗程度，是对光强度的描述。颜色的明度是由照明的强度和物体表面的反射系数决定的，当强度越强，反射系数越高时，物体看上去越明亮。饱和度描述的是颜色的纯度和亮度。纯色饱和度最大，混杂了白色、灰色或者其他色调的颜色为不完全饱和，而黑白之间的各种灰色为完全不饱和色。

有研究者通过实验表明，颜色通过视觉感官系统和神经系统调节体液，进而会不同程度地影响血液循环、消化以及内分泌等系统。比如，西班牙的斗牛士采用红色来刺激牛的各种器官，使各种器官兴奋，进而会使血压升高、脉搏加快。优良的设计可以改善个体的生理机能，进而提高工作效率。

- 选择色彩时，应该以色调对比为主。避免使用蓝色和紫色、红色和橙色。采用黄绿色或者蓝绿色不容易引起视觉疲劳。
- 工作环境中的明度不应差异过大，以免在视线转移过程中，因明适应和暗适应问题造成视觉疲劳。这里的明度差异一般是指颜色带来的差异，和前面讲到的亮度有所不同。
- 在设计中应尽量避免使用饱和度过高的色彩，一般饱和度应小于 3。

在同一工作环境中，尽量使用统一的色调。色彩除了用于工作环境或家庭生活之外，在设备和工作台上也应该注意：

- 颜色应该与设备功能相一致；
- 危险与警示部位的颜色应醒目；
- 操控装置配色应重点突出，避免误操作；
- 显示器的颜色与背景色要有一定的对比；
- 工作台的颜色明度不宜过大、反射率不宜过高；
- 精细零部件之间应该采用适当的颜色对比。

颜色用于安全标志方面，已经有了国家标准（GB2893—2001）。该标准规定，红色、蓝色、黄色、绿色四种颜色为安全色。安全标志应该按照国家标准 GB2894—1996 执行，安全色卡片按照 GB6527—1986 的规定采用。

（三）颜色的心理作用

另外，色彩也会使人产生一些心理感受和联想，这些感受有时会因个体背景的不同而带有个人色彩。不同颜色对个体的心理影响是不同的，其主要特点如下：

- 人从自然现象中总结的经验，使色彩产生了冷暖感。比如，红色、橙色和黄色，在日常生活中，经常与火焰联系在一起，进而带给个体热的感觉，这些颜色也被标定为暖色调。同样，青色、绿色和蓝色则为冷色调，可以起到镇静作用。一般在设计时，应根据环境特点进行适当搭配。
- 明度和饱和度的综合作用，会给人带来轻松或者压抑的感觉。明亮鲜艳的暖色调会给人带来轻松感，暗暗的冷色调则会带来压抑感。

• 颜色也可以传递轻重感，是质感与色感的混合感觉。黑色和白色拉杆箱，其形状、体积、重量完全相同，但黑色拉杆箱却给人们更重的感觉。浅色密度小，带给个体向往扩散的运动感，给人质量轻的感觉；而深色密度大，带给个体内聚感，给人质量重的感觉。

• 色彩也有膨胀和收缩感，与色调息息相关。暖色调给人以膨胀感，冷色调给人以收缩感。

• 色彩有前进性与后退性，一般而言，暖色调、亮度偏高的颜色以及饱和度偏高的颜色更富有前进性。但与背景密切相关，如在白背景下，有些暖色调反而有后退感。

• 色彩的艳丽与素雅常用来描述服饰，这取决于色彩的饱和度与亮度，高亮度、高饱和度的颜色给人以艳丽感。

(四) 针对老年人的视觉设计

老年人由于身体机能衰退，会出现老花眼、感光能力差、动态图像捕捉能力差等各种问题，因此针对老年人的设计需要一些特别的考虑。

1. 字体的选择

尤其是需要仔细阅读的字体，一般采用较大的字体。比如，老年人的手机的字体一般情况下要比普通字体大。

2. 色彩的选择

在荧幕设计中，老年人不容易看清楚对比度较低的影像，因此，老年工作者对荧幕上的绿色、蓝色字体辨识能力较差，而对光亮的红色和黄色却辨识得较好。静态的显示，最低的对比度应该维持在 5∶1，而动态的显示，对比度则应保持在 20∶1。

3. 亮度的选择

老年人的感光能力较弱，一般较为光亮的设计能够有效改善老年人的辨识能力。

随着用眼卫生逐渐引起人们的关注，高效、健康在视觉设计中显得尤为重要。不但要保证用户能够快速抓住所需信息，产生整体视觉感受，还要保证用户在长时间使用的时候不至于疲劳。在所有的设计中，都要充分考虑亮度、对比度、颜色搭配、饱和度等各方面的综合作用。

□ 讨论题

1. 简要描述视觉成像原理。

2. 明暗的选择应该遵循哪些原则？

3. 颜色的选择应该遵循哪些原则？

4. 描述颜色的心理作用并举例。

5. 针对老年人的视觉设计应该注意哪些问题？

□ 案例讨论

视觉设计与注意力

在网站设计中，尤其是综合信息类网站，通过合理的结构和颜色搭配，让用户能够比较快速地搜索到需求的信息，是人机交互专家和人因工程师的一个重要课题。我们将在本案例中详细解读《针对网页视觉设计的视觉搜索能力研究》[1]这篇文章，通过具体的案例，分析不同的视觉设计对视觉搜索能力的影响。关于网页视觉呈现应用于视觉搜索的研究主要集中在两个方面，即网页信息布置及视觉刺激响应。案例首先做了文献调研，指出网页链接密度对于用户执行视觉搜索任务有比较大的影响。Halverson[2]调查了局部密度对于结构化二维菜单视觉搜索的影响后发现，相对于稠密布局，用户会首先搜索稀疏布局的单词且这样所花费的时间更少。Weller[3]评估了由文字密度测量的空白空间对于搜索时间的影响，结果表明搜索时间随着总体密度的增大而增加，得到了和 Halverson 相似的结论。而影响视觉效果的，不仅包括文字密度，还包括图片和对色彩的选择等各个方面，它们对视觉的影响是综合性的。

这篇文章以两个具体的门户网站来考察不同的视觉设计对用户信息搜索能力的影响。比较的门户网站为：

（1）以丰富紧凑的文字信息和强烈的视觉刺激构成的新浪门户网站。

（2）设计相对平实简单、颜色比较统一和单一、以单色调为主的雅虎网站。

具体的研究方法以实验设计为主。实验的目的是检验不同网页呈现形式对用户视觉搜索能力的综合性影响。为此，衡量视觉搜索能力的观测变量（如搜索时间、错误及满意度等）被确定为评价实验结果的主要依据。在案例的实验过程中，28 名参加实验的人员被赋予了预定词组和连接的具体搜索任务，每个网站分别有 10 项搜索任务。

实验结果表明，用户在搜索信息密度大、视觉冲击强的网页内容时，所使用的搜索时间显著增加，搜索效率明显降低。其中，在新浪门户网站完成设定任务的平均搜索时间是 2 267s，而在雅虎网站完成设定的同类任务的平均搜索时间是 461s。另外，实验发现用户在任务执行过程中的错误率及满意度并没有因搜索效率的降低而呈现明显的恶化。满意度的结果表明视觉搜索能力表现与用户任务执行的满意程度没有必然联系。实验后的问卷调查显示，大多数参试者在长期的网络使用经验中，已经习惯了类似模拟中的中文网页的视觉呈现形式。值得我们考虑的是，虽然对这两个网站的满意度并没有受到视觉设计等方面的影响，但是实际上用户已经受到了品牌的影响。设计一个新的信息类网站时，我们必须考虑颜色搭配等问题。在设计用户以搜索或提取信息为主要情境的网络使用环境时（例如浏览新闻性门户网站），应尽量避免使用信息量大、视觉刺激强烈的网页视觉呈现形式，以方便用户完成信息搜索。

资料来源：刘杰、饶培伦：《针对网页视觉设计的视觉搜索能力研究》，载《人类工效学》，2006（2），1～3页。

□注　释

［1］刘杰、饶培伦：《针对网页视觉设计的视觉搜索能力研究》，载《人类工效学》，2006，12（2），1～3页。

［2］T. Halverson and A. J. Hornof，Local density guides visual search：Sparse groups are first and faster，in *Proceedings of the Human Factors and Ergonomics Society Annual Meeting*，SAGE Publications，2004.

［3］D. Weller，The effects of contrast and density on visual web search，*Usability News*，2004，6（2）.

第4章 Chapter 4 听觉感官系统与噪音振动

导言

在现今的生活中，人们多依赖视觉系统作为主要的感官系统，而忽略了听觉在工作、生活中的重要性。其实，声音时刻存在于我们的环境之中，不论是人与人之间的口语交谈、音乐的演奏、大自然的天籁还是生活中家电、运输工具运作所产生的噪音都是声音。现代的人们多已习惯于被各种形态的声音包围而不自觉。

听觉系统可以说是人体感官中，除了视觉系统之外最重要的系统。本章除了简要说明声音形成的原理、概述人体的听觉系统之外，还会介绍相关噪音与振动如何对人的效能、舒适感与生理、心理状态等产生影响。

一、声音的形成

从物理学角度来看，声音是一种借由振动产生的力学波，它通过介质来传递。在一般的生活环境中，常见的介质包括空气、金属和水。因为声音具有需要介质才能传播的特性，所以在真空环境中无法听见声音。人或动物的发声是借由振动声带产生机械能而加以传播的，如果简单地以在空气中振动的音叉或受敲击的鼓面为例，当音叉两股或鼓面本身连续振动时，会引起周围空气的相应振动，造成空气压力与密度的改变，并使空气产生疏密相间的连续波形向外传播。

我们可以借由声波图来具体表示声音的能量特性，如图4—1所示。声波最重要的两个特性是振幅（amplitude）与频率（frequency）。从平衡点到波峰（最高点）或波谷（最低点）的距离称为振幅。周期是指完成一次完整振动的时间（由0°到360°）；一个波动周期所行进的距离，则称为波长（wavelength)。频率是指单位时间内振动的周期次数（cycles/second），为周期的倒数，常用单位为赫兹（Hz，用以纪念德国物理学家 Heinrich Hertz），每秒振动一个周期的频率即为 1Hz，以此类推。

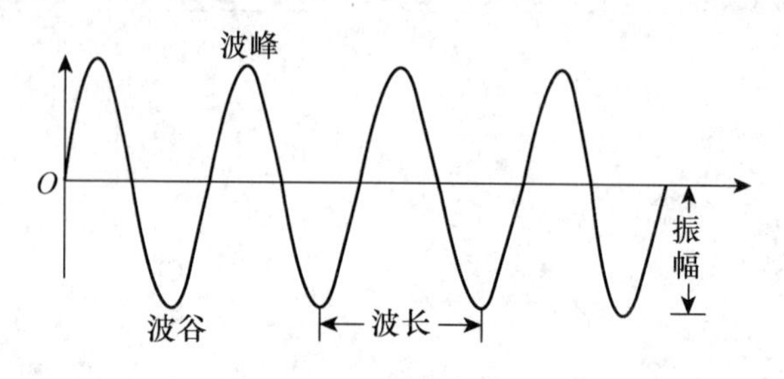

图 4—1 声波图

各种动物皆有其天生的听觉频率范围，人类的正常听力范围是 20～20 000 Hz，但会存在个体差异。这个范围比猫、狗或蝙蝠等动物的听觉范围要小得多，例如蝙蝠的听觉范围为 10～100 000Hz，因此人类往往无法听到许多动物发出的高频声。

声波会从发音源经介质以辐射的方式全方位传播，其速率即所谓的声速或音速，可由声波的波长乘以频率得出。声波在空气中传递的速率与温度、风速以及湿度有关，在无风、15℃的干燥空气中，声波的速率约为 340m/s，温度每上升 1℃，速率相应增加约 0.6m/s。声速并不受发声者的影响，而是由介质的温度、压力以及密度等因素决定，其在固体中的传播速度最快，液体次之，气体最慢，如表 4—1 所示。在美国西部电影中，常见演员趴在铁轨上判断火车的远近，这是因为声波借由铁轨的传播速度比空气快，趴在铁轨上可以比站在铁轨旁更早听见火车接近时的声音。

表 4—1　　25℃环境下各种介质中的声速

介质	空气	水	橡胶	木	铜	钢
声速（m/s）	346	1 493	1 600	3 960	3 560	5 030
声速（ft/s）	1 135	4 900	5 250	13 000	11 680	16 500

二、声音的特性

前述有关声音的形成，直接影响了声音的基本特性，其中最为重要的就是音调、强度与音色三项，其与前述的声波振幅和频率息息相关，这里简要介绍其相关内容。

（一）音调（pitch）

声音的高低称为音调，它会受到声音频率的影响，基本上，发音源振动得越快，声波频率越高，所产生的音调就会越高；反之，振动频率越低，音调就越低。以男女先天的差异为例，女性说话的音调普遍比男性高，这是由男女声带上的先天差异造成的。女性的声带通常比男性短，因此声带的振动频率会比男性高，一般成年女性的声音频率约为 500Hz，而男性则约为 120Hz。

一般而言，人们对于频率在 3 500Hz 左右的声音最为敏感[1]，但听觉范围会随着年龄增长而越来越小，尤其在中年以后，这是因为听觉神经会随着年龄增长而萎缩退化。年长者听力多会下降，比年轻人更难听到较高频率的声音，因而出现难以分辨说话者身份的情况，尤其是声频较高的女性与小孩。[2]

对于超出人类听觉范围的声音频率，低于 20Hz 的声波称为超低音或次声波，其特点是频率低、波长长、传播时能量衰减较小、传播距离远；频率高于 20 000Hz 的声波则称为超音波或超声波，因为其频率较高，能量于传播时消耗较大，传播距离会比一般频率的声波短。目前超音波技术在医疗、民生、军事等方面的应用非常广泛。

(二) 强度 (intensity)

除了高低之外，声音的第二个重要特性称为强度，也就是声音的大小（强弱）。声音的强度与声波的振幅有关，振幅越大，强度越高。每个人对客观的声音强度的主观感受则称为响度（loudness）或音量（volume），与声音强度有关，但并不完全等于声音强度。在某种程度上，响度亦受到频率的影响。

为了公允、客观地比较不同声音的强弱程度，科学上，我们采用分贝（decibel，dB）作为计量声音强度的基本单位，分（deci）是指“十分之一”，贝（bel）则是用以纪念发明电话的科学家 Alexander G. Bell。声音强度的计算是由两声音强度比率的对数所得。由于我们无法直接测量声波的能量，但声波能量与声压平方成正比，因此声音强度可借由测量的空气压力得到，也就是所谓的“声压水平”（sound pressure level，SPL）。

(三) 声音强度 (sound intensity)

$$声音强度 = 20\ \lg(P1/P2)$$

式中，P1 代表所测量到的声压；P2 则是 0dB 时的参考声压，通常设为 0.000 02N/m²。0dB 约为常人在理想条件下能听到的最小声音强度，每增加 10dB，声音强度就增加 10 倍；增加 20dB，声音强度增加 100 倍，以此类推。如果声波的压力减半，或距离音源的距离加倍，强度会减少大概 6dB。

表 4—2 列举了一般日常生活中常听到的声音强度，在安静的居家或工作环境中声音强度为 30～50dB，交谈音量则在 50～80dB 之间，运输工具的声音强度多在 70dB 以上，而引起疼痛及听力受损的强度阈值（threshold level）在 120～130dB（应特别注意此阈值并未考虑暴露时间的影响，相关内容会在本章

噪音部分详述）。

由于人的听觉器官对于不同频率的声音会有不同的敏感度，因此对于相同强度但不同频率的声音，人们所感觉到的响度或音量会不尽相同。在测量声音强度对于人的影响时，应将此方面的差异纳入考虑。美国国家标准协会（ANSI）针对音量测量制定了A，B，C三种不同的声音加权基准（weighted sound level）。以不同基准对不同组成频率的声音予以加权，相对反应特征如图4—2所示。目前在人员的保护方面，加权方式A最为广泛接受，故其测量数值单位会以dBA表示。美国职业安全卫生署（OSHA）及环保署（EPA）对于工作场所等环境制定的噪音标准即采用加权基准A作为测量基准。

表4—2　一般环境中的声音强度测量数据

音量（分贝）	声音来源	注记
140	喷气式飞机起飞	耳朵受损
130	枪声	
120	直升机起飞、摇滚演唱会	疼痛阈值
110	闪电、地铁	刺耳
100	汽车喇叭、重型摩托车	
90	爆竹、巴士	
80	汽车防盗器、大声谈话（1m远）	
70	汽车、扩音器广播	
60	一般谈话（1m远）	
50	低声交谈	
40	安静的办公环境	
30	居家环境	
20	时钟、风吹树叶声	
10	呼吸、睡眠	
0		最小听觉阈值

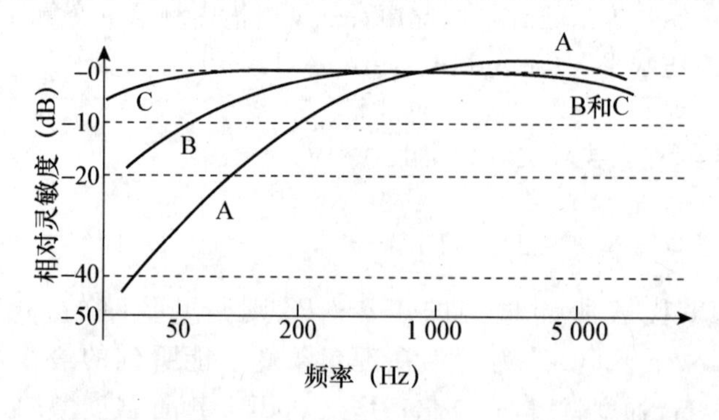

图4—2　不同频率依据A，B，C三种不同声音加权基准的相对反应特征（OSHA）

（四）音色（timbre）

仅有一个频率的声音称为单音，例如音叉只能发出频率单一且波形单纯稳定的声音，所以常作为调音的工具使用。但是单音在现实中极少存在，除了使用仪器制造的单音，环境中存在的绝大多数声音都是由许多不同频率、不同振幅的声波混合而成的复合音（complex sounds）。因为声波具有叠加的现象，所以不同声波所形成的复合音，其频率、振幅及频谱（frequency spectrum）也会有所不同。频谱是指发出声音时产生各种频率的强度。

讲电话时，我们通常能分辨出熟识之人的声音；聆听音乐时，也往往可清楚辨别不同乐器所发出的声音，这是因为不同的发声体各有其独特的发音特性，声音的此种特质称为音色。借由音色，我们可以分辨出不同人或不同乐器所发出的声音。音色受声波的波形与频谱的影响，波形与频谱不同，音色也会有所差异。

三、听觉感官系统

人类的听觉器官是耳朵，其内部构造可分为外耳（outer）、中耳（middle）及内耳（inner）三部分，内耳连接至听觉神经，可将声音的振动转换成神经信号传至大脑，由大脑将信号转换成可理解的词语、声响或音乐等声音。下面依据图 4—3，简要说明耳朵各部位的构造与功能。

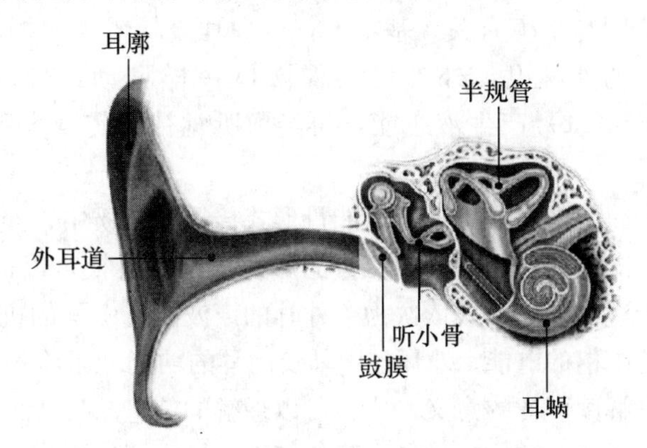

图 4—3　听觉器官结构图

(一) 外耳

外耳的耳廓（pinna）具有聚集和反射声波的作用，并可借由两耳接收到的声音差异，协助判断声音的来源（例如发声位置方向及远近）；外耳道则具有扩大声波的功能，并能隔离与保护中耳、内耳内的复杂组织，避免耳朵内部的精密结构遭受损伤。

(二) 中耳

声音由耳廓进入外耳道后，随即通过介于外耳与中耳间的鼓膜（eardrum

or tympanic membrance)。鼓膜为一薄膜组织，能清楚地感应声波的振动，并将声波的能量扩大，再传入连接鼓膜的听小骨。中耳是一个被黏膜覆盖的气腔，腔内共有三块听小骨，分别是锤骨（malleus）、砧骨（incus）以及镫骨（stapes）。听小骨彼此前后衔接，并以精密的杠杆形式连接，以机械能方式传递声波振动，镫骨则通过接触到的内耳卵圆窗（oval window），将声音传入内耳。

中耳下方以耳咽管（auditory tube）与咽喉相通，耳咽管平时关闭，以防止自己的声音经耳咽管进入耳部从而造成损伤。但耳咽管会在嘴巴咀嚼或吞咽时打开，使空气进入中耳，以维持鼓膜两边压力平衡。搭乘飞机的乘客在飞机起飞或降落时，常因环境压力急速变化，而产生耳朵不适。此时可将嘴巴张开，使空气经耳咽管进入中耳调节压力，避免压力损伤性中耳炎的发生。

（三）内耳

内耳由复杂精密的管道组成，其构造可依据功能分为两大部分：耳蜗（cochlea）部分负责听觉，前庭（vestibule）与半规管（semicircular canals）部分则与平衡有关。基本上，由中耳镫骨传来的振动，会透过卵圆窗传至耳蜗内的外淋巴，外淋巴会像液体一样晃动，带动其内的基底膜（basilar membrane）产生液态能，再经由听觉神经传至大脑皮层的听觉中枢而产生听觉。

简单来说，声波会以能量形式传播于介质中，经外耳的耳廓收集后，通过中耳向内耳传递，其间能量的形式会不断转换，以适应各种听觉器官的接收，其传递能量的形式依次为：外耳的声波能、中耳的机械能、内耳的液态能以及听觉中枢的电能。外耳、中耳及内耳的功用就是将声音传递至大脑，最后由大脑来解读声音的意义，成为可以理解的信息。

耳朵的结构就像是串联的灯泡一样，任何部位发生状况，都会造成听力障碍，也就是所谓的听力阈值转移（hearing threshold shift），听力阈值转移会使听力范围缩小甚或听力丧失。通常，听力丧失可分为传导性耳聋（conduction deafness）、神经性耳聋（nerve deafness）以及中枢性耳聋（central deafness）三种。传导性耳聋对应外耳、中耳的器官损伤或病变，例如鼓膜受损或中耳炎；神经性耳聋则是由内耳耳蜗或听觉神经损伤所导致的，对于高频率的声音会特别难以辨别；中枢性耳聋则是由脑部听觉中枢引起的，无法将声波解析为有意义的声音。三种听力丧失类型中，传导性耳聋比较容易矫正，一般市售的助听器可改善此症状。听力受损基本上是一种无法复原的不可逆现象，因此对于突然发生的耳鸣、耳聋等现象不可掉以轻心，应立刻就诊，以免延误最佳治疗时机。

四、位置与动作感应

人类主要使用视觉与听觉感官来建立方向感与平衡感，并借由内耳的感觉器官来感应自身的位置与动作，其中内耳前庭负责身体的平衡，而半规管则与头部的运动有关。前庭介于耳蜗与半规管之间，内部的耳石可感应直线水平与垂直加速运动，并朝相反的方向运动，从而刺激神经传递速度改变的信息至脑部，大脑会基于此信息发出指令，确保身体平衡，此即平衡觉（equilibratory senses）。

半规管为充满内淋巴的三个半圆形管道，三个半规管之间互相垂直，形成三个不同的平面来掌握三维空间，它们就像是角加速度传感器，持续不断地传送信息给大脑。当头部转动时，半规管会受淋巴振动的刺激而产生反应，速度的差异会造成淋巴液压力改变，刺激神经向大脑传递关于头部位置改变的信息，使大脑产生平衡觉。人们一般习惯于平面运动，当在海上航行时身体上下移动，半规管受到不寻常的刺激，容易有晕船的感觉。

经由前庭与半规管建立的平衡觉是一种自发性的反射运动，需要协同视觉和四肢的肌反射共同完成，以维持人体在运动中的平衡。虽然平衡觉使人能够感应直线加速运动，但是当运动模式改变而人体一时无法适应时，可能会产生相对于空间或速度上的错觉，例如常见的倾斜错觉会将直线方向加速误认为是身体倾斜。在航空界，此类错觉是飞行员在生理上必须克服的一大挑战。实际飞行或驾驶舱模拟时，如果前庭与半规管产生的信息与视觉信息冲突，容易导致眩晕或空间迷向（spatial disorientation）等现象的发生，甚或酿成飞机失控。[3]其他常见的错觉还有倾斜错觉、眼重力错觉（oculogravic illusion）、旋转错觉（俗称死亡螺旋，graveyard spin）等。[4]因此飞行员从训练时便需开始学习参考飞航仪器来掌握飞航状态，而不能仅依靠个人的感官系统或经验判断。

五、噪　音

声音有许多不同的分类方式，一般将规律振动发出的悦耳声音称为乐音，而将不规律、让人感到厌烦的声音称为噪音。噪音通常由许多频率、强度相异的声音组合而成，例如运输工具或工厂机器设备所发出的声音。人耳无法像眼睛一样，依据自我意识选择关闭，只能被动不停地接收声音，即使在睡梦中也会受到声音的刺激。随着科技的进步与人口的聚集，在现今的社会中，不论在白天或黑夜、室内或室外，人们时刻都经受着噪音的干扰，噪音污染（noise pollution）已俨然成为大众无法漠视的环境公害之一。

人的听觉能力除了受到自身先天条件与年龄等因素的影响之外，亦会受到外在环境条件的影响，其中，最需注意的便是噪音的影响。例如，燃放爆竹所产生的震爆声可能会造成暂时性的听力丧失或是鼓膜受损；长期处于噪音环境下工作，可能造成内耳听觉细胞退化，甚至造成永久性听力受损。

噪音可简单定义为在环境中可能直接或间接妨害生活安宁与身体健康的声音。但此类认定难免过于主观，对于噪音防治管理会有所阻碍，例如邻居播放的古典音乐，对于隔壁住户或许是种困扰。故各国在法规方面，对于噪音的客观认定多指音量超过特定管制标准的声音，并视环境功能，例如住宅、商业或工业区，分别建立相对应的标准。中国环境噪声污染防治法中的噪声污染即是指超过国家规定的环境噪音排放标准的声音。

（一）噪音音量与暴露时间

如表 4—2 所示，如果人接收到音量超过 120dB 的噪音即有可能会引起耳痛，进而造成听力受损。但如果将处于噪音下的暴露时间纳入考虑的话，长期处在超过 95dB 的噪音环境中，即有可能会造成听觉器官的永久性损伤，并对人的身心状况产生其他重大影响。例如心理上紧张、烦躁或精神压力增加等反应；生理部分，轻者引发头痛、疲劳、高血压或失眠等症状，严重时甚至可能导致胃溃疡或内分泌系统失调等疾病的发生；青少年如果长期处于噪音环境中，生长发育亦可能会受到不良影响。

听力测定器（audiometer）是普遍用来衡量听觉能力的工具，其基本概念就是测量每个人所能接收到的频率范围。尽管人类天生正常听力范围为 20～20 000Hz，但受年龄、工作环境等条件的影响，听力范围通常会逐渐缩小，造成所谓的听力阈值转移。由于人们对于高频率的噪音较为敏感，因此在听力受损时亦较容易出现高频率范围丧失的现象，通常永久性听力受损最容易丧失的频率范围在 4 000Hz 左右，并会随着情况的恶化向其上下范围延伸。

听力受损风险与噪音音量和暴露时间有很强的关系，各国相关法规多针对这两项影响条件进行界定。如果将噪音简单地分为连续性噪音与非连续性噪音，其噪音暴露极限（noise exposure limits）在一般的工作环境之中亦有所不同。对于连续性噪音，若将因年龄而导致听力能力降低的情况纳入考虑，McCormick 称，每日暴露在噪音低于 80dB 以下的环境中 8 小时，不至于造成明显的听力受损，但当噪音强度超过 85dB 时，罹患听力受损的风险会急剧上升。

美国职业安全卫生署公布的平均噪音限值与暴露时间标准如表 4—3 所示，每日标准 8 小时工作时间的最高噪音容忍值为 90dBA。环境中噪音强度每增加 5dB，安全暴露时间应缩短一半，例如 95dBA 的噪音安全暴露时间为 4 小时，100dBA 的为 2 小时，以此类推。

表 4—3 噪音允许暴露时间表

每日暴露时间（小时）	声音暴露限值（dBA）
8	90
6	92
4	95
3	97
2	100
1.5	102
1	105
0.5	110
0.25 或更少	115

资料来源：OSHA，Occupational Health and Environmental Control，in Occupational noise exposure (29 CFR 1910. 95)，1981，U. S. Department of Labor：Washington，DC.

对于长期处于高度噪音环境（例如机场、工厂）中的工作者，听力受损甚或罹患噪音性耳聋的风险非常高。美国职业安全卫生署亦规定，凡暴露值超过 85dBA，且每日工作时间达到或超过 8 小时的工作者，业者必须建立听力防护计划，长期监控噪音强度与范围，进入此类工作环境应佩戴防护耳罩或耳塞，以降低噪音危害，并针对工作者提供必要的训练和定期听力检查，以便能在发现听力变化征兆时，采取适当的补救措施。

另一方面，人们对于非连续性噪音的忍受能力与噪音发生的时间长短有关，但由于声音强度、频率、暴露时间等因素的差异，对于这类噪音的影响较难获得简单而被普遍认可的共识。基本来说，间隔的时间越长，所能忍受的噪音音量会越高，但非连续性噪音最高不可超过 140dB，并应视其噪音强度选择适当的噪音防治方法。日常生活中，当面临突发性的噪音时，例如燃放烟花爆竹，如果距离过近，可能造成暂时性的听阈转移，故应保持适当距离并以手遮耳，以避免听力受损。

长时间使用诸如 iPod 等 MP3 播放器，对听力受损造成的影响亦不可忽视。从早期的随身听、CD 播放器到近期的 MP3、iPod，此类设备所产生的音量或许差异不大，但由于新颖设备的储存时间与容量均有显著的提升，而导致使用者可能聆听更长时间，因此使用 iPod 等类型产品可能导致较使用旧型产品更严重的听力受损。[5]综上，使用 MP3 等设备时，应避免音量过大（80 dB 以下）和聆听时间过长，以免听力下降。而且，由于运动时内耳血液供给可能不稳定，因此运动时最好不要听 MP3 或使用手机。

噪音的防治问题可从三个方向着手：噪音的发生源、噪音的传播途径以及噪音的接收者。基本上，采用减震设计、从噪声源减少噪音的产生、安装消音器、改善材质，或是加装隔音或消音设备阻断传播途径等方法，可减少或消除噪音，真正达到防治噪音的目的。使用耳塞或耳罩等护具来保护噪音接收者的听力时，可能产生不舒适、降低沟通能力或隔绝警告/警报等影响，在实用功效上往往受到限制，因此最好将其视为前两种方式都无法明显改善噪音危害时降低噪音危害的最后防线。

（二）噪音对工作绩效的影响

大众普遍认为无论从事什么工作，处于安静的环境中一定比处于嘈杂的环境中舒适、有效率，但实际上许多研究分析却得到了不同的结果。[6]噪音对于工作绩效的影响，往往随着工作性质的不同和噪音的影响程度等条件而有所不同。例如，对于简单例行性的工作，噪音反而可能提高工作者的注意力与警觉性，而对于需要处理大量信息、需要高警觉性或高心智负荷的工作，噪音则有明显的不良影响。故针对不同的工作性质与噪音程度，往往需要进一步的验证才能了解噪音对于工作绩效的影响。然而，可以确定的就是必须预防或控制噪音对于听力的可能损害。

在生活中常会发生所乘坐车辆的引擎声盖住电话铃声，使用吹风机烘干头发时听不见旁人说话等现象，这称为掩蔽效应（masking effect）。掩蔽效应是指环境中某一声音的存在会削弱人员对于另一声音的接收，造成听觉阈值的提高。遮蔽音源的强度越高，或与欲接收音源的频率越相近，掩蔽效应的影响越大。在工作上，由噪音所产生的掩蔽效应对于工作绩效常会有重大影响。例如造成同事间沟通困难，或者增大工作者接收工作相关声音信息或警告/警报信号的难度等，以致降低工作绩效或导致意外灾害。如果警告/警报信号需在嘈杂的环境中作用，为使人们能侦测到警告/警报，其信号的音量必须超过环境中的背景噪音或遮蔽阈值 15dB 左右。[7]

六、振　动

在现今社会中，随着科技的进步与众多工具的发明，人们常会经历许多不同的振动现象，例如强大的噪音声波往往会伴随振动产生，使用吸尘器或搭乘交通工具时也会造成人体的相应振动。

依据振动的形式，可将振动分为规律的正弦振动（sinusoidal vibration）与不规律的随机振动（random vibration）。正弦振动由一个或数个正弦波组成，具有一定的规律与强度；随机振动则没有固定的波形与频率，在一般环境中，我们经历的多为随机振动。根据振动方向不同，可将振动界定为前后向的±Gx、左右向的±Gy 以及上下向的±Gz。

振动的测量与声音的测量有类似之处，其重要特性包括振动的频率和强度，频率同样可以用赫兹（Hz）来表示，强度除了可用振幅（cm）来表示之外，还可用位移（cm）、速度（cm/s）或加速度（cm/s^2 或 g）表示。加速仪（accelerometer）可作为测量振动的工具，还可用来测量不同方向的位移和加速度。

物体振动时，会将能量传递至与其接触的物体，造成接触物体的相应振动，相应振动的振幅如果越来越小，称为衰减；振幅如果增大，则称为共振

(resonance)。任何物体皆有其天生的共振频率，或自然频率（natural frequency），当物体受外力影响产生振动时，振动频率越接近其共振频率，该物体产生的振动幅度就会越大。人体各个部位或器官因为肌肉、脂肪与骨骼的隔离，都有各自不同的共振频率，这样的先天设计可以减少外来振动对人体的影响。身体姿势亦会影响人体接收的外来振动，基本上，站立时，由于腿部肌肉与膝盖可吸收振动，使位移的影响明显减弱；坐下时，则会使其增强。

考虑振动对人体的影响时，必须将共振效应与经历时间一并纳入考虑，长时间经历振动可能会导致疾病的发生。在生理方面，可能造成使用部位肌肉疼痛、骨骼关节损伤、血液循环不良，甚至造成椎间盘突出等问题。例如长时间驾驶车辆，容易因为行车的振动而造成腰部或背部酸痛，因此设计车辆时，需将人体特别是脊椎和腰部的共振频率纳入考虑，避免车辆行进时的振动频率引发人体共振。振动对于手部操作与视觉运用也有很大的影响，当频率介于10～25Hz之间时，会造成视觉范围、侦测性与敏锐度明显降低。

振动的测量在主观方面最常用的是舒适度，不过不同的人对于同样的振动频率和强度或许会有不同的主观感受。一般而言，水平与垂直振动频率分别在2Hz及5～16Hz时最为敏感。国际标准协会针对振动测量，依据振动频率与强度的关系，制定了三种不同的参考标准，分别与舒适（comfort）、效率（efficiency）以及安全（safety）有关，舒适标准最为严格，效率标准次之，安全标准最为宽松。

振动的防治类似于噪音防治，亦是从振动发生源、传播途径及振动的接收者三方面切入。例如定期维护润滑机具以减少振动产生、加装减震材质或设备，改善传播途径，或为接触人员配备减震手套、轮班减少振动暴露时间等，皆为有效的方式。

□ 讨论题

1. 声音有哪几个参数特性?
2. 通常永久性听力受损最容易丧失的频率范围是什么?
3. 如何定义噪音?
4. 噪音的预防可以从哪三个方面入手?
5. 振动有哪些测量参数?

□ 案例讨论

声学告警的工效学研究

声学告警（acoustic warning/auditory warning）是指在潜在危险存在的情

况下，能够引起人们注意并提供辅助信息和支持的所有声音。[8]虽然80%的信息都通过视觉系统获取，但是听觉仍然具有不可替代的作用。设计良好的声学告警不仅能够引起受众的注意，同时能告知、引导受众采取正确的措施。美国军方规定在下列情况下声学告警应优先选用：为了呈现声学信号源；为了呈现能够引起潜在或即将到来的危险的告警信息；当视觉显示大量使用时（如飞机驾驶舱）；为了呈现不依赖于头部位置的信息；在黑暗限制或者视觉受限的情况下；当人处于缺氧或加速度很大的情况下；当信号必须区别于噪音，特别是噪音中的周期性信号时。[9]然而，日趋复杂的告警系统会造成信息量过大，容易引发人为失误，导致重大事故的发生，在紧急状况下更容易发生差错。所以，研究适合操作人员生理和心理特征的告警系统是工效学关注的重要课题之一。

人们对于告警的感知差异源有多个方面。其中，声学参数对告警感知的影响是工效学关注的一个问题。如果能够把各种声学参数与人的感知之间的关系分析清楚并得出量化的结论，那么设计声学告警就有了客观标准和依据。影响声学告警设计的声学参数较多，非语音告警和语音告警也有所不同。

对于非语音告警，国内已有的研究比较关注告警的频率、响度等参数，也有研究涉及相位。符健春[10]等在对频率恒定条件下不同响度声音听觉判断绩效的研究中发现，响度高的声音的绝对辨认正确率高，但反应时间却不一定最短，这一研究也给出了不同声音数量要求下的响度组合参考。李宏汀[11]等则将声音的响度固定，寻求响度恒定的情况下人们对不同频率的感知规律。

对于语音告警的研究，研究者比较关心语速、预警音长度、预警间隔、句间隔、语句字数等参数。目前，关于飞机驾驶舱等特定环境下的汉语语音告警的研究已经取得了一些成果。韩东旭[12]等人根据其实验研究结果建议汉语语音告警使用参数如下设定：预警音长度应在0.35～0.55s内选择，且以0.35～0.45s为最佳；预警间隔应在0.3～0.55s内选择，且以0.3～0.4s为最佳；句间隔应在0.3～0.65s内选择，且以0.4～0.55s为最佳；语句字数应控制在9字以内，最好不多于7字。关于语音告警的语速，张彤[13]等的实验研究结果表明，语音告警信号的适宜语速范围为3.33～5字/s，最佳语速为4字/s。刘宝善[14]等在关于战斗机舱的模拟实验中得出的最佳语速范围为4～6字/s。另外，关于告警用语的选用，要遵循易懂、易记、简要、区分的原则。案例中作者提到了文化差异，中英文的语速会有明显的不同，这里不再赘述。

声学告警绩效的评价指标主要包括客观指标和主观指标。已经采用的声学告警绩效评价指标包括：主观感受、作业正确率或错误率、实验任务的作业绩效、言语可懂度、反应时、心率及心率变异性（heart rate variety）等。其中主观感受指标是由被试的主观感受评价的指标，如感觉的紧迫

度、舒适度、厌烦感、模拟情景与实际情景的对比评价等，这在飞机驾驶舱的相关告警实验中使用较多。研究人员在实验中设计一系列作业任务要求被试完成，被试完成这些作业的绩效即实验任务的作业绩效。心率以及心率变异性作为客观生理指标，用于评价被试接收声学告警并做出相应反应后的心理负荷。

国外的声学告警系统已有比较详细的标准，但国内的声学告警研究刚刚起步，主要的研究主题包括影响告警感知的声学参数、告警信号的呈现方式、声学告警的评价指标等。由于语言体系的差异，国内外的告警系统必然有着巨大的文化差异，建立我国自有的、符合我国语言特色的告警系统标准势在必行。

资料来源：许嵩、李志忠：《声学告警的工效学研究》，载《人类工效学》，2007 (1)，54、65～67 页。

□ 注　释

[1] M. Lehto, S. J. Landry, and J. Buck, *Introduction to Human Factors and Ergonomics for engineers*, CRC Press, 2007.

[2] A. D. Fisk and W. A. Rogers, *Handbook of Human Factors and the Older Adult*, 1st ed, Academic Press, 1996.

[3] L. R. Young, Spatial Orientation, in *Principles and Practice of Aviation Psychology*, P. S. T. M. A. Vidulich, Editor, Lawrence Erlbaum Associates: Mahwah, N. J. , 2003.

[4] 何邦立：《飞行、生理、医学》，台北市，中正书局，1981。

[5] F. H. Bess, L. Humes, and T. Towsend, *Audiology: the fundamentals*, Lippincott Williams & Wilkins Philadelphia, 2003.

[6] M. S. Sanders, and E. J. McCormick, *Human factors in engineering and design*, New York: McGRAW-HILL, 1987.

[7] C. D. Wickens, S. E. Gordon, and Y. Liu, *An introduction to human factors engineering*, 2004.

[8] H. Sauermann, Vocational choice: A decision making perspective, *Journal of Vocational behavior*, 2005, 66 (2), pp. 273-303.

[9] C. A. Blanchard, and J. W. Lichtenberg, Compromise in career decision making: A test of Gottfredson's theory, *Journal of Vocational Behavior*, 2003, 62 (2), pp. 250-271.

[10] 符健春、葛列众、陆卫红：《频率恒定条件下不同响度声音听觉判断绩效研究》，载《人类工效学》，2005，11 (3)，53～54 页。

[11] 李宏汀、葛列众、陆卫红：《响度恒定条件下不同频率声音听觉判断

绩效研究》，载《人类工效学》，2005，11（2），4～6页。

［12］韩东旭、周传岱：《汉语语音告警的工效学研究》，载《航天医学与医学工程》，1998，11（1），16～20页。

［13］张彤等：《语音告警信号语速研究》，载《应用心理学》，1997（1）。

［14］刘宝善、武国城：《战斗机汉语合成话音告警用语设计参数的测定》，载《中华航空医学杂志》，1995，6（3），176～180页。

第5章 Chapter 5 信息加工模型与心智负荷

导　言

人的信息处理能力因无法从外表加以判断而被认定为黑匣子，在信息理论中将人视为一个信息处理器，而人的所有行为背后的心理特征即为信息处理过程。人在人机系统中的作用是对信息的传递和加工。

一、人的信息加工模型

（一）加工模型

1. Donders的减法模型

心理学家Donders在实验中区分了选择反应时和简单反应时。简单反应时为人对单一的信号作出简单和熟练的运动反应所需要的时间。选择反应时则为人在面对多个不同的信号，作出不同的反应所需要的时间。结果发现，选择反应时显著大于简单反应时。Donders认为产生这种结果的原因是在选择反应实验中，人需要对信号进行判断和决策，因此利用选择反应时减去简单反应时就可以得出人做出一个选择所需要花费的时间。这就是Donders的减法模型，如图5—1所示。

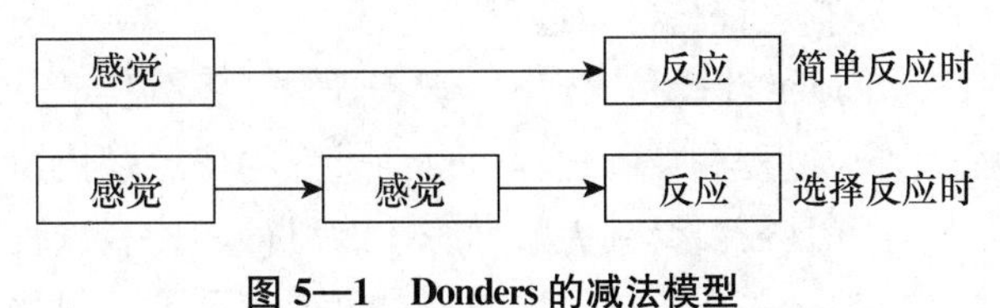

图5—1　Donders的减法模型

2. Welford 的单信道模型

Welford 教授设计了一个心理不应期实验，结果发现当连续向参与者呈现两个刺激信号，而且两个刺激信号的间隔时间非常短时，参与者对第二个信号的反应时间比对第一个信号的反应时间长。这说明个体对第一个信号做完反应后才会处理第二个信号，并且对第二个信号的反应时间可以通过 $RT_2=RT_1+DT_2-ISI$ 来预测。其中，ISI 是两个刺激的时间间隔，DT_2 是处理第二个刺激所需要的时间，RT_1 和 RT_2 分别是参与者对第一个刺激信号和第二个刺激信号的反应时间。

3. Broadbent 的过滤模型

Broadbent 根据自己多年的双耳听力实验结果提出了过滤模型。信息在没有到达工作记忆之前，个体可以同时处理一个以上的信息，称为平行处理。但到达工作记忆之后，在某一时刻就只能处理一个信息了，只有重要的信息才会进入大脑进行加工处理，这类似于一个过滤器（见图 5—2）。

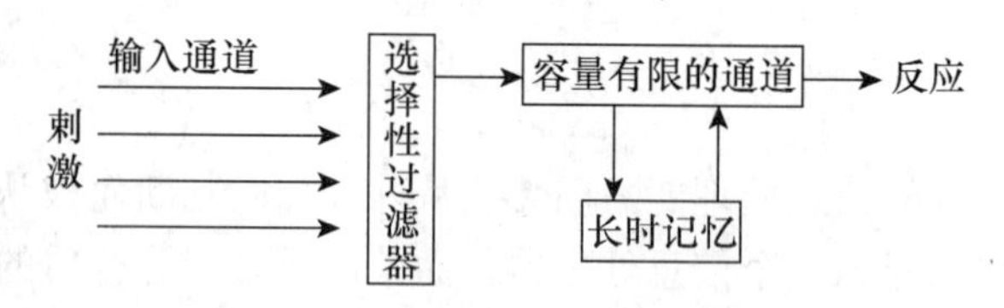

图 5—2 Broadbent 的过滤模型

4. Kahneman 的单资源模型

Kahneman 认为，人的信息处理能力是有限的，因而在阈限范围内，个体可以同时处理一个以上的事件，自由分配自己的注意力。超过阈限时，人的注意力就无法满足工作需要，进而行为结果就会打折扣或者根本无法完成工作。

5. Wickens 的多资源模型

不同于 Kahneman 教授的单资源模型，Wickens 教授认为，人的信息处理系统是多资源系统，并且可以将资源按照两两对应关系分为三组，分别为阶段资源（早期阶段和晚期阶段）、两个通道资源（视觉和听觉资源）、过程编译资源（图像和文字资源）。多资源模型认为，这些资源中的每一种都有自己的特性，但如果不同的工作之间需要的资源相似性较大，干扰就会很大，反之则相反。

6. 控制过程与自动过程理论

Schneider 教授和 Shiffrin 教授通过一系列实验，区分出了两种基本的处理过程：自动过程和控制过程。自动过程的特点是快速、平等、不受工作记忆能力限制，并且需要受到大量训练才能习得。控制过程的特点是较慢、受限、需要个体自控，需要个体付出的脑力负荷较重等。因此，当多种事情需要同时处理时，如果这些事情全部是自动过程，或者在没有超过认知负荷的情况下，一

些是自动过程，一些是控制过程，则可以一心二用，否则无法做到一心二用。

（二）认知信息理论

综合以上加工模型，朱祖祥[1]在《人类工效学》一书中总结出了一个个体的信息处理模型结构图，详见图5—3。

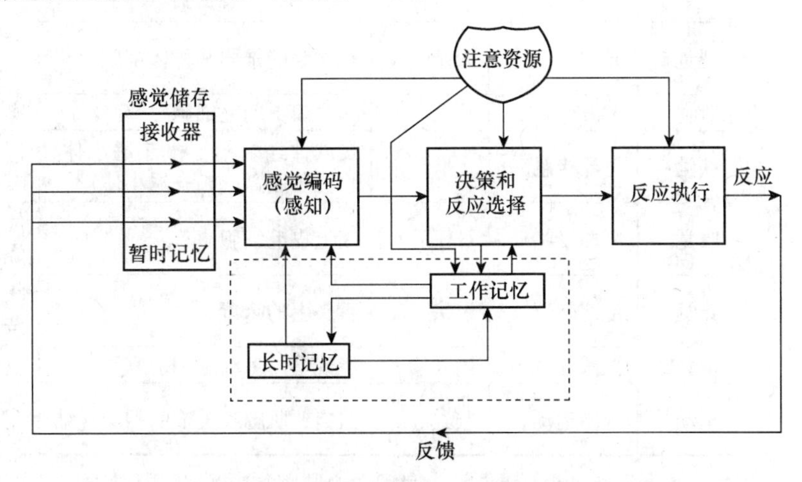

图5—3　个体信息加工模型图

资料来源：朱祖祥主编：《人类工效学》，杭州，浙江教育出版社，1994。

从图5—3可知，在认知信息理论中，人的信息处理系统包括感知、决策、记忆、注意、反应等功能。每项功能的特性以及在人机系统设计中可能会遇到的问题稍后一一介绍。

（三）计算机信息加工

计算机信息加工的研究将人脑与计算机进行类比，将计算机处理信息的过程与人脑处理信息的过程进行类比。目前该方面主要的进展包括两个方面。一方面，信息论专家着眼于研究人工智能，通过人类思维过程来研究计算机存储、提取、预算和使用信息的最佳方式，进而探究如何改进计算机处理数据的程序。另一方面，还有一些学者对计算机如何模拟人类解决问题的过程感兴趣，称为计算机模拟（computer simulation）。

二、信息输入——感知

（一）感觉阈限

感觉具备利于生存和耽于声色的双重功能，感觉可以为个体提供内外环境信息，有助于保证个体与环境之间的信息平衡。感觉有利于生存，使个体形成对危险的迅速躲避和对适应感觉的寻求。感觉耽于声色在于可以通过对视、听、味、触、嗅等感觉快乐体验的追求，获得各种满足感。人类感觉系统的基本特征见表5—1。

表5—1　　人类感觉系统的基本特征

感觉	刺激	感觉器官	感受器	感觉
视觉	光波	眼睛	视网膜的椎体和杆体细胞	颜色、模式、结构、运动、空间深度
听觉	声波	耳朵	基底膜上的毛细胞	噪音、音调
肤觉	外界接触	皮肤	皮肤神经末梢（鲁菲尼小体、梅克尔胎盘、帕齐尼小体）	触、痛、温、冷
嗅觉	可挥发物质	鼻子	嗅上皮毛细胞	气味（麝香、花香、烧焦、薄荷）
味觉	可溶解物质	舌头	舌头上的味蕾	味道（甜、酸、咸、苦）
前庭觉	机械和重力	内耳	半规管的毛细胞和前庭	空间运动、重力牵引
运动觉	身体运动	肌肉、肌腱和关节	肌肉、肌腱和关节的神经纤维	身体各部分的运动和位置

资料来源：［美］格里格、津巴多：《心理学与生活》，16版，北京，人民邮电出版社，2003。

人的视觉、听觉、味觉、嗅觉和触觉的感受器分别会对具有某些性质的刺激更为敏感，这些刺激称为“适宜刺激”。但不是所有的适宜刺激感受器都能接收到，这种限制性称为“感觉阈限”。阈限分为绝对阈限和差别阈限。其中，绝对阈限是指能可靠地引起感觉的最小刺激强度（绝对阈限的计算见图5—4）。差别阈限是指刚刚能引起差别感觉的刺激物之间的最小差异量。在有关阈限的测量中发现了反应偏差的影响，进而Green&Swets[2]提出了专门针对反应偏差问题的信号检测论。通过信号检测论这种系统研究方法，可以区分出感觉觉察的两个过程：最初的感觉过程和随后的独立决策过程。经过研究发现了不同感觉通道的觉察阈限（见表5—2）。

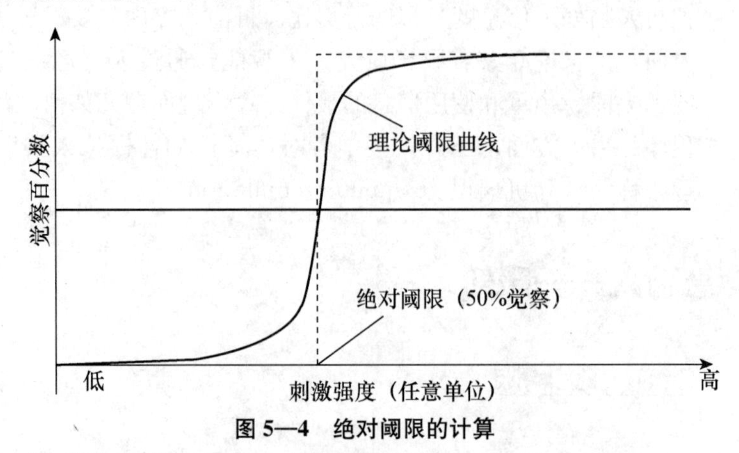

图5—4　绝对阈限的计算

资料来源：［美］格里格、津巴多：《心理学与生活》。

表 5—2　　不同感觉通道的觉察阈限示例

感觉通道	觉察阈限
视觉	晴朗黑夜中 30 英里处看到的一根燃烧的蜡烛
听觉	安静条件下 20 英尺外手表的滴答声
味觉	一匙糖溶于 2 加仑水中
嗅觉	一滴香水扩散到三室一套的整个房间
触觉	一只蜜蜂翅膀从 1 厘米高处落在你的面颊

资料来源：[美] 格里格、津巴多：《心理学与生活》。

(二) 视觉

如上一章节所述，人类获取的外界信息，80%来自于视觉。环境中的光线亮度发生变化时，视觉的感受能力也会发生变化，从明亮环境进入黑暗环境中时，视觉还停留在明亮环境中，无法快速看清物体，需要经过一段时间的适应，这种适应时间大约为 35～50min。反之，当从黑暗环境进入明亮环境中时，适应时间大约为 1min。当头部和眼球保持不动时，眼睛看向正前方能够看到的空间范围并非是无限延展的，在双眼视野下的范围大概为从水平点向上 55°，向下 65°，向左向右均 90°。中心视角 60°范围为最合适视野，因此办公桌上显示器安置在该区域内最为恰当。但当照明不足时，视野将会变窄，因此需要根据照明情况不断做出调整。同样，人在操作系统中的观察距离也是有限的，在 38～76cm 之间。当不同工作对精确性的要求不同时，最佳观察距离也会发生变化。

人的视觉运动会呈现一些规律，进而会影响到人机系统设计：

- 眼睛的运动方向通常是从左到右，从上到下，较习惯于顺时针方向。
- 眼睛的水平运动快于垂直运动，因而很多机器设计成长方形。此外，人对水平方向尺寸的估计要优于对垂直方向尺寸的估计。
- 当眼睛不在中心点时，在象限内，观察到的顺序依次为左上象限、右上象限、左下象限、右下象限。
- 视觉更容易接受直线轮廓，而不是曲线轮廓。
- 当运动目标的角速度大于 1～2rad/s 时，个体无法识别其具体的运动状态。
- 当注视时间停留在 0.07～0.3s 时，才能看清楚目标。但当光线昏暗时，注视时间需要相对延长。

(三) 听觉

听觉是对视觉的一个重要补充，重要性仅次于视觉，其适宜刺激是声音。与视觉一样，并非所有的刺激人都能感受到。听觉系统由耳朵、听觉传导机制和中枢机制组成。耳朵作为听觉的外部接收器，由外耳、中耳和内耳组成。其中，中耳是中间转换器，内耳将声波转换为神经冲动。听觉的主要特征如下：

● 当达到足够的声压和声强时，人耳能听到的声波频率范围为16～20 000Hz。其中，1 000～3 000Hz是人最敏感的频率，而日常语言交流中的声音频率略低一些。

● 当声音频率大于4 000Hz时，人对声音频率的辨别能力是最强的，可以辨别出1%的差异。但对声强的辨别能力则较弱一些，声强和主观感觉之间是对数关系。

● 声音持续的时间越长，听觉敏感度就会越低。当声强不是很大而且作用时间不太久时，声音停止10～20s，听觉敏感度就可以恢复到最初水平。但当声强很大、持续时间很长时，就会引起听觉疲劳。

（四）肤觉和触觉

皮肤除了可以保护损伤、保持体液和调整体温外，还可以产生压力、温暖和寒冷的感觉，这些称为肤觉。在皮肤表层分布着多种多样的感受器细胞，皮肤可以接收很多感觉信息，不同的感受器会对作用于皮肤的不同类型的刺激产生不同的反应，进而产生不同的肤觉感受。另外，由于不同部位的皮肤对压力的感受性不同，因此在针对不同部位设计相应的肤觉设备时，也应注意这种敏感性的差异。

触觉是肤觉里面最常见的，通过触觉可以识别出不同的控制开关，也可以增进人与人之间的感情交流。触觉除了随不同部位敏感度不同以外，还会随着刺激持续时间的延长降低。另外，主动触觉优于被动触觉，当手指在物体上移动，主动地去感触时，可以觉察出细微差别。

（五）味觉和嗅觉

味觉和嗅觉担负警戒任务，味觉的感受器是味蕾，主要分布在舌头背面，尤其是舌尖部分和舌侧面，口腔的腭、咽等部位也有少量。凡是能溶于水的物质都能给人带来味觉刺激。一种有味物质进入口腔，人在1s后才会产生味觉，但却需要10s，1min以上或者更长时间才能恢复。另外，当刺激物温度不同时，味觉的敏感度也会不同，通常对20～30℃的刺激物敏感度最高。

嗅觉感受器位于鼻腔上端，嗅觉同味觉一样，可以传递警告信息。同味觉一样，嗅觉感受敏感度受到温度的影响，37～38℃时，敏感度最高。

三、中枢信息处理

（一）知觉

感觉涉及外界刺激的物理特性，知觉涉及人的认知特征。知觉以获得对外界的准确认定为目的，准确地区分环境中的客体和事件并非易事，这种非准确性称为模糊性。许多艺术家酷爱在其作品中创造性地使用模糊性。人们总是设法对这种模糊性和不确定性给出一个清晰的解释，而这种解释是否正确大多取决于环境。当解释是错误的时候，就会成为错觉。除此之外，知觉的其他特征如下：

- 知觉受经验和教育的影响。
- 整体特征知觉比局部特征知觉要快，在注意整体特征时知觉加工不会受到局部特征的影响，但在知觉局部特征时，却会受到来自于整体特征的干扰。
- 个体知觉过程有两种：自下而上和自上而下。在熟悉效应作用下，较多采用自上而下的知觉过程。反之，则较多采用自下而上的知觉过程。

(二) 注意

注意是指对一定对象的指向和集中，此概念相当模糊，可谓是在人的信息加工过程中最难突破的瓶颈。人不可能同时关注和接受所有信息源，只能选择指向极少数。许多人为差错可以从注意上找到原因。注意实现了选择、保持和调节及监督功能，因而有选择注意、集中注意和分配注意的定义。选择注意主要是对信息源进行过滤和筛选，保证个体的心理活动指向有意义且与当前活动密切相关的对象。在设计过程中，需要减少注意的信道容量，将主要的信息呈现给用户。由于信息的相似性会极大地影响集中注意的效能，因此在设计中，应尽量将不同的信息源加以区分，并保证边界清晰。任务的难度、相似性以及经验会影响到注意分配，在设计中，应尽量减小任务难度，加大各任务之间的界限，减少信息源的数量。另外，注意的广度是有限的，一般个体的注意范围为 7±2 个组块，当然，其会随注意对象的特点、任务的难易程度以及知识经验的多寡而有所变化。注意能否较长时间停留在某些特定事物上呢？成年个体有意注意的最长维持时间为 20min。

(三) 记忆

信息的存储和提取需要记忆的参与，记忆是信息加工中重要的一环。研究者根据信息的输入、加工、存储以及提取方式的不同，将记忆系统分为感觉记忆、短时记忆和长时记忆。其中感觉记忆，也叫瞬时记忆，视觉感觉记忆的保留时间大概为 200ms，听觉感觉记忆的保留时间约为 1 500ms。短时记忆因具备操作性的特点，又称为操作记忆或者工作记忆。短时记忆的保留时间在无复述的情况下，大概为 5～20s。一次记忆的最大容量为 5～9 个互不关联的项目。短时记忆很容易受到干扰，但通常只有短时记忆中的信息才能被意识到。长时记忆，简言之，即为超过短时记忆的记忆，一般可以保持 1min 到几年，甚至更长时间。而长时记忆的容量没有限制，所有后天习得的经验都是长时记忆的组成部分。长时记忆中信息的提取容易出现信息失真的情况，当信息不能被正确提取的时候，就表现为遗忘。在设计时，需要提供能够提醒用户的线索。

(四) 思维与决策

思维与解决问题密切相关，是人的认知活动中最复杂、最高级、最富有创造力的活动。一般而言，思维过程都要经历四个阶段：发现和提出问题，分析问题，提出假设和解决办法，检验假设。有时这四个阶段会交错进行。决策与思维过程紧密相连，决策有时会受到决策者感情、性格、人生观、世界观和价值观等主观因素的影响。我们知道，人无论是在感觉记忆、短时记忆还是在长时记忆上都有限制，而且人的计算能力也有限制，人有理性和感性之分，因而决策很困难，存在很多局限性。利用计算机辅助决策不失为一种好方法。

四、信息输出（运动类型、速度和准确度）

信息被登记、存储后，需要向外部运动器官传送，此即为信息输出系统。根据外部运动器官的不同，可区分为手动、足动、言语、眼动等多种多样的形式。在人机系统中，会较多地用到手动操作。信息输出速度一般可用反应时来标定，一些心理学研究指出，反应时是从感官接收信息到作出反应的各信息处理阶段所花时间的总和，包括将刺激转化为神经冲动的 1～38ms，将神经冲动传到人脑中枢神经的 2～100ms，信息处理的 70～300ms，将神经冲动传到肌肉的 10～29ms，肌肉从潜伏到收缩的 30～70ms。反应时是复杂人机交互系统中经常研究的课题。反应时因不同的感觉通道而有所不同，在设计时，应尽量使用反应时较短的感官，或者使用两个或两个以上的感官同时接收。当效应器不同时，反应速度也会有所不同。一般情况下，手的反应会比脚快一些，因而很多设备采用手动而不是足动。信息输出的准确度包括输出的正确性和输出的精度。运动的时间、距离、方向、速度和运动力量等，都会影响运动的精确性。手的运动速度和准确度的一般规律如下：

- 右手快于左手，右手由左向右快于由右向左；
- 手朝向身体快于离开身体的运动，前后往复运动比左右运动要快；
- 从上到下快于从下到上；
- 旋转运动比直线运动快，顺时针比逆时针快；
- 向下按的按钮准确于向前按的按钮，水平安装的按钮准确于垂直安装的旋钮；
- 准确度从高到低，依次为：操作旋钮、指轮、滑块。

五、认知负荷

认知负荷理论最早由认知心理学家约翰·斯威勒（John Swdler）于1988年提出，其基础是个体认知结构与外界环境之间的交互作用。其基本假定为，个体的认知结构包括工作记忆系统和长时记忆系统。工作记忆存储容量有限，一次能同时处理的信息更有限，只能处理2～3条信息，原因在于存储的信息之间存在交互作用。长时记忆则没有容量限制。

在Cooper 1990年的研究中，将认知负荷定义为在特定作业时间内施加于个体的工作记忆的心理活动总量。在大多数学者看来，认知负荷是多维的，是某项具体任务带给个体认知系统的负荷总和。因其具备隐性特点而无法直接衡量，目前较常用的间接评估技术包括任务绩效测量、主观评定和生理测量三大类。其中，任务绩效测量有两种：主任务测量和次任务测量。三大类方法各有优缺点。

认知负荷可分为内在认知负荷、外在认知负荷和有效认知负荷。内在认知负荷是信息元素间交互形成的负荷；外在认知负荷是超越内在认知负荷以外的额外负荷；有效认知负荷又称关联认知负荷，是与促进图式构建和图式自动化过程相关的负荷。这三种负荷相互叠加，如果能在任务中尽量减少外在认知负荷，增加有效认知负荷，从而使任务总的认知负荷不超出个体的认知负荷，则会提高绩效。计算机和自动化技术日新月异的发展，推动着人在人机系统中的主动性和控制力越来越强、智能越来越复杂，这样便产生了一个新的问题，即人在人机系统操作中的认知负荷越来越重。尤其是在航空航天领域、核领域等相对较为复杂的人机系统中，认知负荷较高，有时甚至会超负荷。可以想象，在高负荷或者超负荷的情况下，人机系统的可靠性和绩效会大打折扣。目前，认知负荷已成为人机系统中的一项重要评价指标。

六、人的可靠性与人为差错

个体在规定时间和规定条件下完成规定操作的能力称为可靠性，在设计和使用机器设备时需要充分考虑人的可靠性。各项研究表明，适度的压力可促使个体保持注意力集中，提高工作效率，增强可靠性；压力较小或者较大都不利于提升可靠性。当大脑处于不同的意识水平时，人的可靠性也会有所不同。当然，影响人的可靠性的因素是多种多样的，如适度的压力和足以使个体保持警觉的压力水平对于提高工作效率、提升个体的可靠性是有益的；当个体的意识水平、大脑觉醒状态不同时，人的可靠性也会存在差别。

人对信息的加工存在各种各样的限制，差错随时随地都有可能会发生。

Norman，Reason 和 Wood 等人在研究中发现，多数人为差错并非是由不负责任引起的，不好的系统设计以及不良的管理才是主要原因。在设计过程中，需要注意：

- 采用排除设计法来完全消除失误的设计；
- 采用预防设计法以使失误不容易发挥出来；
- 采用失败后的安全设计法以相对较容易地找到问题的主因。

□ 讨论题

1. 简述 Donders 的减法模型。
2. 绘制并描述个体信息加工模型。
3. 人体的感觉通道有哪些？它们的感觉阈限如何描述？
4. 什么是认知负荷？
5. 要消除人为差错，可以从哪些方面入手？

□ 案例讨论

我国骑车人违规行为及安全对策

了解人的认知和信息处理过程，对于产品设计很有帮助。在实际的应用中，合理的设计不但能够提高用户的信息处理能力，减少失误的发生，甚至还能降低危险，挽救生命。《我国骑车人违规行为及安全对策》告诉人们，了解人的认知和信息处理过程的重要性。

在目前的交通情况和经济环境下，自行车仍然是一种较为重要的出行方式。但由于机动车数量的增加，交通环境愈发恶化，尤其是在北京、上海这样的一线城市，复杂的交通情况给自行车的出行带来了很大的压力。在愈演愈烈的交通事故中，骑自行车的行人往往是频发事故的受害者。《我国骑车人违规行为及安全对策》研究的就是为什么骑自行车的行人容易成为交通事故的受害者。

在我国，机动车和自行车的碰撞事故是个严重的问题，但是鲜有研究探讨其成因以及预防措施。根据国外的研究结果，大部分的自行车事故发生在十字路口，而且绝大部分是由于和机动车碰撞造成的。[3] Wood[4]研究表明，大量的机动车—自行车事故是由于机动车驾驶员不能及时发现自行车并及时作出反应导致的，而影响自行车机动车交互安全的一个重要因素是行驶方向。Wang 和 Nihan[5]分析了东京十字路口的机动车—自行车事故，发现多数事故都是发生在机动车转向的过程中。Li 和 Chen[6]的研究发现，最常发生事故的情景是

在机动车右转的同时，自行车从右侧直行通过。Räsänen 和 Summala[7]证实了该结论，并指出原因是在这个过程中，驾驶员把注意力放在了左侧行驶来的机动车上而没有注意到右侧的骑车人。在调研的所有事故中，虽然大部分事故是由骑自行车人的过失造成的，然而这个过程本来可以由驾驶员避免，但是由于驾驶员的注意力有限，尽管向右侧观察了，但是没有识别自行车的存在，因此没有采取反应。这种情况被定义为“视而不见”。[8]

本文作者通过实地观测和驾驶实验两种方式对这个过程进行了研究。实地观测的地点选择了车流量较大、车辆混行的北京市成府路和中关村东路。在441min的观测中，出现冲突365起，而其中骑自行车人需负主要责任的占事故总数的66.9%。在接下来的实验中，作者试图通过仿真模拟实验，研究提示自行车骑乘方向和速度信息对机动车与自行车交互安全的影响。通过对36名被试的仿真驾驶实验，得到以下的结论：在机动车通过路口的过程中，向机动车驾驶员发送自行车骑乘方向信息，显著降低了直行时参试者的风险认知，提前了在左转、直行和右转三种情景下驾驶员的行为调整时间，增大了右转时机动车与自行车分开时的最近距离。另外，方向和速度信息对参试者的风险认知、接近时的速度，以及行为调整时间都有显著影响。而且，只有在右转时发送方向和速度信息，才会显著降低二者接近时的速度。

图5—5　模拟实验图

通过这个例子，我们可以清晰地看到人们对信息处理能力的一个差异。在实际的生活中，尤其是在道路交通安全方面，我们不能保证机动车司机时刻能够眼观六路，耳听八方。实际的情况是司机很可能没有注意到行人的违规行为，无法在短时间内采取有效的规避手段。一方面，我们可以通过无线电设备或者其他高科技手段，给司机提供相关的提示信息，帮助司机迅速捕捉到一些违规行为，采取一些紧急措施。另一方面，不要把我们的生命赌在司机的反应能力上。

资料来源：王培、饶培伦：《我国骑车人违规行为及安全对策》，载《工业工程》，2013(3)，139～144页。

□注　释

[1] 朱祖祥主编：《人类工效学》，杭州，浙江教育出版社，1994。

[2] D. M. Green and J. A. Swets, *Signal detection theory and psychophysics*, Vol. 1974, 1966, Wiley New York.

[3] P. Gårder, L. Leden, and T. Thedéen, Safety implications of bicycle paths at signalized intersections, *Accident Analysis & Prevention*, 1994, 26 (4), pp. 429-439.

[4] J. M. Wood, et al., Drivers' and cyclists' experiences of sharing the road: Incidents, attitudes and perceptions of visibility, *Accident Analysis & Prevention*, 2009, 41 (4), pp. 772-776.

[5] Y. Wang and N. L. Nihan, Estimating the risk of collisions between bicycles and motor vehicles at signalized intersections, *Accident Analysis & Prevention*, 2004, 36 (3), pp. 313-321.

[6] N. Li and W. Chen, Comprehensive system of road safety management: Framework for improving road safety in China, *Transportation Research Record: Journal of the Transportation Research Board*, 2007, 2038 (1), pp. 34-41.

[7] M. Räsänen and H. Summala, Attention and expectation problems in bicycle-car collisions: An in-depth study, *Accident Analysis & Prevention*, 1998, 30 (5), pp. 657-666.

[8] M. B. Herslund and N. O. Jrgensen, Looked-but-failed-to-see-errors in traffic, *Accident Analysis & Prevention*, 2003, 35 (6), pp. 885-891.

第 6 章 Chapter 6 人体测量与作业区域设计

导 言

“人体测量学”（anthropometry）一词是由希腊文“anthropos”（人）和“metron”（测量）组合而成的。人体测量学的目的是将人体尺寸提供给相关的工作场所、设备以及各式产品用于设计，以提高使用者操作的工作效率、安全性和舒适性。中国古代的文献即有“轮已崇，则人不能登也，轮已庳，则于马终古登阤也。故兵车之轮六尺有六寸，田车之轮六尺有三寸，乘车之轮六尺有六寸，六尺有六寸之轮，轵崇三尺有三寸也，加轸与轐焉，四尺也。人长八尺，登下以为节”，这些文字都与人体测量有关系。人体的结构、尺寸和功能在人机界面设计中，具有举足轻重的地位。若没有提供适当的人体尺寸，可能会危及操作状况、人员安全和机械可靠度。因此借由人体测量学来测量不同个体的物理特性，如人体各式尺寸、移动范围和肌力强度等，然后用频率分析图来描述群体的尺寸大小和分布情形（如身长、腰围及胸围等），最后将这些人体测量的数据，用于设计与人体尺寸有关的工作场所、设备以及各式产品，使其能适合员工的伸展（reach）、抓握（grasp）以及裕度（clearance），可以提高员工工作的效率、安全性和舒适性。

早期人体测量多用于体格发展和人体差异等方面的相关研究。好的系统设计时会将人体测量尺寸纳入考虑，同时考虑性别、高矮胖瘦、老少，以及因某方面有障碍、移动和伸展受到限制的人，如此可以达到使使用者在操作方便且舒适的环境中提高效率、不易疲劳的目的。

一、影响人体尺寸的因素

设计者在使用人体测量数据时，必须牢记于心的原则是：先确定产品或设备的使用对象是哪些人，他们有哪些身体方面的表征，然后再选用有相似身体特征的样本的人体测量值数据，以使此设计尽可能包括大多数的使用群体。由于人员的尺寸不是固定不变的，而是随着不同的因素变动，因此在设计产品时，需将这些变动因子纳入考虑，亦即人体尺寸数据所源自的样本特性必须与预定使用者的身体特性相似。下面列举了若干影响人体尺寸的因素，以引起设计者的注意。

（一）年龄

人体各部位的尺寸会随年龄的增长而改变，同时年龄亦会影响人体各部位尺寸的比例，如初生婴儿头部占身高的1/3～1/4，成年后占1/7～1/8，故产品的设计需考虑用户的年龄范围，以便设计出适当好用的装备供其使用。例如在地铁系统中，成年人基本上被视为运输系统所规划与设计的参考对象，但亦需考虑幼童因对运输系统了解有限而产生的独特需求，以及高龄者因受移动性、反应慢，视觉、听觉不灵敏以及其他方面的限制所产生的需求。

（二）性别

对男性而言，13～15岁的身高最大成长率为6.86cm/年。对女性而言，10～12岁的身高最大成长率为6.35cm/年。大部分尺寸男性大于女性，但通常女性的臀围、胸围以及大腿围比男性大。

（三）衣服与设备

特殊工作环境（热、冷、高压、高架）或天气变化等因素，会改变或限制现存的人体尺寸运用，如逃生门不允许乘客带降落伞；无法提供足够的操作空间保证使用者穿戴头盔和氧气罩；穿上厚重衣服会影响操作；戴上手套会减少触觉等。因此设计者除掌握原始测量的数据资料外，还需熟悉工作状况和人员工作时的个人装备，并对服饰和配件的尺寸加以考虑。因为世界各国的人体测量数据皆是在受测者穿着最少的状态下测量收集的，但对工业界的人员来说，却都需穿着工作服，所以必须对原始数据作某些程度的调整才可应用。

（四）年代

身高等尺寸会因年代、营养改善、生活形态、异族通婚等因素而有所不同。台湾在20世纪80年代做过人体测量资料的收集，最新出版的资料是2002年的《台湾地区人体计测资料库手册》。人体测量数据库需定期地修正与更新，以建立完整且合时宜的参考数据。

(五) 职业

通常体力劳动者如卡车司机、钢铁工人和运动员等，其有关周径的尺寸比脑力劳动者（如研究人员及教师）大，身高则相反。

(六) 地域

城市居民比乡村居民高，北方人比南方人略高。因此，为任何群体设计某一标准设备时，皆应测量该群体的尺寸范围，作为设计时的参考。

(七) 姿势

很多人体尺寸会随不同的姿势而改变，为了标准化和增强可比性，人体测量学者通常需要采用特定的直立姿势来做测量，但这些姿势在工作或休息时很少使用。由于很少人在常态站立或坐立时完全直立，大多是采用自然舒适的姿势，因此人体测量的结果会略高于实际工作的尺度。采用坐姿时的臀宽和腰厚比立姿时大，前臂、腿长摆动时比静止时长。大部分动态尺寸会依身体移动性而变化，若肩膀或躯干可动时，其最大手臂伸展长度（maximum arm reach）会较其固定时大。在工作场所中，可接受的显示器或柜子高度，可通过垫高脚趾和蹲姿来增加接受范围，但仅可应用于短时间、不常做的工作上。在很多工作场所中，向前伸展（forward reach）尺寸可借由腰部或臀部的弯曲而增长。这些数据仅适用于偶尔、短时间的工作，以及当某人身处在柜台旁或有其他设备在旁，可做弯腰（臀）的动作时。故在操作或设计系统时，对不同操作方式的尺寸设计应与操作者的尺寸匹配良好，以保证操作者能在舒适的环境下进行各项动作。

(八) 种族

不同种族（ethnic variability）的人体尺寸会有很大的差异，例如黄种人、黑种人、白种人等在高度、重量、身体比例以及体格上都不同。即使在同一国家，人体尺寸亦有所不同，因为存在这些差异，所以设计使用的人体测量数据必须为一个范围值，而非一个平均值。进一步，若机器包括可调设计，则可调配成适合操作员的尺寸，工作操作上会更便利。

(九) 体型

在人体的差异中，尺寸大小和性别是两个较显著的因素，而较不显著但有时却非常重要的则是体型因素。体型会影响人体尺寸，即使是同种族、同性别、同年龄的人，其体型亦有所差异。一名男性的体型会影响他对某项运动项目的选择，例如，在奥林匹克运动会中，短跑选手不同于长跑选手，田赛选手亦不同于径赛选手，在其他的运动项目中也存在这些差异，如篮球选手不同于足球选手等。当然，身体各部位尺寸在个别人员中会有差异，但这并不表示身体外形在比例上都有相同尺寸上的差异。因此一个大尺寸的人不一定只是一个小尺寸人的尺寸放大而已。

（十）其他

时段对测量的资料也有影响，如脚部尺寸在下午最大，故分发给员工的鞋子应以最大脚部尺寸为依据，如此员工才能穿得舒适合脚。

当我们获得人体测量数据后，接下来的工作便是利用这些数据去设计。要了解人体测量数据的应用首先要定义百分位数，所谓百分位数，是指将每一个人体尺寸测量的频率分布图以百分位数的方式来表示（见图 6—1），第 X 百分位数是指对某一测量值，某一群体中有 $X\%$ 的人员的测量值小于或等于此值。例如身高，第 95 百分位数指有（100－95）%的人员身高高于此值。百分位数是在测量很多样本后，经由统计分析所导出的数值，它与平均数和变异数有关，可用来确定落于某一特定值之下的百分比。

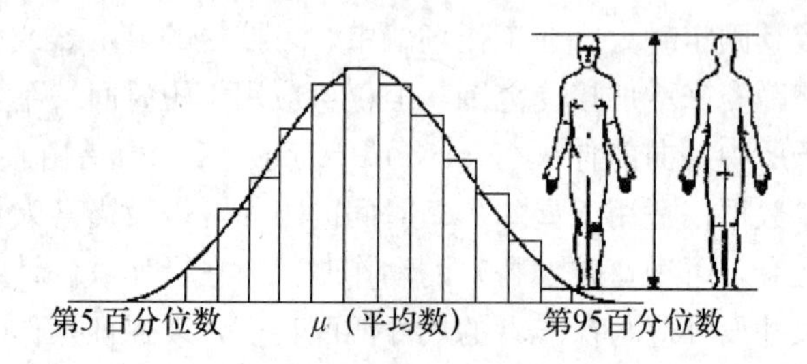

图 6—1 百分位数的意义

基本上，采用的人体测量数据值有下列几种设计方式。

1. 极端设计

当我们在设计装备时采用人体测量数据的两极端值（如第 1、第 5 或第 95、第 99 等百分位数）为设计参考值，称为极端设计。其中又分为两类：

（1）最大母群体值（或极大设计）——以人体测量值的较高百分位数值尺寸为设计基础（第 95 或第 99 百分位数）。如客机逃生门高度、出入口的高度和宽度等。

（2）最小母群体值（极小设计）——以人体测量值的较低百分位数值尺寸为设计基础（第 5 或第 1 百分位数）。如汽车控制器与操作者距离设计，其意义为若以手短者的伸及距离为设计标准，则手长的人必可触及。

2. 可调设计

若将装备尺寸设计在使用范围的第 5 和第 95 百分位数间可调整的话，则称为可调式设计，如此调整可适应不同尺寸的操作人员，但其缺失则是出于对成本的考虑。若撇开成本因素，调整必须在设计中予以考虑。然而为了有效地设计可调性，可靠的人体测量数据是基础。

3. 使用平均人设计

平均人（average man）是指当我们测量 n 项人体的尺寸时，若某人的每一项身体尺寸皆是此 n 项的平均值，则称此人为平均人。设计任何产品均以平均人为对象，是一个严重的错误。从定义看，若任何群体的 50%取自于第 50 百分位数时，假设某人多数尺寸符合平均，只要其某部位尺寸低于第 50 百分位数，则将无法达到“平均人”的设计要求。平均人一个更大的缺失是它忽略了一个人并非在所有方面皆处于平均值状态。平均人的观念亦不适用于肌肉强度以及其他生物力学数据。

某些人体尺寸间是相关的，如一般人相信高的人有较长的手臂、腿和躯干，但需要注意不要对关联性做太多的假设。下列步骤可作为应用人体测量数据时的参考：

（1）决定在设计中相关而重要的人体尺寸，以便彼此相互配合。

（2）定义使用此设备的群体，如此可确定需考虑的尺寸范围。

（3）选择适用范围使用者的百分位数，以确定极大/小值或可调范围的尺寸（如第 5 百分位数的女性和第 95 百分位数的男性）。

（4）从现存文献中剔除不需要的百分位数据，或找出适当的参考数据。

（5）增加由衣服、姿势、防护具等因素衍生出的校正数据。

二、人体测量的方法

人处在静止状态时仍有一定程度的晃动，以直立姿势为例来看，站立后 20 秒头部有 3cm 的晃动，站立后 5 分钟头部有 10cm 的晃动。所以人体的中心轴可看作是以脚后跟为原点，直径 10cm 的逆圆锥形的中心。人体测量的尺寸通常分为两种：一种是结构上的尺寸（structural），一种是功能上的尺寸（functional）。结构性人体尺寸值是在受测者处于固定且标准化的姿势，各测定点均事先定出的状态下，依序予以测定的，可用于装备设计。结构性身体尺寸如图 6—2 所示。

功能性身体尺寸是指在受测者执行不同的工作或进行各种体能动作时，以各种测量方法所测得的各部位的尺寸、所占空间的大小以及因人体活动所产生

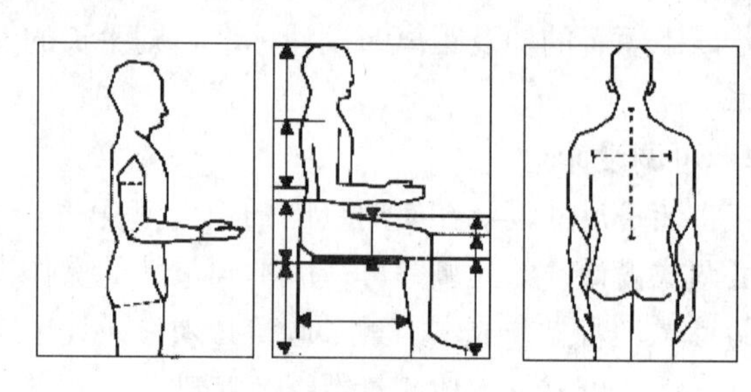

图 6—2　结构性身体尺寸

的动作尺寸，通常是较为复杂且难以测量的。显然，对功能性身体尺寸进行测量时，需要较多的空间，因为这是一个三维空间的测量，所以比较烦琐、费时、困难且测量出的项目较少。例如需获得人体测量的资料，使运动选手的尺寸与使用工具相互配合，方易使运动成绩有所突破。

一般在执行人体测量时所需的测定要领如下。

（一）受测者的选定

选定受测者的原则会因测量目的的不同而有所差异，在人体测量学中通常会根据所要研究的特性选择目标群体，然后抽样选取具有代表性的样本，该方法即为统计学的抽样调查法，可保证参与者在性别、年龄、人种、地域等差异方面的平衡。例如对运输系统所需考虑的使用人员包括：车辆驾驶员、旅客（含老弱妇孺）、车辆维修技师、车站操作与服务人员（管理、票务及行李处理人员、清洁维修人员、安全人员、贩卖业者等）、出租车司机、大众运输司机、交通控制人员、防火防灾人员、其他支持人员（旅游服务、医疗服务、搬夫等），以及送行者等。

理论上，测量值是将测定所得的数值以统计学的方式来处理，因此在受测者抽样时，必须根据统计学上的法则进行。例如，要测量全国居民的身高时，最理想的方法是对所有居民进行测量，但因时间、人力、经费、受测个体的限制或特殊情况，此方法常无法实行，故以随机抽样法（random sampling）在总群体中任意抽取若干个体为样本，如从各省依次选定 1 000 人为样本。所谓任意，即根据随机法则，不作任何有目的的选择，使全体中的每一个体被抽取的概率都相同。

（二）记录格式

人体测量必须具备专用完整的记录格式，其内容包括下列各项目：

- 调查场所和时间（年、月、日）。
- 参加调查人员的姓名和职务。
- 记录整理号码。

- 受测者姓名、出生日期、出生地、性别；女性已婚或未婚，是否已生育。
- 病历、营养状况、肌肉骨骼、姿势。
- 测量项目的名称。
- 人体部位的轮廓草图，并附有明显而正确的尺度箭头，以标注所欲测量的距离。
- 受测者在测量时的相片或透视图，其上有适当的仪器，依正确的技术显示其受测情况。
- 以文字形式说明测量的过程，所用文字能清晰而完整地表达所需的各项数据。
- 与测量结果有关的数据，至少包括平均值、标准差、变动系数、受测者总数和所选定的百分位数等。

（三）取得正确的人体测量资料

在使用人体测量数据时，设计者需先确定产品的使用者，他们有哪些身体方面的特征，然后再选用与他们有相似身体特征的样本的人体测量值，也就是说，人体数据所源自的样本的特性必须与预定使用者的身体特性相同。如为确定新系统的操作适应性，应让受测者穿着标准衣物装备来实际操作该产品，如尚未有成品，则可使用实体模型或仿真器。受测者所着衣物要注意体型大者穿着重装的工作范围，体型小者着轻装的工作范围，使所设计的产品、设备能适合各类身材的人。

（四）如何确定抽测样本数

适当的样本数对人体测量是很重要的，若样本数太小，所测量的结果可能会有偏差，而样本数太大，则人力、物力的支出不够经济。通常，样本数依测量结果所需的精确度和欲测量项目的变异性而定。以随机抽样方式来选取样本，使每一个相关个体被抽中的机会相等。

（五）测量工具

测量工具随使用目的不同而有多种选择，但为了不使测量结果因测量工具产生误差，需使用同一型号的测量仪器。直接测量静止受测者的两点间直线距离时，通常采用马丁式人体测量器（Martin-type anthropolometer）。在测量柔软部位或动态尺寸时，也有使用投影法（project method）或摄影法（film research method）的。传统的人体测量器可分为：测量直线距离者（身长计、杆状计、滑动计、直尺、触角计）、测量曲线长度者（卷尺、坐标计、自由弯曲计）、测量角度者（角度计）、测量重量者（体重计）、测量容量者（水量容积计）以及具有其他特定用途者（如坐高计）等。但由于目前需大量取样，因此大部分装备都采用计算机辅助控制或3D方式测量，这样可大幅缩短测量与数据分析时间。

（六）测定点与测定顺序

进行人体测量时通常让受测者立于平坦的地板上，并在已确定的测定点上作记号，测定的顺序由头部到脚部，从前面到侧面再到后面。此外，测定关节运动范围和作特殊姿势时的长度，必须附记作基本姿势时的测定值。

人体测量学者依设计需求不同，已经测量出不同种类的人种数据，且进行了超过350种不同的测量。美国NASA出版的*Anthropometric Source Book*（1978）收集了世界各地约973个人体测量项目。只有世界各国对测定点的定义都相同，所测量出来的数据才能通用，这一点在测量前需参考相关数据，以免错误且费时。虽然测量技巧已或多或少标准化，但并不保证每一位测量者皆以同样的方式来测量特定的样本和每一尺寸。因此我们比较不同群体的数据时需特别谨慎。

基本上，测量可以分为下列三种形态：

- 伸展（reach）；
- 裕度（clearance）；
- 范围（range）。

以上三种尺寸皆有助于决策，其设计目标是能满足95%用户的需求，但其上下限稍有不同。例如，伸展的尺寸着重考虑系统中尺寸较小部分的使用者，以确保至少95%的使用者能达到某一高度（如书架），尤其是能够到某一组控制钮或能越过某一高度的隔离物（如墙），此时第5百分位数的测量值常被使用，这样大部分的人皆可轻易地做伸展的动作。手臂伸展数据对工作场所控制器的布置来说是非常需要的。裕度则可确定工作场所设计能轻易配合95%的使用者，在此情形下，着重在第95百分位数的测量。若能满足较大测量尺寸的人员，则能自动符合小尺寸者。例如，腿长（第95百分位）的人能在视觉显示终端（visual display terminal，VDT）工作时有足够的裕度，则腿短的人员自然亦会觉得舒适。

最后，其他很多测量在考虑全尺寸范围时最为有用。在此情形下，我们对中间的95%较有兴趣，最常用来对此进行说明的例子是可调座椅。当一群不同尺寸的人员购置家具时，通常会选7.62～10.16cm高的椅子，这就符合由第2.5百分位数至第97.5百分位数间95%使用者的考虑了。

在使用人体测量数据作为设计参考时，一般设计原则有：（1）使用者第一；（2）及早考虑；（3）人员非固定不动；（4）差异性；（5）安全系数；（5）考虑所有工作环境；（6）保留弹性而非全有或全无。

对测量值的应用步骤：（1）确立并定义测试项目；（2）确定使用群体；（3）确定数据选用准则：5%或95%；（4）确定适用群体的百分位范围；（5）修正值。

三、作业空间配置

人因工程在作业空间（work space）配置上的应用，是通过设法在使用者与工作间建立一个“透明的”接口，使用户顺利舒适且方便地操作各项作业。作业空间是指从事作业所需的空间，它与人体测量数据和作业姿势有关，因此要让人员保持好的工作姿势，必须从作业需求、个人因素以及工作空间设计方面考虑，即所谓的姿势三角形（见图 6—3）。个人因素包括：年纪、人体测量资料、体重、适性、关节移动性、目前存在的骨骼肌肉问题、视力、手的灵巧性等；作业需求则包括：视力需求、人工需求、工作循环时间、休息时间、步调速度等；工作空间设计则包括：座位设计、座椅尺寸、工作面安排、隐私性、照明水平等因素。

良好的作业空间设计会对操作者的心情与工作效率产生正面的影响，如让操作人员能以舒适的姿势操作各项装备，而无须额外起身执行动作，从而提高人员的绩效。

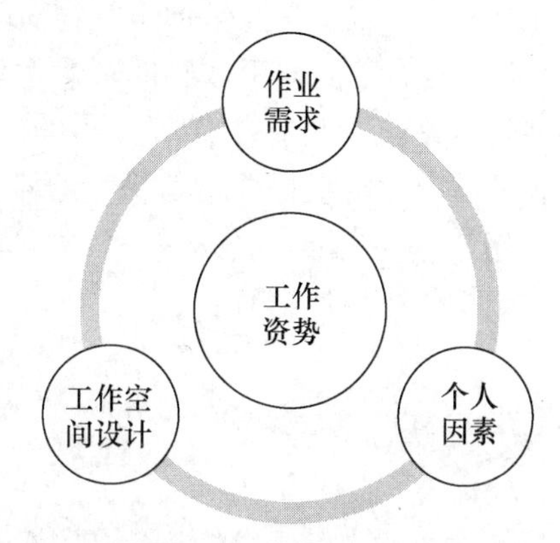

图 6—3 姿势三角形

不当的作业空间设计会使视觉受到阻碍、人员操作不方便，从而影响工作效率。故从人因工程的角度来探讨作业空间的设计是必要的，也是重要的。

（一）工作站设计

好的工作站设计应考虑人体测量数据，如尺寸、肌力、质量、惯性、姿势、伸及范围、视野以及工作站组件的尺寸与配置。设计人员应考虑如何将人体测量资料作为操作人员生物力学模式评估、人机界面以及计算机终端机工作站设计的参考数据，以达到用户的最大满意度。

（二）工作姿势分析

人员工作姿势通常可分为坐姿、立姿、坐立姿等。操作员处于坐姿时：

(1) 需面对同一项工作超过 30min；(2) 工作正确性要求操作者和设备皆需处于稳健不变状态；(3) 在外力下需被限制以避免移动；(4) 需用脚来操作控制；(5) 要求应用最大力量来操作控制；(6) 需操作多方面的书写工作；(7) 所有零件、工件、工具能就近拾取操作；(8) 作业时双手抬起高度不超过桌面 15cm；(9) 作业时双手用力不大，处理物重量小于 4.5kg；(10) 作业以细组装或书写为主。

操作员处于立姿时：(1) 需伸展至坐姿无法舒适到达的某一操作点；(2) 常需由一工作（地点）移至另一工作（地点）；(3) 某些工作需向侧面伸展；(4) 工作台下没有大腿放置空间；(5) 处理物重量大于 4.5kg；(6) 经常需要举起双手伸长手臂于高处取物；(7) 作业必须以双手向下施加压力；(8) 需常向站着的人员作接口协调；(9) 需在大显示器旁的工作者（如大地图）；(10) 需作长距离的接触、运送或调整控制。

操作员处于坐立姿时：(1) 通常面对某一项工作超过 30min，但是其他人必须常常观察他们的操作；(2) 坐时可操作其主要的工作，但需常移至他处做短暂的站立工作；(3) 双手需经常伸出取物向前超过 41cm，双手经常高于工作台面 15cm 以上，然而不需伸手取物时，基本作业可以坐着操作；(4) 多种作业交替，有些适合站，有些适合坐。

对坐立姿的状况可提供操作员可坐立的椅子，以避免疲劳。坐姿通常优于立姿是因为采用坐姿身体肌肉活动较少，所以较不易疲劳；身体与双手较稳定；双脚可空出操作脚控制器等。

(三) 工作台的设计

水平工作台是最常见的作业方式，通常用于作业员处于坐姿和坐立姿，容许在手臂伸展范围内作业时。这个伸展范围主要参考两种区域，即正常区域与最大区域。正常区域指上臂在体侧自然下垂，前臂挥扫时，手部轻易可及的范围。而最大区域则以肩膀为轴，尽量伸展整只手臂、手部努力可及的范围。在正常区域内的工作对操作者而言较舒适且效率高，其次才是最大区域。一个好的工作台设计（work surface design）不宜超出最大区域，如图 6—4 所示。

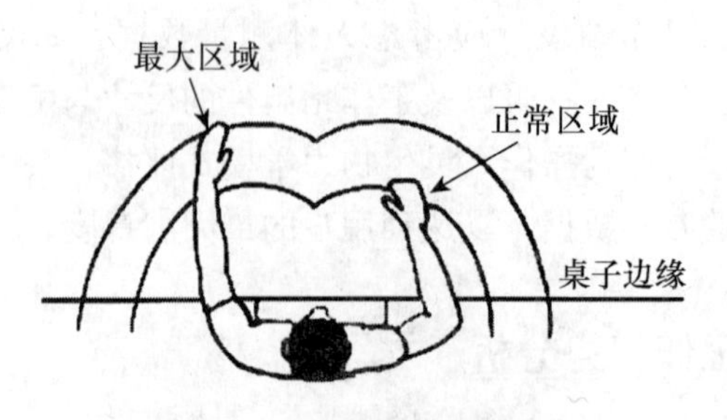

图 6—4　工作台作业范围图

一个好的坐姿工作台高度要适中，当工作台太低时，背部过度弯曲，易造成背部酸痛；作业台太高时，肩膀抬高，易引起肩膀和颈部不适。故在设计坐姿作业台高度时，宜参考下列设计指标：

- 可调式的工作台高度。
- 避免前臂过度上举，使上臂充分放松。
- 避免脊柱过度弯曲。

影响坐姿工作台高度设计的因素包括：座高、工作台厚度、大腿高、大腿厚、膝窝高、工作性质、个体差异等。

同样，影响立姿工作台高度的因素包括肘高、工作类型、个人因素等。理想的做法皆是采用可调高度的工作台，譬如对不同性质作业的工作台高度，作不同的调整，以方便操作员能舒适安全地操作各种作业。若需在工作台上使用手工具，则要考虑工作台高度和所运用的工具类型，避免双手出现疼痛的不适症状。

四、计算机工作站设计参考

随着信息化的蓬勃发展，计算机已成为生活与工作中不可或缺的一部分，计算机工作站的设计与操作员的安全与效率有密切关系。对 VDT 作业产生抱怨的人多半是一些连续使用 VDT 的专业人士。有人将 VDT 作业称为非常吃力的工作（very demanding task，VDT），这是因为操作员常以坐姿工作，身体其他部位动作少，而手指的动作多，同时又要不断地集中注意力，还要忍受由屏幕上文字设计不良造成的不舒适感。

工作站的外形设计和操作应考虑人体测量数据，使操作员能以自然的姿势长时间从事工作，并且作业所需的工具及对象应置放于操作员所能触及的范围内，并可依据实际作业状态，拟定工作站规范以供遵循。欧洲联盟已制定《计算机终端机指令》（*VDT directives*），提供从事计算机工作的最低健康与安全标准。计算机工作站的配置包括椅子、桌子、屏幕、键盘、腕靠、照明、文件架、工作面以及脚凳等。人—计算机接口的两个主要组件是屏幕和键盘。

不良的计算机工作站设计对长期使用者会造成累积性的伤害。很多研究报告指出，VDT 操作员常抱怨眼睛、手、腕、背、颈、肩以及肌肉有不舒适的感觉发生。有研究指出，在 72 位每天操作计算机键盘满 6 小时的工作者中，86％觉得“眼睛疲劳”、38％“打哈欠”、34％“头重”。用仪器测试生理受影响状况的结果为：52％“干眼睛”、43％“颈部或肩部僵硬”、35％“视力模糊”、33％“眼睛疼痛”以及 27％“眼睛无法对焦”。另对 100 位平均年龄 34 岁的计算机打字员进行骨骼肌肉伤害调查，发现上肢伤害达 52％；主要为“疼痛”42％、“酸”40％。44％受访者曾就医，诊断病因多为肌腱炎、韧带发炎，几乎每天都会疼痛者占 33%，间歇性发生者占 17%。NIOSH 的研究指出，81%的 VDT 操作员会有经常性的颈肩不舒适；78% 会有经常性的背部不舒适。造成这些不舒适的因素有工作姿势、工作作业，以及视觉损伤等。VDT 工作与传统文书作业不同的是，前者是以垂直面而非水平面的方式作业，这就意味着头与颈必须采取与坐姿不同的姿势。VDT 的工作者长期坐在屏幕前阅读或打字，头与颈皆处于一定位置，若终端机与键盘的设计不当，则很容易因不当的静态姿势负荷或颈部过度移动（如头常前后左右转动）而导致背与颈的疼痛，故操作员会觉得不舒服。人采用站姿或侧躺姿势时，下背处于脊柱前突（lordosis）的最自然姿势。久坐会对身体产生压力，特别是下背和大腿，若椅子设计不良，加上无适当的背靠，则可能会使脊柱后突（kyphosis）而造成最常见的下背痛问题。

一个好的人因工程工作站设计会提高操作者的工作效率与生产力，且会避免因不良姿势而造成人员疲劳、过度用力以及骨骼肌肉病变。为了得到最佳的操作结果，所有工作站组件必须置于正确位置且易于调整。此外，国际标准化组织（ISO）也发展出有关 VDT 标准 ISO 9241-Ergonomic requirements for office with visual display terminals（VDTs），此标准由 ISO/TC 159 Ergonomics SC 4 制定。内容包括 17 个部分，其目的是增进 VDT 工作的人因工程设计，使 VDT 的设计者和制造者能发展出让人员安全、有效、舒适地操作此项设备的环境，同时可作为设计、制造、管理、采购与评估人员在执行相关业务时的参考。该标准的范围包括 VDT 工作站、环境、作业结构、组织及社会因素等，而其内容主要指出了影响使用者绩效的因素，故很多使用者和管理者皆要求应用人因工程的知识改进办公室 VDT 作业的设计，增加经济和技术效率、提高工作绩效、保护使用者的安全与健康、提升个人福祉、提供发展个人技巧与能力的机会。

办公室作业不仅牵涉到长期的坐姿，而且会使用手、臂或眼睛来操作一些固定的工作，因而会用到肌肉。以前的文书作业还偶尔有拿拿打字纸、卷进卷出纸张等作业提供改变位置的机会，但现在的很多 VDT 操作员仅需做些按键和翻页的动作。并且研究指出，工作特性（如重复性的工作与持续无间断的姿势）与不当的人因工作站设计，皆是使手与手腕以及肌肉骨骼伤害的风险增加的主要因素。而职业性的重复性伤害通常是由长时期累积造成的，其中之一是腕管综合征候群（CTS），此症状在 VDT 作业员工中曾被发现。所以 VDT 的重复性作业加上心理、视觉与静态的负荷，对肌肉所造成的不舒适，特别值得注意。下面列出计算机工作站应考虑的要素。

（一）座椅设计

采用坐姿时，人体的重量并不是完全由臀部支撑，还由两个坐骨结节支撑，不同的坐姿会影响坐骨结节受到的压力。好的座椅设计除需使脊椎保持正常弯曲的姿势外，还需考虑常使用的设备、控制器、显示器以及工作面应在手容易伸及、眼容易看见的位置，并避免四肢或躯干常作过度的重复伸展或旋转运动。同时，座椅的表面必须能安全地支撑上身的重量。对不同的工作，作业员需采取不同的姿势，且人有不同的尺寸和力量（高度也可能不同比例），故没有一定的设计能满足所有人的需求。因此椅子需有可调整的设计，操作员可依工作性质来调适。调适可由两个方向来达成：(1) 调整工作面；(2) 调整人员或椅子的位置。下面是广为接受的椅子设计原则：

● 高度调整。调整范围需能配合一定范围或特殊类型的使用者，同时在坐姿时亦能轻易执行调整的动作，以配合不同类型的作业。座椅的高度最好能与小腿的长度匹配。

● 座椅边缘不应对大腿下方产生压力，此意指椅座前后勿太长，以免限制血液流向小腿和脚部。同时为避免椅座边缘太尖锐，椅座边可设计成向下弯曲的形式，使接触大腿下的表面积最大，以减少对大腿下产生的压力。较硬的表面会产生压力点，故可提供适当的垫子以配合身体外形，使压力平均分配在大腿和臀部。

● 椅子可自由移动，以允许使用者易于改变姿势，同时也不会丧失支撑。用户也能将座椅固定不同位置，以允许后倾或前斜的姿势。

● 椅子底应稳固且不易翻倒，通常指椅子底需有五支脚以上的设计。

● 可选择使用手靠——手靠可支撑手、手臂以及部分上肢、头的重量，并可承担部分臀部的负荷。VDT 作业中，对手、手臂和手腕的过度使用，会导致慢性病的发生。故工作站的设计应使手肘保持在身体侧边，不要过度使用前臂旋转，手腕亦不要偏离、屈曲或过度伸展。故建议采用能使手腕与手保持舒适姿势的手靠。但手靠不可干扰移动手臂和椅子的能力，也不可对手腕产生压力。手靠还可让操作员在阅读或等待计算机完成某一作业时，作为手臂休息之用。

● 背靠对头、颈、腰部有支撑的作用，可减轻腰部的负荷。其作用有二：负荷部分上躯干、手臂以及头的重量；允许肌肉休息。其侧示图的形状像背部的曲线（尤其在腰与颈的区域）。背靠角度于坐姿时易调整，增加背靠的倾斜度会使部分负荷转移至背靠上，故会减少施于椎间盘的压力。

● 脚靠。脚靠是指可供脚放置且高度以及倾斜度可调的设施，可增加脚的舒适性与安全性。当座椅的高度调整不适当时，可采用脚靠。若无法避免采用，应设计成高度足够、表面不易滑、重量足够（不会轻易移动）、可携行的要件。同时，其设计需使坐的人员的大腿能保持水平。

● 作文书工作时，应提供适当的文件架，以减少头与颈不当的倾斜和眼睛疼痛。对需做大量数据处理的作业，将原始文件平放在桌面上是不适当的。文件的高度对头的位置非常重要，适当的高度可减少不舒适的姿势与头和眼睛的过度移动。其置放位置依个人喜好和工作需要而定，通常是放置于垂直侧边且接近眼睛的位置。但应使头在屏幕与文件架之间的移动幅度和频率最小。故有研究建议文件和屏幕与眼睛的距离应相同且角度一样。另需注意文件架不要反光。

（二）减少不必要的眩光

眩光（glare）是指会造成人员不舒适、厌烦、眼睛疲劳的高强度光或会干扰物体认知的低强度光。高强度的眩光源会造成分配在视网膜上的光不均匀，而高度受刺激的视网膜区域会阻碍对较低密度区域的认知。当光源在视野范围内时可能会产生直接眩光；由物体表面所反射的光可能会造成反射眩光。镜反射（specular）是指室内物体的像在屏幕上产生。

当眩光是烦人的且增加操作者的视觉负荷时，称为不舒适眩光（discomfort glare）。这种不舒适眩光会造成头痛、视觉与生理疲劳以及分心等结果。当眩光严重至难以或无法理解屏幕上的信息时，可能会造成视力损坏（如视锐度减少），称为失能眩光（disability glare）。因失能眩光会减少显示字母的对比比率，故会降低屏幕上字母的可侦测性、可识别性与可阅读性。

控制眩光可从以下两方面着手：

● 消除眩光产生的原因。(1) 控制由窗户外来的光源，若阳光由后方射入屏幕或由前方射入操作者，则可将 VDT 移至与窗户平行处。(若上述方法不可行或又产生其他眩光问题，可拉上窗帘。) (2) 移动 VDT 使其平行或不直接处在顶上照明处，可减少直接眩光源。(3) 使用隔板或百叶窗（当太阳低时，用垂直式；当太阳高时，用水平式），亦可阻止顶上直接照明。(4) 允许显示器作前后倾和左右旋转，有助于减少直接眩光与反射眩光。(5) 操作者的背面朝向暗色的墙，以减少反射眩光。(6) 避免放置一些会反射至屏幕的物品。(7) 在顶和侧边加上突出的覆盖，但可能在屏幕上产生阴影。(8) 用粗糙表面使入射光往不同方向反射。(9) 将灯具降低且向上照明，既可得部分直接或间接照明，又不会产生镜反射。(10) 使用其他间接光源或减少顶上照明而辅以局部照明。

● 在屏幕上增加反眩光装置（antiglare devices），如眩光过滤器（需留意照明像质量减少对比、吸收灰尘等不利因素）或涂上抗反射的涂料，以增进字母—屏幕对比，减少反射。

在有限的空间中如何安排各种产品和设备的配置，使其适合操作人员使用，是非常重要而又迫切需要解决的问题，解决该问题有赖人因工程专家将人体测量所得的数据作适当的参考与应用。

□ 讨论题

1. 简要描述人体测量学的定义和目的。

2. 影响人体尺寸的因素有哪些？
3. 采用人体测量数据值的设计方式有哪些？举例说明。
4. 测量有哪三种形态？
5. 什么是眩光？控制眩光要从哪些方面入手？

□ 案例讨论

北京地区老年人人体尺寸测量

针对 2006 年国内缺乏 65 岁以上老年人的人体尺寸数据的情况，对 113 名北京地区 65 岁以上的老年人（包括 53 名男性与 60 名女性）进行了人体测量，获得了 47 个尺寸参数的平均值、标准差以及各个百分位数。通过此案例，可以了解到人体测量的一些基本内容。

对象与研究方法。所有测量工作在北京完成。被测老年人身体状况良好，行动不便、无法独立站立的老年人被排除在外。测量开始前向招募的老年人解释此次测量的目的和流程，在其完全清楚后如果愿意参与，则双方签署一份知情同意书。

共有 53 名男性和 60 名女性参与了测量。男性老年人的年龄范围是65.1～85.0 岁，平均值 71.0 岁（标准差 4.5 岁）；女性的年龄范围是 65.0～80.0 岁，平均值 71.0 岁（标准差 4.2 岁 ）。年龄分布并不均衡，年龄越大，测量人数越少。这种不均衡的年龄分布主要由两个原因造成，一是全国人口的整体分布随着年龄增加而逐渐减小；二是由于身体健康状况，年龄大的老年人不适宜参与测量。

为了测量方便与保证数据准确，在测量过程中要求被测老年人穿较薄的紧身衣服，并赤脚。测量的仪器包括体重计、马丁测高仪、坐高仪、直脚规、弯脚规、测足仪及软尺等。测量了 47 个尺寸参数（包括 24 个立姿参数和 23 个坐姿参数）。所有参数的详细定义参考国标 5703—1999[1] 及人体测量手册[2]。

测量结果分男女进行统计，计算每个参数的平均值（$\overline{x}$）、标准差（S）、变异系数（CV）及各个百分位数。所有缺失数据不做处理。X_m 表示男性某一人体尺寸参数的平均值；X_f 表示女性某一人体尺寸参数的平均值；S_f 表示女性某一人体尺寸参数的标准差。通过 Mollison 方法比较男女之间人体尺寸参数的显著性差异，计算公式为：

$$Mo=\frac{X_m-X_f}{S_f}\times 100$$

如果 Mo 为正，则说明男性群体该尺寸大于女性群体 ；如果 Mo 为负，则说明女性群体该尺寸大于男性群体。统计测量结果如表 6—1 所示。

表 6—1　　老年人身体尺寸统计表（取自原论文数据）

测量参数	男性				女性			
	n	$\overline{x}$	S	CV（%）	n	$\overline{x}$	S	CV（%）
身高	53	1 659	55	3.3	57	1 527	69	4.5
体重	52	68	11	16.4	59	60	10	15.9
眼高	53	1 548	57	3.7	56	1 420	65	4.6
肩高	53	1 379	56	4.0	57	1 264	62	4.9
⋮	⋮	⋮	⋮	⋮	⋮	⋮	⋮	⋮
腰围	53	916	106	11.6	57	940	104	11.0
腹厚	53	268	44	16.5	58	292	34	11.5
坐深	53	446	33	7.4	59	449	36	8.0
足宽	53	92	8	8.8	58	86	5	5.5

通过计算可知，男女间无显著差异的参数包括：立姿下的髂嵴点间宽、腰围、大腿围、臀围、臀宽、腰厚、腰节围、腰节宽、会阴上部前后长、会阴高、外踝高、体重和髂嵴高；坐姿下的坐深、坐姿臀宽、坐姿大腿厚、瞳孔间距。除瞳孔间距外，其他无显著差异的参数主要集中在臀部、腰部和大腿区域。结果表明，被测老年人男女之间臀部、腰部、大腿区域的围度、宽度、厚度尺寸差别较小，其他尺寸差别较大。测量参数百分位数如表 6—2 所示。

表 6—2　　老年人身体尺寸百分位数表（取自原论文数据）

测量参数	男性			女性		
	P_5	P_{50}	P_{95}	P_5	P_{50}	P_{95}
身高	1 562	1 662	1 761	1 412	1 522	1 625
体重	52	67	88	45	59	75
眼高	1 457	1 553	1 654	1 313	1 419	1 516
肩高	1 288	1 382	1 481	1 157	1 271	1 348
⋮	⋮	⋮	⋮	⋮	⋮	⋮
腰围	746	929	1 061	775	955	1 092
腹厚	206	273	334	242	295	344
坐深	393	447	492	403	448	493
足宽	85	94	101	79	86	93

案例中也有一些不足。首先，受时间与经费限制，样本量不是很大；其次，此次测量只是基于北京地区的一次简单采样，样本的年龄分布无法控制，同时无法得到北京地区以外老年人的数据。在真实的人体测量中，需要抽取比较大的样本，还要有足够广的覆盖面。具有地域性的小范围测量，对于针对当地居民的产品设计有比较好的参考意义。

资料来源：胡海滔、李志忠、肖惠、严京滨、王晓芳、郑力：《北京地区老年人人体尺寸测量》，载《人类工效学》，2006 (1)，39～42 页。

□注　释

[1] G. B. T.：《用于技术设计的人体测量基础项目》[S]，1999。

[2] 邵象清编著：《人体测量手册》，上海，上海辞书出版社，1985。

第7章

Chapter 7 人工物料搬运设计

导 言

日常生活中有许多工作或活动都与人工物料搬运（manual materials handling，MMH）有关，例如拿起或放下纸箱、从输送带上拿取物料以及在仓库中堆放货物等工作。而这些工作大致可归类为抬举（lifting）、卸下（lowering）、推顶（pushing）、拖拉（pulling）、提携（carrying）与握持（holding）等动作。尽管随着科技日益进步，许多自动化的搬运设备陆续出现，例如自动存取系统（AS/RS）、无人搬运车（AGV）与机器人等，但是基于对现场环境和经济因素的考虑，人工物料搬运作业仍无法避免，如建筑工作、车辆以及机器设备维护工作、行李和货物搬运、军事任务、救火救灾任务、医疗作业等都需人力搬运工作。因此，对于人工物料搬运课题的研讨仍需持续进行，以将搬运工作的危险性降到最低。

人工物料搬运（MMH）是造成下背伤害的主要原因[1]，这些伤害几乎占所有美国工业伤害的25%，在英国所占的比例则为24%。这些伤害造成了每年1 200万工作天数的损失与10亿美元的赔偿损失。除了经济上的损失外，搬运伤害还经常造成人员全身或局部伤害，1987年因背部伤害损失的工作天数高达2 500万天，其相关成本增加为140亿美元。Cailliet[2]指出大约有7 000万美国人曾经有过背部伤害的经历，并且在以每年700万人次的速度增加。Frymoyer[3]也指出在美国背痛患者的增加率为人口增长率的4倍，其相关经济成本每年在160亿～500亿美元之间。流行病学数据显示，在美国因背部受伤获取赔偿的有23%与人工物料搬运有关。[4]在因人工物料搬运造成的下背伤害中，Snook[5]指出有49%起因于抬举作业，Stubbs与Nicholson[6]指出有50%～60%的背痛伤害起因于抬举和卸下作业。而其他人工物料搬运作业，例如推顶或拖拉作业则占9%，握持或提携作业占6%。人工物料搬运除了造成背部伤害之外，有关的上肢伤害亦不容忽视。

一、评估人工物料搬运潜在危险性的主要途径

为了保护作业人员免受由人工物料搬运造成的骨骼肌肉系统伤害（尤其是下背），研究人员通常使用流行病学法、生物力学法、心理物理法以及生理学法等几种方法途径[7][8]来了解人工物料搬运的机制，以在不同工作变量下，定义出安全的工作规范与工人搬运能力。

（一）流行病学法

流行病学法（epidemiological approach）是一门研究人群健康状况的分布情况和影响因素的学问，它运用统计学知识来了解健康、疾病、残废以及死亡的分布与影响因子。例如，Chiou[9]使用流行病学法进行调查以建立护理人员下背痛的数据库，探讨护理工作单位与下背痛的关系，以及造成护理人员下背痛的危险因素与病因。

（二）生物力学法

Frankel& Nordin[10]指出，生物力学是使用物理学与工程学的概念，以描述在日常生活中所发生的身体肢段运动和作用于肢段上的力。因此，此法着眼于描述不同身体肢段的受力与受力矩来评估作业与负荷的特性，进而了解何为工作的危险因子。生物力学法（biomechanical approach）适用于偶发性的抬举作业（抬举频率小于每分钟 4 次）。

（三）心理物理法

心理物理法（psychophysical methods）是旨在探讨物理量和生理量之间关系的一种定量研究方法。换言之，抬举作业时，被试感受自己的施力知觉调整负荷重量，使该负荷重量足以代表本身可接受的最大抬举重量。其基本假设为任何人工搬运作业都可以使用心理物理法来表现生物力学和生理学压力，即心理物理法具有整合生物力学与生理学的功能。

（四）生理学法

生理学法（physiological approach）评估在给定的搬运情境下的生理参数。在人工物料搬运活动下，所关心的生理压力为循环系统的压力，评估的生理反应包括耗氧量、心跳率、血压与乳酸堆积量等。生理学法适用于重复性抬举作

业。许多学者在确定抬举作业时的生理限制，包括心跳率、乳酸堆积量与工作能量消耗等。

二、影响搬运能力的变量

对于人工搬运作业的研究，可将其视为由人员、作业与环境组合成的系统[11]，所有影响人工搬运能力的变量不外乎这三者。

（一）人员变量

表 7—1 列出了影响与限制搬运能力的人员变量，例如人员实体特征，包括年龄、性别与人体测量值等；知觉因素为衡量人员知觉过程，包括视觉、听觉、触觉、运动觉、平衡觉与本体感觉等；运动因素包括肌力、持续力、肌肉训练状况与动作范围等；人格特质因素包括人员对工作的价值满意度及对危险性的可接受程度；训练和经验因素如搬运技巧的教育训练程度；健康状况如健康状态的评定和药物的使用；休闲时的体育活动，如经常参与的体育活动，以及心理动作因素。

表 7—1　　影响与限制人工搬运能力的人员变量

人员变量	说明与释例
实体特征	年龄、性别、姿势与人体测量值
感觉与知觉	视觉、听觉、触觉、运动觉等
运动因素	肌力、持续力、动作范围
心理动作技能	心智能力、动作反应能力
人格特质	工作价值满意度、危险性可接受程度
训练/经验因素	搬运技巧的教育训练程度
健康状况	健康状态的评定、药物的使用
休闲时的体育活动	经常参与的体育活动

（二）作业变量

表 7—2 列出了主要影响搬运作业的工作变量，例如负荷重量、负荷尺寸、负荷分布、负荷稳定度、工作站布置、频率、持续和速度、复杂度等。

表 7—2　　主要影响人工搬运作业的工作变量

工作变量	说明与释例
负荷重量	衡量质量、惯量
负荷尺寸	负荷尺寸大小（长、宽、高）
负荷分布	重心的位置、单手搬运或双手搬运
负荷稳定度	如搬运液体或巨大物品

续前表

工作变量	说明与释例
工作站布置	移动的距离、空间中的障碍
频率/持续/速度	衡量搬运工作的时间因素
工作复杂度	搬运时需要的精确度

1. 搬运频率

搬运频率或速度是影响搬运能力的重要变量，许多文献指出增大搬运频率会使最大可接受重量非线性递减，而能量消耗率也随频率的增大而增大。Kim and Chung[12]指出高频率低负荷的抬举，相对于低频率高负荷的抬举而言，会使肌肉更容易疲劳。因此，基于抬举频率不同，其所适用的研究方法也不同，心理物理法和生理学法较适用于较高频率的抬举作业，而生物力学法则适用于偶发性抬举作业。

2. 垂直抬举高度

个别抬举能力会因垂直高度或垂直距离增加而递减。当垂直距离由 0.76m 增至 1.65m 时，抬举能力会递减 30%。此外，起举位置也相当重要。Ayoub & Mital[13]指出，在相同的垂直抬举高度下，若开始起举位置由指节高处变为肩高处，其抬举能力则会递减 23%。

3. 抬举姿势

弯背式（stoop）与弯腿式（squat）为经常探讨的抬举姿势。比较弯背式与弯腿式，弯腿式抬举有相对较小的下背压力，而弯背式却有较小的能量消耗。一般而言，当重物可放置于两膝之间时，使用弯腿式抬举相对较安全，然而，当重物过大而无法放置于两膝之间时，采用弯腿式抬举反而会增加重物至腰椎的距离。此外，Schipplein[14]等人的研究指出，当负荷重量增加时，膝关节的受力矩仍保持为一定值，这意味着股直肌（quadriceps）的肌力限制了弯腿式的抬举能力，然而许多人员却无此肌力来抬举自身重量加负荷重量。因此当负荷重量增加时，其抬举姿势有由弯腿式倾向弯背式的趋势。Toussaint[15]等人比较了弯腿式与弯背式抬举姿势，指出前者对髋关节做功较后者高 50%。

4. 非对称抬举

在工作场合中因环境的限制经常发生身体旋扭的动作，例如从输送带上拿取物料，扭转身体将物料放置于工作台上。然而对非对称抬举的研究仍不足，文献指出非对称抬举相对于对称抬举会产生较多的脊椎剪力与压力[16][17]，且增加了腹压，同时背脊肌（erector spinae）与腹斜肌（external obliques）也有较大的肌电（electromyographic）信号[18]，因此非对称抬举降低了抬举能力，许多研究指出非对称抬举会降低 8%～22%的抬举能力[19]。在对称抬举时，躯干运动主要由背脊肌控制，而在非对称抬举时，躯干运动则由截面积较小的肌肉控制（例如腹斜肌等），因此，非对称抬举时的抬举能力较小。Bone[20]指出在躯干旋转90°时，若维持骨盆与肩平行，则旋扭与侧弯力矩将会较小，因此，若对称抬举不可行时，肩平行地面将可降低背部受伤的危险性。

（三）环境变量

工作环境会影响个别人员的工作绩效（performance），也会影响人员的抬举能力。环境变量不外乎温度、湿度、噪音、照明与震动等。Snook & Ciriello[21]比较了 WBGT（wet bulb globe temperature）27℃与 WBGT 17.2℃环境下的抬举能力，指出高温下抬举能力降低了20%。

三、人工物料搬运的限制

NIOSH 于1981年针对矢状面双手对称抬举进行研究，综合流行病学、生物力学、工作生理学，以及心理物理学等方面的研究资料（见表7—3），制定人工抬举指引，提供不同作业条件下的最佳抬举重量。该指引适用的作业条件为：（1）平顺的抬举动作；（2）双手、对称性抬举；（3）箱宽需小于75cm；（4）不限制抬举姿势；（5）适当的把手、鞋子、地面等；（6）良好的作业环境。它提出计算活动界限与最大容许界限的抬举方程：

$$AL(\text{kg})=90(15/H)(1-0.004\times|V-75|)(0.7+7.5/D)(1-F/F_{max})$$
$$MPL(\text{kg})=3AL$$

式中，H 为搬运对象重心位置（或握把几何中心位置）与两脚踝中心点距离；V 为搬运对象重心位置（或握把几何中心位置）与抬举起始点距离；D 为手部的垂直移动距离，从搬运对象的起点至终点（释放）；F 为抬举频率（lifts/min）；F_{max} 为可维持的最大抬举频率（lifts/min）。

表7—3　活动界限水平与最大容许界限说明

研究方法	活动界限水平说明	最大容许界限水平说明
流行病学法	工作负荷超过活动界限，受伤的风险会增加	工作负荷超过最大容许界限时，肌肉骨骼受伤率和严重性均会显著增加
生物力学法	大部分作业员 L5/S1 椎间盘可忍受的压力约为3 400N，此压力约在活动界限状况下产生	大部分作业员的 L5/S1 椎间盘无法忍受超过6 400N的压力，此压力约在最大容许界限状况下产生
生理学法	活动界限状况下的新陈代谢量为3.5 kcal/min	最大容许界限状况下的新陈代谢量为5.0 kcal/min
心理物理法	有99%的男性和75%的女性可从事活动界限的工作	仅有25%的男性和1%的女性能从事最大容许界限程度的工作

1994 年 NIOSH 发布了修正的抬举公式（revised NIOSH lifting equation）与建议重量限值（recommended weight of limit，RWL）。此建议重量限值基于下列参数设定：

- 在大多数年轻健康劳动者搬运建议重量限值 *RWL* 时，第五腰椎第一荐椎（L5/S1）椎间盘压力为 350kg。
- 超过 75%的女性与 99%的男性可以胜任抬举建议重量限值 *RWL*。
- 在抬举建议重量限值 *RWL* 时，最大能量消耗为 4.7kcal/min。

$$
\begin{aligned}
RWL &= LC\times HM\times VM\times DM\times AM\times FM\times CM \\
&= 23\times(25/H)\times(1-0.003\times|V-75|)\times(0.82+4.5/D) \\
&\quad \times(1-0.0032A)\times FM\times CM
\end{aligned}
$$

式中，*LC* 为负荷常数（load constant）；*HM* 为水平距离乘数（multiplier），取值见表 7—4；*VM* 为起始点的垂直高度乘数，取值见表 7—5；*DM* 为抬举的垂直移动距离乘数，取值见表 7—6；*AM* 为身体扭转角度乘数，取值见表 7—7；*FM* 为抬举频率乘数（frequency multiplier），取值见表 7—8；*CM* 为握把乘数（coupling multiplier），取值见表 7—9；*A* 为身体扭转角度（相对于矢状面）。

表 7—4　水平距离乘数

H 水平距离（cm）	*HM*
≤25	1.00
30	0.83
40	0.63
50	0.50
60	0.42

$HM=25/H$ (cm)

$H\leqslant 25$，$HM=1$；$H>63$，$HM=0$；$0.42\leqslant HM\leqslant 1$

表 7—5　垂直高度乘数

V 起始垂直高度（cm）	*VM*
0	0.78
30	0.87
50	0.93
70	0.99
100	0.93
150	0.78
175	0.70
>175	0.00

$VM=1-0.003\,|V-75|$ (cm)

$0\leqslant V\leqslant 175$；$V>175$，$VM=0$；$V=0$，$VM=0.78$；$0.7\leqslant VM\leqslant 1$

表 7—6　　抬举的垂直移动距离乘数

D 抬举距离（cm）	DM
≤25	1.00
40	0.93
55	0.90
100	0.87
145	0.85
175	0.85
>175	0.00

$DM=0.82+(4.5/D)$（cm）

$25\leqslant D\leqslant 175$；$D<25$，$DM=1$；$D>175$，$DM=0$；$0.85\leqslant DM\leqslant 1$

表 7—7　　身体扭转角度

A 角度	AM
135	0.57
120	0.62
90	0.71
60	0.81
45	0.86
30	0.90
0	1.00

$AM=1-0.0032A$（度）

$0\leqslant A\leqslant 135$；$A>135$，$AM=0$；$A=90$，$AM=0.71$；$0.57\leqslant AM\leqslant 1$

表 7—8　　抬举频率乘数

F 抬举频率 Lifts/min	抬举频率乘数（FM）			
	立姿抬举（$V<75$）		弯腰抬举（$V\geqslant 75$）	
	≤1h	>1h	≤1h	>1h
5min	1.00	0.85	1.00	0.85
1min	0.94	0.75	0.94	0.75
30s	0.91	0.65	0.91	0.65
15s	0.84	0.45	0.84	0.45
10s	0.75	0.27	0.75	0.27
6s	0.45	0.13	0.45	—
5s	0.37	—	0.37	—

表 7—9　　握把乘数

C Grasp	握把乘数（CM）	
	立姿抬举（$V<75$）	弯腰抬举（$V\geqslant 75$）
Good	1.00	1.00
Fair	1.00	0.95
Poor	0.90	0.90

抬举指标（lifting index，LI）用来评估抬举作业引发下背痛的可能性，抬举指标 LI 的计算方式如下：

$$LI = 抬举负荷重量/RWL$$

当 LI 值小于 1 时，表示该作业安全；当 LI 值大于 1 时，有必要实施人因工程工作设计以减轻工作负荷。但当 LI 大于 3 时，下背部受伤的几率会大大增加。

□ 讨论题

1. 评估人工物料搬运潜在危险性的主要途径有哪些？
2. 人工物料搬运大体可分为哪些动作？
3. 影响搬运能力的变量有哪些？
4. 主要影响人工搬运作业的工作变量有哪些？
5. 什么是非对称抬举？它有什么特点？

□ 案例讨论

一、机场行李搬运作业

出国旅游日益盛行，尤其在旅游旺季，机场充满旅客，行李搬运的数量相当可观。试问有人关注过行李是如何被搬运到飞机上的吗？答案通常是否定的。而行李搬运工作是航空勤务的关键工作之一。旅客行李的搬运流程如下：在旅客于柜台报到后，旅服组的工作人员将旅客的行李放在磅秤上秤重，然后输送带会将行李送至地下室，而后再依各行李欲抵达的地点搬运至各台车上，最后再由拖曳车将台车拉至停机坪等候上行李舱。由于处理时间紧迫，旅服组的工作人员必须在极短的时间内正确和迅速地完成工作，对搭乘各班机旅客的行李做适当的处理。近年来职业性骨骼肌肉伤害案例日渐增多，每 100 人中约有 38 人有肌肉酸痛问题，其中 79%被认为与工作有关。[22] 而 Cook and Zimmermann[23] 针对 529 份问卷分析的结果指出，劳动者认为潜在危险因子，如工作时间长（69%）、工作姿势不良（69%）、工作环境不佳（67%）、工作负荷重（44%）、需要伸展手臂（43%）、未能接受训练（17%），是造成肌肉骨骼系统疾病，如下背痛、腕道伤害、上肢疼痛的主要原因。很多受伤劳动者无法分辨伤害从何时开始，大部分的实例也无法明确指出伤害与某些特定动作的关联性。而下背伤害通常是累积性的而不是突发性，造成的原因，不当的姿势为大多数相关研究所共同提及，但对不当的姿势的定义文献中并无一致的看法。人工物料搬运系统是由作业员或对象或两者同时组成，一个架构不完整、不适当的系统若不完善，就无效率可言，因此工作站环境的设计直接影响员工的福祉。

刘伯祥与曾贤裕[24]针对某国际机场空勤公司劳动者进行肌肉骨骼调查研究，如图 7—1 所示。研究的目的是使用问卷及现场调查，评估国际机场行李搬运劳动者的肌肉骨骼问题。研究可以分为两个阶段。第一阶段，在某国际机场的旅运部门进行了调查和观察，以确定搬运平台设施布置与工作负荷量（搬运重量和频率）。同时进行问卷调查，收集评估肌肉骨骼伤害问题的信息。第二阶段，评估两个搬运平台姿态测量系统，并对受试者生理负荷率进行评估。

图 7—1　国际机场行李搬运

表 7—10 为不同机型的搬运频率。观察结果显示，劳动者在每个定期航班下整体平均每人的搬运频率为 67.9 次（范围从 42.5 次至 82 次）。而波音 777 和 747 系列飞机的搬运频率较高，且需于 1.5 小时内完成。此外，平均每件行李的重量为 13.7kg，介于 4.8～33.3kg 之间。问卷调查结果显示，劳动者肌肉骨骼疾病为手腕 44%，手肘 26%，肩膀上 32%，上背部 30%，下背部 36%，膝 24 %，踝关节 16%（见表 7—11）。此外，大约有一半的劳动者抱怨经常发生弯腰搬运的问题。

表 7—10　　机型与抬举频率

机型	行李数量	搬运劳动者数	搬运频次	标准偏差
MD—11	1 199	20	59.95	14.92
A340	452	6	75.33	11.41
A330	1 705	27	63.15	28.71
A321	765	13	58.85	22.83
A320	982	19	51.68	23.54
A300	1 662	29	57.31	18.37
777	1 967	24	81.96	14.92
767	682	14	48.71	25.21
757	123	2	61.5	12.6
747	1 687	21	80.33	26.93
747—4	5 977	74	80.77	24.32
737	510	12	42.5	27.84
总和	17 711	261	67.9	

表 7—11　　身体各部位不适疼痛评估

身体部位	无	轻微疼痛	疼痛	严重疼痛
手腕	10%	46%	34%	10%
手肘	26%	48%	22%	4%
肩膀	10%	58%	26%	6%
上背部	18%	52%	20%	10%
下背部	12%	52%	30%	6%
膝部	28%	48%	20%	4%
踝部	24%	60%	14%	2%

依据抬举建议重量限值 RWL，行李的重量不得超过 23kg 的理想状态。然而，在本研究中最差的情况下，建议重量限值 RWL 是 6.8kg 左右。($H=50$；$V=55$；$D=14$；$A=45$；$FM=0.72$；$CM=0.9$。)

而抬举指数（LI）为 2.01，是根据每个行李的平均重量（13.7kg）估算的。其中 LI 在 2 和 3 之间，表示下背痛的患病率显著上升（Waters et al.，1993）。因此，管理单位必须采取防范措施，以降低受伤的风险，还可能需要重新设计，以减少行李搬运工作的负荷。首先输送机的高度应该重新设计，以 75cm 高度为最佳设计。然而，若实际作业中需搬运大型行李箱，则建议的高度为 65cm。

第二部分模拟实验的实验设计为依据现场作业环境设置工作站，以两因子两水平完全随机区组设计，进行搬运工作站的现场仿真作业。因子分别设为标准旅行箱（大 75×50×35cm；小 52×40×25cm），且大行李箱重 20kg，小行李箱重 10kg，台面倾斜角度设计为图 7—2 中的 0°及图 7—3 中的 30°，探讨

图 7—2　台面倾斜角度为 0°

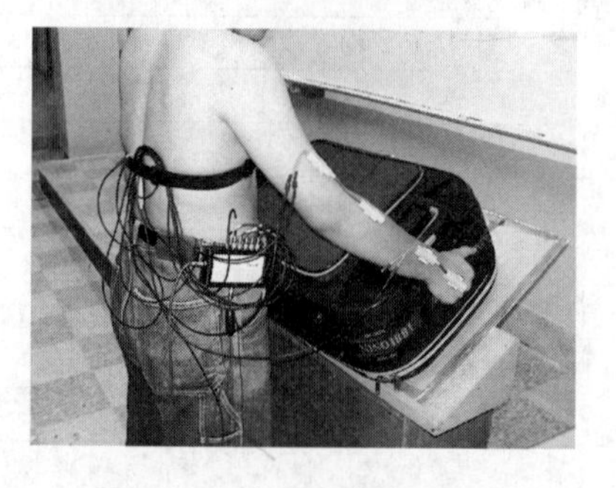

图 7—3　台面倾斜角度为 30°

输送带和搬运车间较合适的搬运方式，被试戴上心率测量仪（polar，Finland）衡量心率变化，并在手腕、手肘、下背等部位穿戴上测角器（biometric，UK），显示实验时三个部位的角度变化。实验设计为二因子完全随机化区组设计，被试设为区组以减少实验误差，二因子分别为台面倾斜角度（0°及30°）和行李箱的尺寸。进行变异数分析，结果显示，台面倾斜角度及行李箱的尺寸显著影响下背最大的侧偏和屈曲角度，倾斜角度为0°的台面会使下背最大侧偏和屈曲角度大于倾斜角度为30°的台面，而搬运大行李箱时的下背最大屈曲角度也大于搬运小行李箱时的最大屈曲角度，同时心率增量也较高。因此建议限制单一行李的重量，将搬运输送带倾斜30°，这有助于减少搬运时的不良姿势，进而避免肌肉骨骼伤害的发生。

二、推车搬运作业

虽然推车作业确实可以降低物料搬运工作人员的负荷，但不良的推车设计与作业方式仍会使操作员身体出现肌肉骨骼不适的症状。研究显示，医院工作人员使用推车已经引起背部伤害[25]；驾驶员在移动装载物品的笼车和推车时，身体会承受大部分的痛苦和僵硬感[26]；餐饮业中的劳累、扭伤以及撞伤等三类主要伤害都起因于推车的使用[27]。国内的研究方面，造成空服人员下背痛的因子中，推、拉餐车是主因。[28]推车的适用性着重于拖运物品时不会费力，主要评估标准为使用者的主观认知，包含压迫、效率、操纵性和安全等。根据其交互作用，共分为影响推车使用四要素：设计要素、作业要素、环境要素与使用者要素，如图7—4所示。[29][30]本研究就通过其四要素评估国内某电子装配厂推车作业之人因工程问题，探讨其潜在危害因子，并供学者后续研究之用。

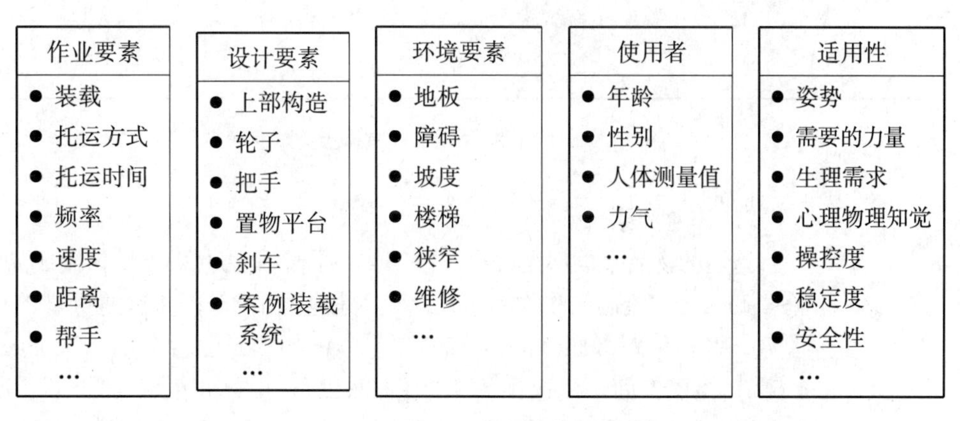

图7—4　推车使用影响要素

(一) 推车作业要素分析

1. 设计要素

人员最常使用的推车类型及所占比例如图7—5所示。其中，小型推车占

33.9%，中型推车占 36.3%，大型推车占 29.8%。在推车设计方面，把手高度低于使用者臀部的占 12.1%，在臀部至腰部附近的占 60.9%，高于腰部的占 25.9%；轮子使用 7.5cm 以下小轮的占 26.4%，7.5～12.5cm 中轮的占 44.8%，12.5cm 以上大轮的占 13.8%，混合搭配轮子的占 14.9%；一般推车配置的活动轮大多为两个，占 55.4%，另有配置机动性较高的四个活动轮，占 41.1%；54.3%的置物平台高度都低于使用者膝部，42%高于膝部。最常使用的栈板形式，长形的占 41.8%，宽形的占 22.4%，方形的占 6.1%。所使用的车子状态损坏严重的占 4.6%，有些微损坏的占 45.7%，状态良好的占 49.7%。

图 7—5　最常使用的推车类型

2. 作业要素

拖运的物品多数都是材料，占 49.7%，半成品占 23.4%，制成品占 6%，空箱占 11.4%，资源回收物品占 4.8%，其他占 4.8%；拖运的重量 100kg 以下的占 70.5%，100～300kg 的占 17.6%，300～500kg 的占 7.4%，500kg 以上的占 4.5%；体积方面，拖运小体积的占 32.2%，中体积的占 52.9%，大体积的占 14.9%。作业频率上平均每天拖运 10 次以下的占 48.6%，10～20 次的占 21.7%，20～30 次的占 17.7%，30 次以上的占 12%；每天使用推车的时间 1h 以下的占 42%，1～3h 的占 16.5%，3～5h 的占 17%，5h 以上的占 24.4%。拖运的距离 10cm 以下的占 16%，10～20cm 的占 31.4%，20～30cm 的占 29.1%，30～50cm 的占 23.4%。

3. 环境要素

在狭窄空间工作的占11.4%，适中空间的占71.4%，宽敞空间的占17%；在平滑的路面作业的占31.3%，平整道路的占60.8%，崎岖不平路面的占6.8%；在拖运物品时需转弯的情况中，不会遇到转弯的占3.4%，偶尔遇到转弯的占61.9%，经常遇到转弯占34.7%。

4. 使用者要素

从数据中可以发现多数的推车作业人员为男性，占56.82%，女性占43.18%；拖运慢速的占17.6%，一般速度的占74.4%，快速的占8.0%；使用者最常拖运物品的方式如图7—6所示。

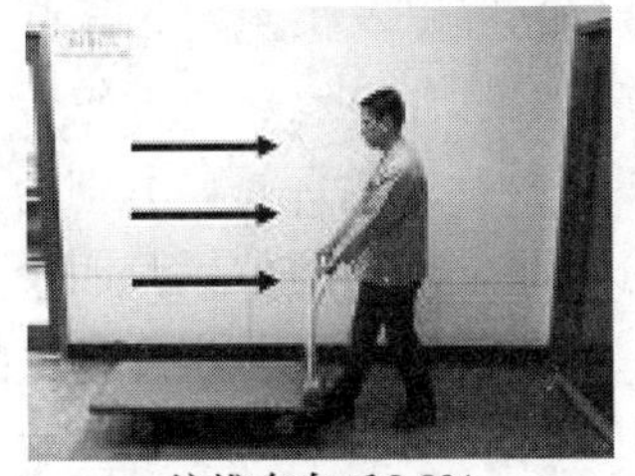

拉推车向后8.8%

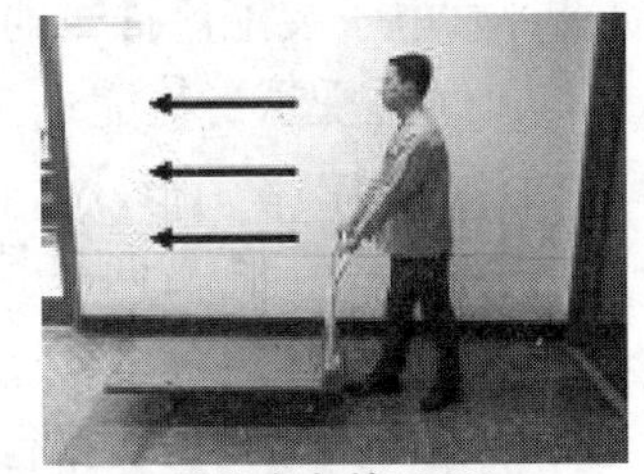

推推车向前38.2%

拉推车向前52.4%

图7—6 推车作业人员最常拖运物品的方式

(二) 肌肉骨骼伤害调查

收集电子装配厂推车作业人员肌肉骨骼不适症状的数据可以发现，颈部不适的占25.9%，肩膀不适的占38.4%，上背部不适的占22.5%，手肘不适的占24.1%，下背部（腰部）不适的占39.5%，手掌不适的占22%，大腿（臀部）不适的占15.6%，膝部不适的占25%，脚掌（脚踝）不适的占28.8%。

(三) 推车作业人员主观评估

从人员使用推车作业后的感觉可以发现，对所使用的推车感觉不适的占9.7%，对推车把手感觉不适的占10.8%，对轮子感觉不适的占18.8%，对置物平台感觉不适的占10.8%。对作业方式感觉不适的占8.5%，对栈板使用感觉不适的占18.9。对环境感觉不适的占9.1%，对作业空间感觉不适的占12.5%。对拖运的力量，感觉不省力的占17.6%。对拖运时的稳定度，感觉不稳定的占12.5%。对使用时的操纵，感觉难控制的占9.1%。

根据受访者的主观知觉认为最需要改进的推车设计为轮子，占59%；其次把手占15.6%，置物平台占17.3%。最需要改进的作业为拖运重量，占30.2%，其次依序为路面状态占23.7%，物品体积占16.6%，作业空间占

14.2%，拖运距离占11.8%。此外，最希望使用的推车类型以单层低式推车最多，占31%，油压拖板车占28%，升降式推车占13.1%；最希望使用的轮子大小以适中最多，占88.6%，越大越好占9.7%；最希望的活动轮数以四个最多，占59%，两个的占39.3%；把手最希望的高度以腰部附近最多，占60.6%，可调升降式把手占21.7；最希望的置物平台高度为腰部附近，占40%，低于腰部占30.3%；最希望的拖运方式以推推车向前最多，占50%，拉推车向前占43%。

(四) 推车设计

吴敬恒[31]等人研究评估电子装配厂推车的轮径与配置以及负重对推车作业绩效与工作负荷之影响，每位受试者需完成12种实验组合，包含2种轮子直径，分别为15.2cm大直径轮与12.7cm小直径轮；3种活动轮配置，分别为配置两个活动轮于靠近把手的位置、配置两个活动轮于远离把手的位置及四个轮子皆配置为活动轮；2种负重，分别为215 kg与120 kg，其各实验组合顺序采用随机方式于工厂仓库中进行实验，每次推行15m。分析研究结果显示，手推车的活动轮配置对推车作业时间、作业人员心搏率与主观知觉评价有显著影响。结果显示，四个轮子皆配置活动轮不适宜高负重（215 kg）的推车作业，会增加操作人员的作业时间、心搏率、主观施力评估与拖运时的不稳定度与操控时的困难度。在远离把手的位置配置两个活动轮，在高负重（215 kg）与低负重（120 kg）的推车作业下绩效都最好。于靠近把手的位置配置两个活动轮，高低负重的影响差距最小，在电子装配厂中属于较为通用的配置。

□注　释

［1］S. Kromodihardjo and A. Mital, Biomechanical analysis of manual lifting tasks, *Journal of biomechanical engineering*, 1987, 109 (2): 132-138.

［2］R. Cailliet, *Low back pain syndrome*, FA Davis Company, 1981.

［3］J. Frymoyer, Magnitude of the problem, *The Lumbar Spine*, WB Saunders, Philadelphia, 1990: 32-38.

［4］S. H. Snook and V. M. Ciriello, The design of manual handling tasks: Revised tables of maximum acceptable weights and forces, *Ergonomics*, 1991, 34 (9): 1197-1213.

［5］同注释［4］。

［6］D. Stubbs and A. Nicholson, Manual handling and back injuries in the construction industry: An investigation, *Journal of Occupational Accidents*, 1979, 2 (3): 179-190.

[7] M. M. Ayoub, *Manual Materials Handling: Design And Injury Control Through Ergonomics*, CRC, 1989.

[8] W. K. Chiou, *Risk Factors for Low Back Pain and Evaluation Model for Lumbar Spinal Mobility Using a Noninvasive Technique*, "Nation" Taiwan Institute of Technology, 1994.

[9] 同注释 [8]。

[10] V. H. Frankel and M. Nordin, *Basic biomechanics of the skeletal system*, Lea & Febiger, Philadelphia, 1980.

[11] 同注释 [7]。

[12] S. Kim and M. Chung, Effects of posture, weight and frequency on trunk muscular activity and fatigue during repetitive lifting tasks, *Ergonomics*, 1995, 38 (5): 853-863.

[13] 同注释 [7]。

[14] O. Schipplein, et al., Relationship between moments at the L5/S1 level, hip and knee joint when lifting, *Journal of Biomechanics*, 1990, 23 (9): 907-912.

[15] H. M. Toussaint, et al., Coordination of the leg muscles in backlift and leglift, *Journal of Biomechanics*, 1992, 25 (11): 1279-1289.

[16] G. Andersson, R. Örtengren, and A. Schultz, Analysis and measurement of the loads on the lumbar spine during work at a table, *Journal of Biomechanics*, 1980, 13 (6): 513-520.

[17] A. Mital and S. Kromodihardjo, Kinetic analysis of manual lifting activities: Part II-Biomechanical analysis of task variables, *International Journal of Industrial Ergonomics*, 1986, 1 (2): 91-101.

[18] 同注释 [16]。

[19] 同注释 [17]。

[20] B. Bone, et al., Comparison of 2D and 3D model predictions in analyzing asymmetric lifting postures, *Advances in Industrial Ergonomics and Safety II*, 1990: 543-550.

[21] S. H. Snook and V. M. Ciriello, Maximum weights and work loads acceptable to female workers, *Journal of Occupational and Environmental Medicine*, 1974, 16 (8): 527.

[22] 劳动者委员会劳动者安全卫生研究所:《工作环境安全卫生状况调查报告——受雇者认知调查》, 1995。

[23] T. M. Cook and C. Zimmerman, A symptom and job factor survey of unionized construction workers, *Advances in induslrial ergonomics and sap*, 1992: 201-206.

[24] 刘伯祥、曾贤裕等:《机场旅服作业人员工作负荷探讨及改善研究》,

见《2002年人因工程学会年会暨研究成果研讨会论文集》，2002，27～32页。

［25］J. Lawson，J. Potiki，and H. Watson，Development of ergonomic guidelines for manually handled trolleys in the health industry，*Journal of occupational health and safety australlaand new zealand*，1993，9：459-459.

［26］van der Beek，A. J.，et al.，Loading and unloading by lorry drivers and musculoskeletal complaints，*International Journal of Industrial Ergonomics*，1993，12 (1)：13-23.

［27］H. A. S. Executive，Manual handling in food/drink industries：Injury rate weight of unit loads lifted，*Research Report No. 007*，HSE Books，Suffolk，UK.，2002.

［28］陈秋蓉等：《职业疾病监控实证研究——职业性下背痛》，劳动者安全卫生研究所，1996。

［29］同注释［25］。

［30］K. Mack，C. M. Haslegrave，and M. I. Gray，Usability of manual handling aids for transporting materials，*Applied ergonomics*，1995，26 (5)：353-364.

［31］吴敬恒、刘伯祥：《电子装配厂推车作业之人员人因认知调查》，第15届人因工程学会年会暨研究成果研讨会，圣约翰科技大学，2008。

第 8 章

Chapter 8 手工具设计

导言

从远古时代到现代，人类使用手工具（hand tools）的历史已有数万年之久，手工具在人类演化的过程中扮演着关键的角色，手工具的发展也象征着人类文明的进步。近年来自己动手做（DIY）的风气快速兴起，也使得手工具不再只是扮演生产辅助工具的配角，而逐渐成为生活中不可或缺的部分，手工具和人类生活的关系越来越密切。

人类日常生活中许多工作或活动都必须通过手部动作来完成，诸如设备操作、手工具使用以及手部直接出力等。手部出力形式与大小对整个工作效率及对手部的伤害有重大影响。适当的设计工具与设备可以提高工作效率和人员的安全性。手工具是人类手部功能的延伸，因此手工具的设计和使用是相当重要的议题。虽然目前手工具的使用已相当普遍，工具种类和功能也在不断增加与创新，但是这并不表示手工具的设计已经趋于完善，目前仍有许多的手工具虽然设计简单但却无法安全且有效地操作。过去的许多相关研究显示，如果没有考虑使用者的人体尺寸与相关生理条件限制，在操作手工具时，很容易有不良的作业姿势及不当的施力方式，进一步导致操作意外事故和伤害的发生。从人因工程角度来看，使用手工具时造成的伤害主要是由下列因素引起的：手部过度的出力、不自然的手腕部姿势、高度的重复性以及休息时间不足等。由此可知，仍然有许多的伤害事件是由不良的尺寸、不当的使用以及手工具设计不良所引起的，它们不仅可能造成立即性的意外伤害，还可能因为长时间的使用而造成人体累积性肌肉骨骼伤害或是手部相关的病变，尤其是在长时间与重复性作业环境下。

手工具的设计过去多以西方人的尺寸为主要依据，而较少考虑华人使用者的需求以及人体测量特性，所以会产生手工具尺寸不合适的情况，进而产生使用时的意外与伤害。因此，了解人体手部生理机能与手工具设计之间的关联，进而深入探讨可能造成手工具使用的相关伤害与意外，以作为华人使用者手工具设计的参考准则与依据，是本章节所要探讨的主要内容。

一、常见的手工具

手工具在生活中扮演着相当重要的角色，而且手工具的种类众多，生活中随处可见，图 8—1 即为生活中常见的非动力手工具，包含槌子、起子、钣手、钳子以及锯子等。而作为手部功能的延伸，不同的手工具也有不同的功能，其主要功能包括：

- 冲击力：锤子；
- 抓握力：老虎钳；
- 扭力：扳手、螺丝刀；
- 其他：锯子、焊接棒。

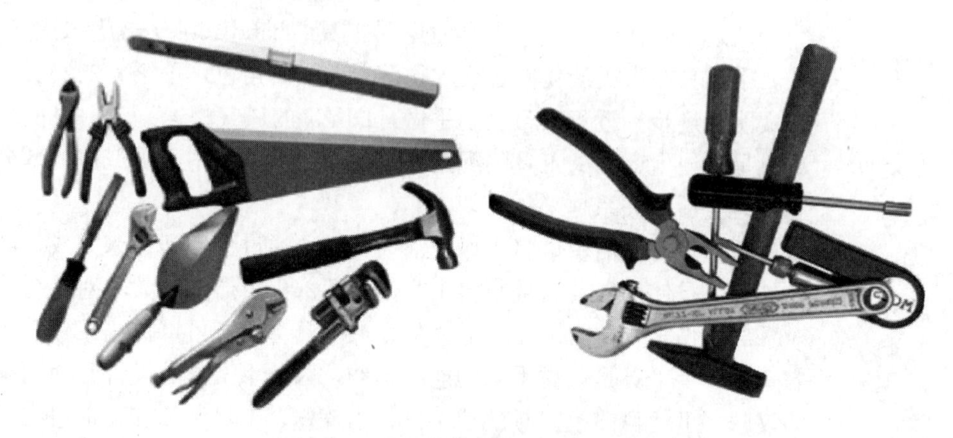

图 8—1 生活中常见的非动力手工具

二、手部生理机能与手工具

手指的屈伸是由前臂肌肉调节的。腕道一边是手背的骨骼，另一边则是横腕韧带（transverse carpal ligament），或称手屈肌支持带（flexor retinaculum）。通过腕道的是包括桡动脉与正中神经的一大束脆弱的解剖结构。通过横腕韧带外面与手腕豆状骨（pisiform bone）内侧的有尺动脉与尺神经。腕关节的骨骼是与前臂的两支长骨——尺骨（ulna bone）与桡骨（radius bone）——相互连接。位于拇指侧的是桡骨，位于小指侧的是尺骨。图 8—2 为手部生理结构解剖图。

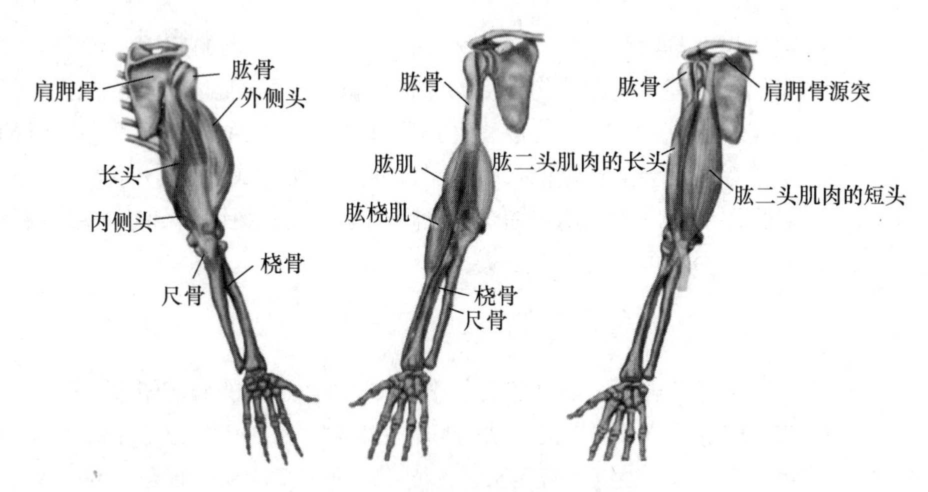

图 8—2　手部生理结构解剖图

三、手工具操作可能产生的伤害

操作手工具引起的伤害可分成立即性伤害（instantaneous trauma）与累积性伤害（cumulative trauma disorder，CTD）两大类。

（一）立即性伤害（多为突发意外）

如切伤（cuts）、刺伤（punctures）、挫伤（contusions）、击伤（struck）、裂伤（fractures）、扭伤（sprains）等。

（二）累积性伤害（多为长期使用）

此类伤害的主要症状为上肢段酸、痛、麻或无法施力，如神经压迫（nerve entrapment）（特别是腕管症候群）、上踝炎（epicondylitis）、前臂腱鞘炎（peritendinitis ）、手腕与手指的腱鞘炎（tenosynovitis）和神经炎（neuritis）等。

而使用手工具除了使用不当与意外造成的立即性伤害之外，多数还是由长期使用以及不正确地使用手工具所造成的累积性伤害，而手工具的不当设计更是造成累积性伤害的关键因素。

人类的手部有极为复杂的生理结构，它可以做精确的操作，也可施出极大的力量。然而，它也包含多处脆弱的解剖学上的结构，受力过大、不良姿势极易对其造成伤害，不自然的工作姿势、重复性动作、不预期过度施力，往往会使工作者的手、腕、臂等承受极大的负荷而易造成累积性伤害。

累积性伤害指的是由慢性肌肉骨骼伤害所引起的身体上的病痛症状，主要症状为上肢段酸、痛、麻或无法施力，这些伤害的起因可能是重复性的工作。累积性伤害与立即性伤害（如摔伤、扭伤）的明显区别在于后者通常是由单一动作所造成的，相反，累积性伤害在开始的时候通常并没有明显的病痛征兆，工作者常常会不自觉地长时间暴露在工作所造成的微小伤害下，也因此很难在累积性伤害发生初期评估这些慢性伤害产生的风险。导致手部累积性伤害发生的主要因素可分为以下三类。

1. 姿势因素

某些伤害发生是因为工作者采取一种不适当的操作姿势，而该姿势明显会造成上肢的关节及其周围的软组织承受很大的压力。姿势是导致累积性伤害发生的重要因素，不良的姿势包括任何固定或不自然的身体状态，例如会造成肌肉肌腱承受过量压力的姿势、不平顺或不对称的姿势等，如图 8—3 至 8—5 所示。

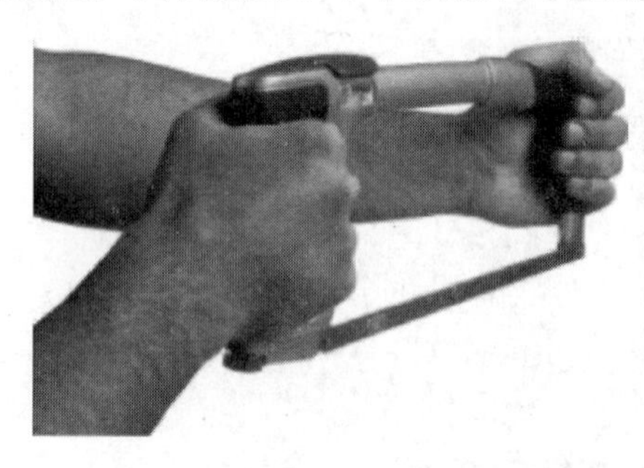
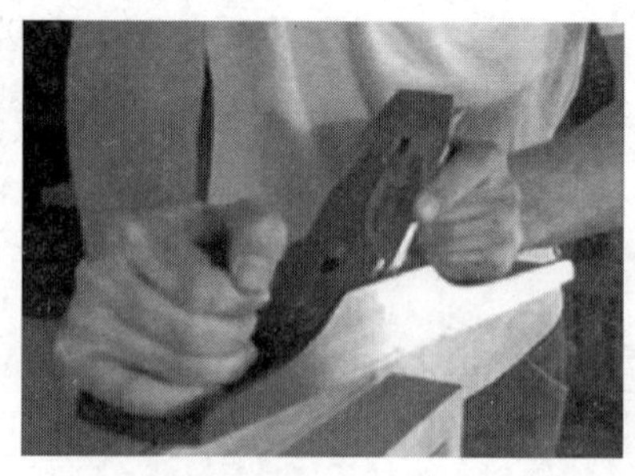

图 8—3 操作不同手工具姿势

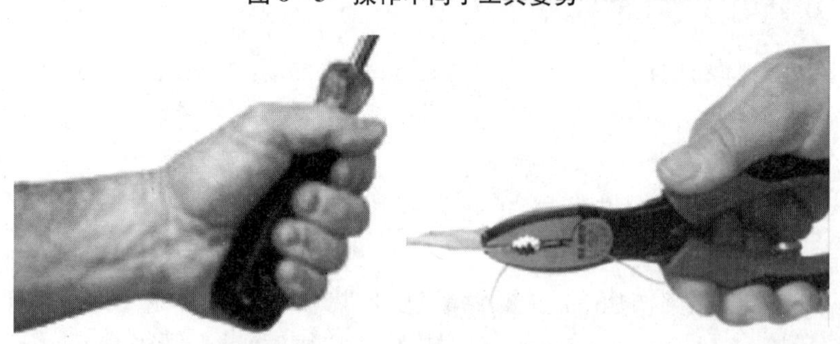

图 8—4 用力抓握姿势

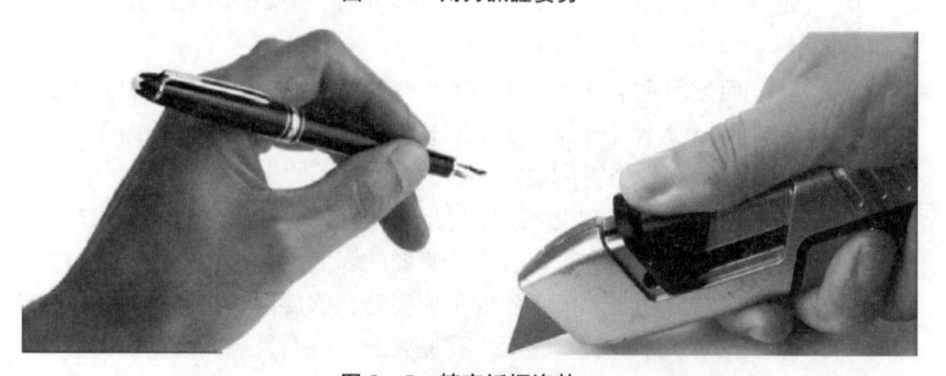

图 8—5 精密抓握姿势

2. 施力因素

操作手工具工作时所需要的施力力量，也是导致累积性伤害发生的关键因素。通常作用在各身体组织的压力，很容易就达到 100 磅（45.36kg）以上；当肌肉施力增加时，会导致血液回流量减少而使肌肉快速感到疲劳。若施力较大，肌肉恢复所需的时间往往超过工作的时间，如果休息不足，肌肉软组织就会受伤。过大的变形会明显造成骨骼破裂受伤，但是坚硬或尖锐的物体作用在肌腱、神经的压力所造成的伤害则不易察觉。

3. 重复性因素

工作者做高度重复性动作的工作，也是其成因之一。工作的重复频率越高，对肌腱、韧带和神经等组织的磨损也相对越大。在一定的负荷下，肌肉收缩的速度越快，所产生的张力也越大；而且，重复性越高的工作对肌肉产生的张力越大，恢复所需的时间也越久，因此这类工作即使所需要的力量不大，但其重复性高，也很容易导致累积性伤害的发生。

四、手部与握把接触操作探讨

人手可以与多种不同的手工具结合。主要包含两种基本的手工具抓握方式：用力抓握（power grip）与精密抓握（precision grip）。用力抓握为工具轴垂直于作业员前臂轴，握拳四指与大拇指各握工具的一边，此种握法主要用于需大施力的工作。根据其施力的方向，可分为三种不同的握法：

- 力平行于前臂（锯子、锉刀）；
- 力与前臂成一角度（铁锤、拖把、锅铲）；
- 前臂产生扭矩（螺丝刀）。

至于精密抓握，它是以拇指和四指捏住工具。此种握法用于不需大施力的精密工作，若再细分又可分为两种握法：

- 内部精密抓握（工具柄在手掌内部，如捏握小刀）；
- 外部精密抓握（工具柄在手掌外部，如握笔）。

用力抓握与精密抓握等两种类别并不足以完全代表所有的手与工具耦合方式，再深入依据手的部位与工具的几何交互作用，可以发展出十种方式，其中包括两种接触、五种抓取与三种抓握的动作。以下为十种手部与物体的结合关系：

- 手指触摸（finger touch）：用手指头触摸物体且不握住它；
- 手掌触摸（palm touch）：用手掌触摸物体某部分且不握住它；
- 指面抓取（勾握）（finger palmar grip (hook grip)）：用一根或多根手指勾住或握住物体；
- 拇指和食指尖抓取（指尖握）（thumb-fingertip grip (tip grip)）：以拇指尖与食指尖相对地夹住物体；

- 拇指和手指面抓取（捏握）（thumb-finger palmar grip（pinch plier grip））：拇指肉垫与一根或多根手指靠近指尖的肉垫相对地夹住物体，这种抓取方式能容易地形成耦合；
- 拇指和食指侧握（侧握）（thumb-forefinger side grip（lateral grip）：拇指与食指侧面相对地夹住物体；
- 拇指和两指握（写握）（thumb-two-finger grip（writing grip））：拇指和两根手指的指尖附近相对地夹住物体；
- 拇指和指尖合握（碟握）（thumb-fingertips enclosure（disk grip））：拇指的肉垫与三或四根手指指尖附近肉垫相对地夹住物体（抓握物体时没有接触到手掌）；
- 指和掌合握（finger-palm enclosure（collet enclosure））：大部分或所有手的内部表面接触物体并合围起来；
- 用力抓握（power grasp）：手的所有内部表面接触物体。

五、手工具设计准则与建议

手工具设计准则与人因设计个案为设计手工具时应注意或考虑的事项，亦为从事手工具人因改善设计时的重要参考。人因工程相关研究人员与学者制定了手工具设计准则，这些准则与改善方向及例子如下（见图 8—6）。

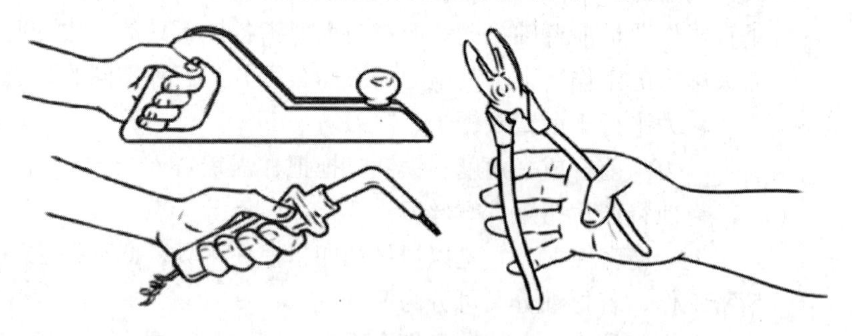

图 8—6　手握工具姿势

1. 手工具应有握把供操作者握持

很多手工具未能设计握把供使用者握持，使得使用者必须握持手工具之主体，以致手直接暴露于震动或手工具所产生的热或冷空气中。

2. 以最少的肌肉参与施力

在操作设计或设置不当的手工具时，使用者需很多部位的肌肉参与施力。工作站上对于手工具应有一个较近且方便的位置供其放置，而较重的工具应有辅助悬吊带来帮助操作者握持。

3. 以动力代替肌力

动力驱动可减少对人力和重复性的需求，因此可以降低发生累积性伤害的风险，但仍需注意改为动力驱动时可能会增加手工具的重量，从而增加使用时的手部负荷。

4. 弯曲手工具，不要弯曲手腕

设计不良的手工具常导致操作者以不良的姿势使用手工具，借由弯曲握柄可以保持手腕正直，避免由腕部的偏曲造成神经组织与血管受到压迫，以避免累积性伤害发生、生产力降低与抓握力减少。如将尖嘴钳的握把改成弯曲后，使得手腕能以更自然的姿势来使用工具，而弯曲的角度则应依不同的工作需求而进行调整。建议保持中指的掌骨与尺骨远程平行，并指出把手设计应使腕部变化在5°桡偏到10°尺偏间为宜（见图8—7至图8—9）。另有一手工具通用设计建议，一切工具与运动器材的手把弯曲成19°± 5°。

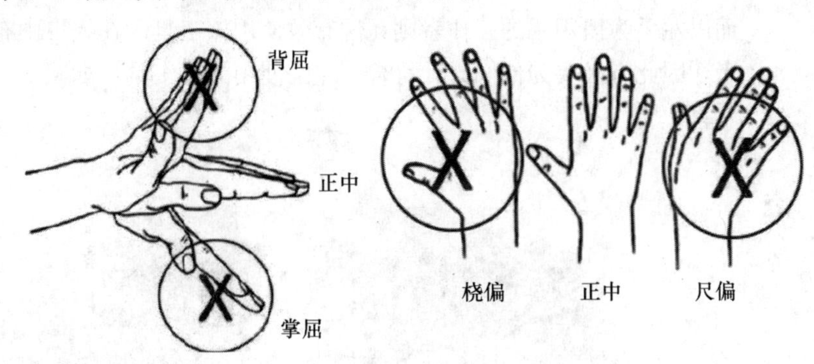

图8—7　不良的手部操作姿势

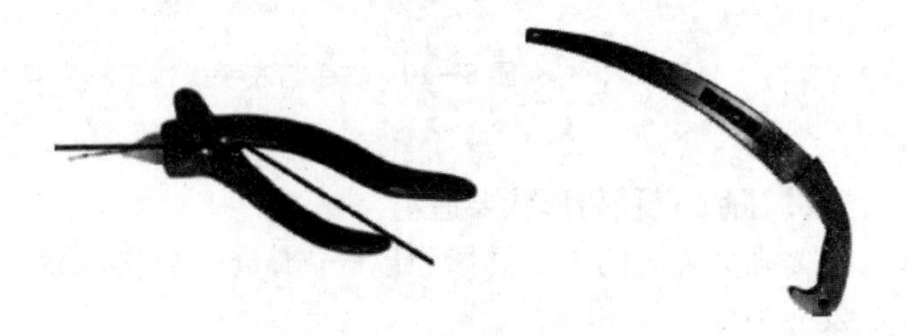

图8—8　弯曲握把手工具

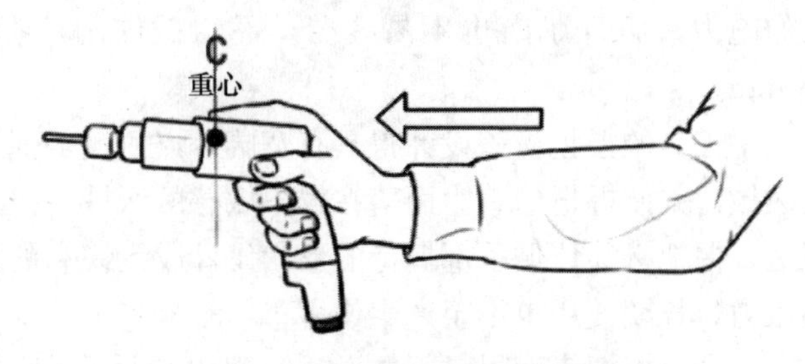

图8—9　正确操作手工具姿势

5. 手工具重量应保持在低水平

一般手工具应尽量不超过2.3kg，而重量在0.9～1.75kg之间，操作者感觉最适当。但如果是在高度重复的使用频率下，为了降低累积性伤害的发生风险，手工具应更轻，以使工作者能以单手来操作该工具。

对于一些需要使用力握的手工具（铁锤、锯子等）与动力手工具（如气动枪、电动起子），工具重量可能导致伤害，而对于手工精密的工具，通常体积与重量较小，因此重量会造成伤害的几率较低。

6. 使用特别用途的手工具

要针对工作选择或设计其手工具，不可以一般用途的手工具替代。

7. 为左手惯用者设计手工具

一般人的惯用手均为右手，因此很多手工具的设计符合右手惯用者的需要，而以左手为惯用手的工作者则无法有效使用该工具。在人口中有10%的左手惯用者，因此有必要为他们设计符合其左手使用的手工具，如图8—10所示。

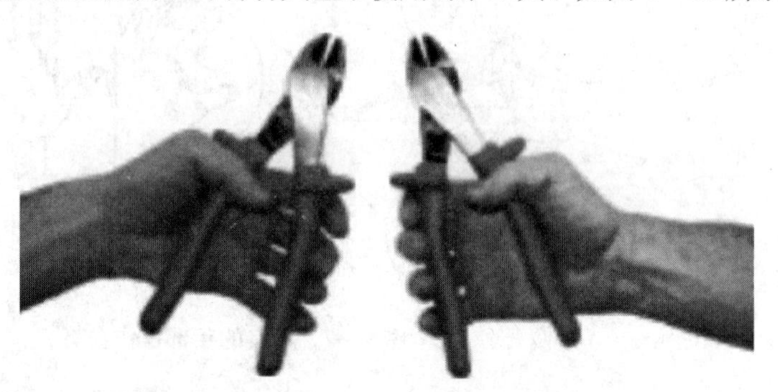

图8—10　右手与左手操作工具姿势

8. 握把直径与形状要适当

需强力施力的手工具握径以3～4.5cm为佳，而精细操作时握径以0.5～1.2cm为佳。

圆柱握把直径为3.8～5.1cm时，所需的肌肉活动量最小，不但会有比较大的施力，而且肌肉也不易疲劳。平均最佳圆柱形握把抓握的直径大约为38 mm。

手工具的握把应该设计得具有宽阔一点的接触面，以便将压力分布到较大的区域，并使握把的着力面落在较不敏感的区域，以避免对接触面的压迫造成不适。握把必须依循手部握持的形状设计成无锐利的边角，使用时会较为舒适没压力，长期使用也不至产生伤害。

另外，握把表面尽量不要设计凹槽，太大或太小的凹槽都会造成手掌压力峰值的增加，因而导致对神经与血液循环的压迫伤害。同样，为防止手滑动的凹槽设计同时也会压迫手掌，且人的手指大小不一，无法适用于每一个人。所以，应避免类似凹槽或是圆凹槽的设计。

对建议的参数值，需注意我国与外国手部的人体测量值的差异，应根据我国手部的测量数据予以修正。

9. 握把长度不应小于 10 cm

握把长度以不影响手工具的操作为原则，同时应避免过度的压迫力或受力于手掌最脆弱的掌心处。一般华人使用者约有 95%的手掌宽度小于 10cm，因此握把长度的下限值为 10cm，相关研究认为理想的握把长度应界于 11.5～12cm 之间。因此 10cm 被普遍认为是最小的握把长度，而 12.5cm 则会比较舒适，建议握把长度为 10～12.5cm（见图 8—11 和图 8—12）。

图 8—11　适当与不适当的握把长度

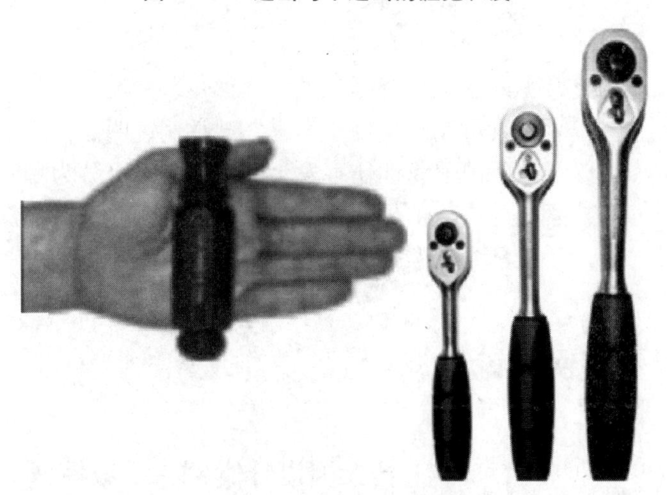

图 8—12　手部测量尺寸与不同握把长度

10. 握把开口大小要合宜

手工具握把的开口（如钳子的握把）建议最大距离应在 5～6.7cm 之间。同时要考虑到个人手掌大小的差异（见图 8—13）。

11. 动力工具应使用较大的扳机

由于在高频率重复使用食指来操作动力工具时，容易导致“扳机指”，因

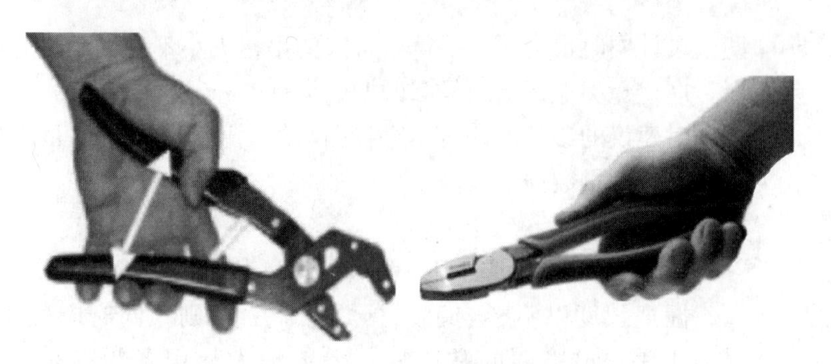

图 8—13 手部测量尺寸与握把开口尺寸

此扳机至少要长 5.1cm，才能让 2～3 个手指参与施力。

除了需要遵守上述的设计准则之外，手工具设计还应避免下列情形发生：

- 手臂与肩部产生静态负荷；
- 不适当的手部操作姿势，尤其是桡偏、尺偏现象；
- 手掌与手指过度施力或连续施力情形；
- 使用电动手工具暴露在震动与冷空气中；
- 需伸手握持把手或需施力握持把手。

□ 讨论题

1. 常见的手工具有哪几类？
2. 手工具可能产生哪些伤害？试举例说明。
3. 导致手部累积性伤害发生的主要因素可分为哪三类？
4. 手的部位与工具的几何交互作用有哪些？试举例说明。
5. 手工具设计准则有哪些？举例说明。

□ 案例讨论

手工具人因设计案例——以螺丝刀为例

在现代生活中，螺丝刀扮演相当重要的角色，因此螺丝刀的出现与发展也成了手工具发展的重要里程碑。螺丝刀最早被使用是在 15 世纪，不过当时螺丝是手工制造，因此价格相当昂贵也不普遍，相对螺丝刀也就相当稀少，直到 19 世纪，有了制造螺丝的大量机械，螺丝的价格开始大幅下降，螺丝刀的生产数量开始逐渐增加。而在此期间，螺丝刀的设计不断地改变与进步，虽然造型上并没有大幅度明显的改变，但其功能却随着时间不断改变与精进，其中直柱型的螺丝刀仍然在市场上占绝大部分，如图 8—14 所示。

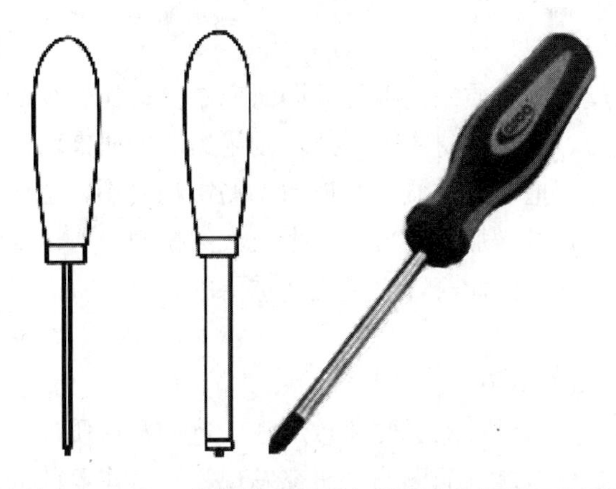

图 8—14　1867 年螺丝刀造型与常见市售螺丝刀造型图

螺丝刀的结构虽然很简单，由一支刀杆（blade）与握把（handle）结合而成，但若要制造出一支好的螺丝刀，则并非只是单纯地结合刀杆与握把，还需考虑到螺丝刀的特征及操作情境的特性。影响螺丝刀的因素如下：

1. 尺寸

螺丝刀的尺寸大小（包含直径与长度）一直以来都是探讨的重点，尤其是直径。研究发现，握把直径以 38mm 较佳。直径 38mm 和 41mm，长度 110mm 的握把，有较佳的扭力表现。研究还发现，直径在 25.4～63.5mm 的握把中，直径越大，扭力越大，握把直径超过 33mm，长度介于 113～122mm 之间，似乎就有较大的扭力。建议圆柱形握把的长度为 100mm，可使手与握把的接触区最大，产生最佳的手指力量。

2. 造型

螺丝刀的造型可分为横切面与纵切面两种，而造型一直以来也都是研究的焦点。研究认为握把的扭力为：凸边（Knurled）圆柱握把＞平滑圆柱握把，并认为在扭转操作中，若要产生较高的扭力值，握把表面的设计（增加摩擦力）比握把造型更重要。而枪形握把可减少腕部桡尺偏的情形，并可施展大的扭力（见图 8—15）。

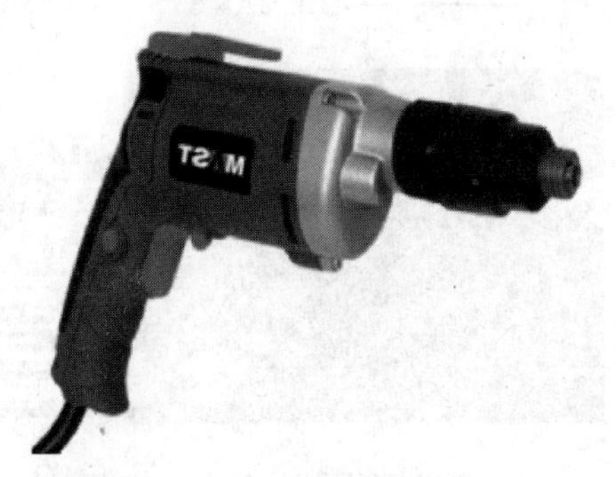

图 8—15　枪形握把螺丝刀造型图

3. 材质

螺丝刀的材质一向都是人因研究中探讨比较少的项目。研究发现造型相似的螺丝刀，若表面材质较平滑，则施力时的肌肉活动度较高，且认为握把造型的影响比握把表面材质（摩擦力）的影响要小，也认为握把外层覆盖橡胶材质的螺丝刀，可增加摩擦力，产生较大的扭力。所以我们可以了解到材质的选择对螺丝刀的设计而言，也是相当重要的。

4. 操作情境

螺丝刀的设计除了要注意尺寸、造型及材质外，还需要注意到不同操作情境对于螺丝刀使用的影响。研究发现，垂直作业面的扭力大于水平作业面，还发现垂直方向使用螺丝刀所产生的扭力会大于水平方向，而作业高度低于肘高127～254mm时有较好的绩效。

使用螺丝刀时，左右手的内转扭力皆大于其外转扭力，左手的内转扭力甚至也大于惯用右手者的右手外转扭力。研究发现，在油脂的环境中明显比在无油脂环境中使用握把的扭力小。研究发现，十字头的螺丝刀有较佳的转动绩效。研究认为，刀杆长度在各方面皆无显著影响，因此在设计时不需特别考虑刀杆长度。

在过去关于手工具的人因工程设计概念中，多数以前述与手工具相关的手部生理机能以及相关手工具设计原则为主，主要还是以理论性的建议与准则作为设计的依据，所设计出来的人因设计手工具在实务操作时往往不符合使用者的真正需求，然而，随着生活模式以及手工具作业的改变与多元发展，手工具所扮演的角色也更加多元化，真正了解用户的需求和任务，考虑并设想到用户在不同环境进行手工具的设计与使用，是未来手工具人因设计的趋势（见图8—16）。本章节最后提出借由更宏观地了解使用者在完成不同工作任务时操作手工具的现象与问题，进而深入了解手工具真正的问题与设计需求，最后再将手工具人因设计准则与建议结合于手工具设计中，让设计的手工具能够真正满足使用者的实际需求，而非只是带入人因概念与准则所设计的手工具。图8—17所示的即为Kreifeldt[1]教授所提出的user-tool-task人因设计模式，可供手工具设计参考之用。

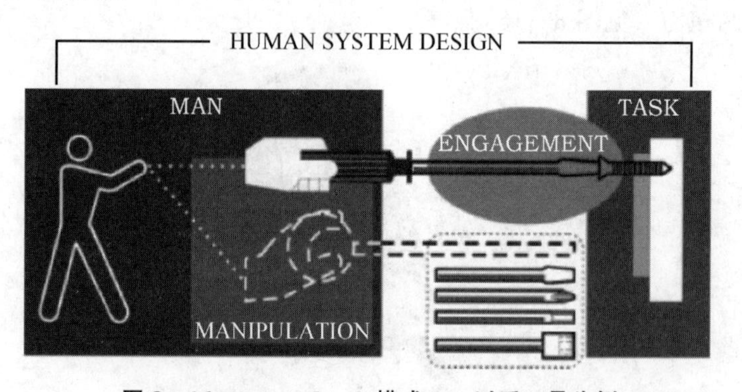

图8—16 user-tool-task模式——以手工具为例

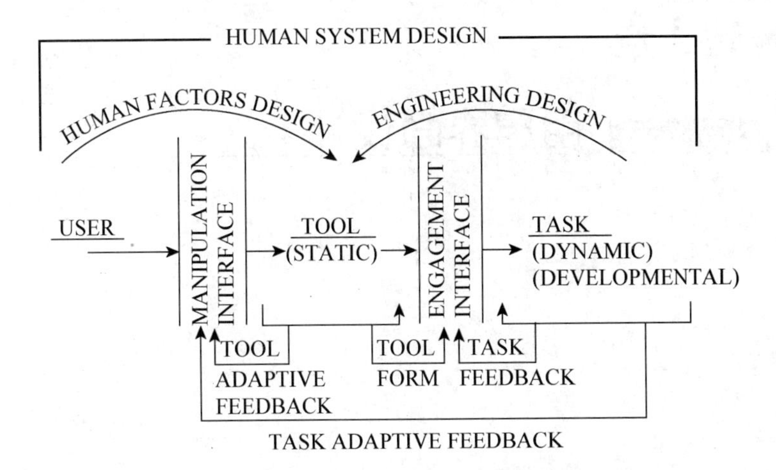

图8—17　user-tool-task 人因设计模式

□注　释

［1］J. G. Kreifeldt and P. H. Hill，Toward a Theory of Man-Tool System Design Applications to the Consumer Product Area，in *Proceedings of the Human Factors and Ergonomics Society Annual Meeting*，SAGE Publications，1974.

第9章 Chapter 9 用户界面设计

导　言

用户界面设计（user interface design，UID）已经被公认为跨越许多学科领域的专业，它包含心理学/认知科学、社会科学、人因工程学、计算机/信息科学、工业设计、产品设计等研究与设计活动。本章则针对用户界面设计的概念与准则进行说明。

计算机发展至今，你会发现很多消费性电子产品，如数码相机、智能型手机、平板计算机、打印机以及在日常生活中会接触到的自动取款机（ATM）、自助加油机、铁路购票系统（机），甚至通过因特网完成交易行为的电子商务，都是用户通过界面与硬件装置（系统）进行沟通产生的互动。

系统的设计者往往专注于硬件的设计、改进或软件的撰写，却忽略了一般界面设计原则，造成用户在系统处理时发生一些不愉快的情况。可喜的是，系统设计开发者已逐渐认识到好的界面设计对用户的帮助。因此，系统设计师开始重视与讨论用户界面的可用性（usability）问题。

用户界面设计指的是如何设计安全、有效、容易操作以及能让用户愉悦使用的计算机系统，其中，“界面”是“用户/操作者”与“硬件装置”之间的沟通媒介。大多数用户都希望所操作的系统是易学好操作的，换句话说，就是友善的系统。因此，系统是否具有友善性，往往是由用户来定义的，因而衍生出“用户导向”的设计准则。若系统在概念构想开发阶段时，能够将“用户”纳入考虑，则用户的操作表现就会更快、更有效率，进而让用户产生愉悦感。

一、谈谈心智模式

Norman提出的心智模式是界面设计的一个重要观念，亦称为“概念模式”，它可区分为三类：设计模式（design model）、用户模式（user model）以及系统印象（system image），如图9—1所示。人们对一件东西所产生的心理模式大多来源于对该对象功能和“可见的构造（外观）”的感知。这可见的构造就称为“系统印象”，假如系统印象不能将设计模式表现得清楚一致，那么用户将会得到一个错误的心智模式。因此，当系统印象错乱或不当时，用户就很难使用该产品。设计模式是设计者心中对产品的概念，用户模式则是用户心中对产品的操作方法。理想的状况是设计模式与用户模式一致，但通常用户是经由系统印象得到该系统的所有相关知识，因此，设计者提供的系统印象就格外重要了。

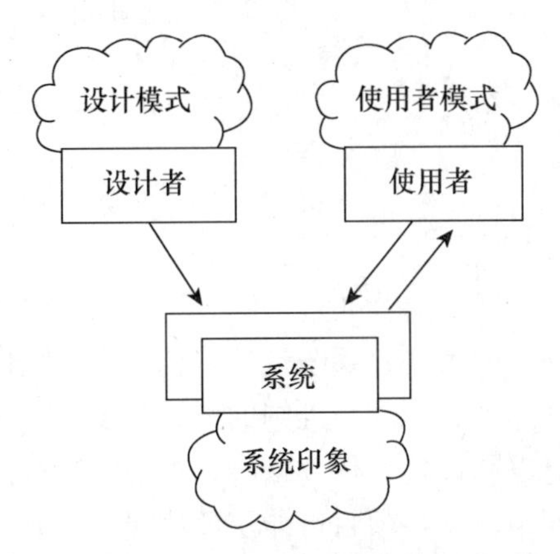

图9—1　设计模式、用户模式以及系统印象三者关系图

用户模式决定对系统的了解，设计者根据设计模式设计一套能用、能学、能操作的系统。设计者在设计之初，必须确信他所设计的系统能显示出适宜的系统印象，如此用户才能获得适宜的用户模式，进而将用户的意愿转换成行动，并对系统状态加以诠释。举一个攸关生命系统的案例，在2006年3月21日英国《每日电讯报》刊载了一则医生因为未受过操作分流机训练，无法确定是按蓝色按钮还是橘红色按钮，分流机才会重新启动，而冒险按下蓝色按钮，瞬间机器成了逆转状态（从婴儿身上吸血），造成婴儿在短时间内就离开了人世的消息。该信息告诉我们，该系统的设计者与用户之间的心理模式出现了落差。

二、以用户为中心设计的生命周期模式

以用户为中心的设计活动关系如图9—2所示，新项目在设计初期主要着重于用户需求的收集、分析以了解用户的能力等信息。主要的方法包括作业分析和需求分析。设计者利用所收集到的信息发展出系统的概念模式（conceptual model），其中包含决定用户与系统之间将采取什么样的对话方式，也就是决定系统的印象。

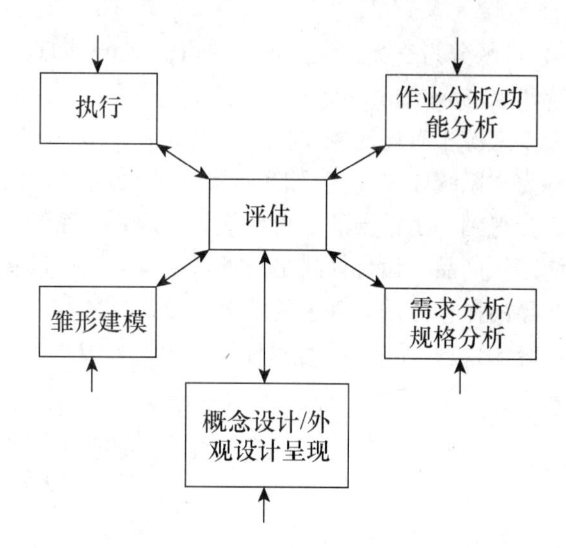

图 9—2　星形生命周期模式

资料来源：H. R. Hartson& D. Hix，“Human-computer interface development：Concepts and systems for its management，” *ACM Computing Surveys* （*CSUR*），1989，21（1）：5-92.

随着项目的发展，系统设计将会转为不同格式的规格与雏形建模。发展过程依循设计原理、标准与准则的引导与设计工具的支持，从图 9—2 可以发现，整体活动是以“评估”作为核心，无论何时有活动完成，对其成果都必须加以评估。实践中，某些项目可能从评估现况、分析现有工作活动开始，直到设计通过评估，确定产品具有可用性并兼顾商业目标为止。

三、用户界面设计过程与内容

界面设计的重点在于确保产品的可用性，通常是以“用户为中心”的思维进行设计，也就是说，在整个设计过程中都让用户参与。基本上，设计过程可分为下列四大基础活动：

- 辨别用户需求，并建立必要条件；
- 寻求数个满足必要条件的可行设计；
- 建立各种用户界面的雏形版本，以进行沟通测试与评估；
- 评估整个过程中的设计结果。

上述活动可反复进行，以获得适当的回馈信息，例如，必须进行修改的要点或者尚未满足的需求等。

让用户参与设计过程所采用的方式通常包括观察法、用户访谈、让用户操作测试或者请用户一起参与设计工作。上述这些方式形成各种获得用户知识的方法，并进一步应用于设计之中。

了解用户的目的是对用户产生较深入的认识，主要原因是不同的用户有不同的需求，产品设计需对其特点做设计考虑。因此在概念设计初期，就必须锁定“目标客户群”。当然，目标客户群范围越小，特性就越明显，也就越容易获得他们喜好的信息。所以，为了满足不同的用户类型及其需求，除上述四大基础设计活动外，设计过程还有三个重要特性：

- 用户须全程参与发展过程；
- 特定的可用性和用户经验目标应先行定义，清楚记录，并在设计开始之初取得共识；
- 四大基础活动不断反复交错进行是必要的。

任何计算机系统的用户只要操作时间够久，就必然会通过经验累积成为熟手。理想的情况是，系统界面的设计可符合初学者的需求，也可顺应经验丰富用户的需要。

四、可用性目标

界面设计师在设计一个互动界面时，首先需要了解主要用户的需求，此过程亦在确认主要“可用性”目标。界面“可用性”应具备下列目标。[1]

（一）有效性

有效性（effectiveness）是一个非常普通的目标，即产品或系统是否能做到它该完成的工作，取得所需要的信息。例如，用户是否能顺利地开启卫星导航系统（GPS）寻找路况信息。

（二）迅速性

迅速性（efficiency）即用户能快速且顺利地操作产品并完成任务。例如，用户在电子商务网站上进行购物，只要注册为会员，进行交易时，以会员身份登录网站系统，则无须再输入个人资料；又如打印机操作是否能以最少步骤在最短的时间内完成打印作业。

（三）安全性

安全性（safety）即保护用户远离危险状态和非预期的情况。例如，避免将“关闭”或“删除档案”的按键与“储存档案”的按键并列，以免因误触而产生错误。又如使用“复原”功能和“确认”的对话框选项，可向用户提供额外的机会确定其操作的正确性。安全的互动系统可以让用户产生自信，允许用户探索与尝试新的界面操作方式。

（四）功能性

功能性（utility）即是否能适时地提供正确的功能，以便用户完成他们需要或者想要完成的任务。例如，移动电话的主要功能为拨打电话，但设计师可提供其他相关功能以利于用户拨打电话，如快速拨号键的设定方式、常用电话号码的储存与搜寻方式以及来电显示的设定方式等，均可影响移动电话的功能性。

（五）易学性

易学性（learnability）即学习此产品或系统的难易程度。例如，设定数码相机的拍摄像素，用户希望能快速上手，设计师常运用界面隐喻（metaphor）来协助用户操作。若用户能在短时间内学会像素的调整，则此数码相机有关设定拍摄像素的易学性高。

（六）易记性

易记性（memoability）指用户在学习一项产品或系统后，可以多快速和多容易地回想起其操作方法，这项指标对偶尔才操作此产品或系统的用户尤为重要。依先前数码相机之例，用户在数周后欲重新设定该相机的拍摄像素，如果该用户能借由先前设定程序的记忆顺利完成设定，则此数码相机具有较高的拍摄像素设定的易记性。

五、用户体验目标

用户体验目标（user experience goal）是说明预期用户对所操作的产品或系统可能达成的体验目标，如用户对该产品或系统的美学观感，或任务操作完成后内心所产生的愉悦度。系统用户经验目标具有下列特性。[2]

（一）满意的（satisfying）

用户对产品或系统的整体造型、各项功能与互动形式是否感到满意？例如，用户对移动电话的造型、功能以及操作方式感到满意。

（二）愉快的（enjoyable）

用户在操作产品或系统时，其内心是否有愉快的感觉？例如，用户对在操作数字摄影机时感到愉快。

（三）有趣的（fun）

用户在操作产品或系统的过程是否感到有乐趣？例如，用户对使用移动电话拨号的方式与过程感到非常有乐趣。

（四）具娱乐性（entertaining）

产品或系统的互动形式是否具娱乐性，可让用户快乐地完成任务？例如，用户与 MP3 播放器的功能选单互动时，不同的选单互动形式均能让用户产生娱乐的经验。

（五）有帮助的（helpful）

用户在操作产品或系统时，此过程是否能帮助其在内心或知识上的成长？例如，用户在使用电子词典时，其搜寻方式是否有助于其操作另一不同形式的电子词典。

（六）具启发性（motivating）

用户在操作产品或系统时，此过程是否能启发其采用别的方式迅速完成任务？例如，用户在操作文字处理软件时，其互动经验是否能启发其操作另一不同形式的文字处理软件，从而迅速完成互动的任务？

（七）美学上具愉悦感（aesthetically pleasing）

产品或系统的外观造型在视觉上是否能让用户感到美观而愉悦？例如，用户对新一代智能型触控式移动电话的造型设计与互动形式在视觉上是否感到美观而有愉悦感。

（八）能激发创造力（supportive of creativity）

用户在操作产品或系统时，是否能激发其创造力的产生？例如，用户使用绘图软件时，绘图功能与互动形式是否能激发用户的创造力，进而设计出更佳的作品？

（九）有成就感（rewarding）

用户在操作产品或系统时，是否能感到在操作上或任务达成时的成就感？

例如，用户在设定 DVD 录放机的预约录像功能时，若此 DVD 录放机的预约录像功能操作方式非常简单，能让用户在最短的时间内达到节目设定的目标，则此用户会因自身能完成此项具有挑战性的任务而很有成就感。

（十）让人在情感上满足的（emotionally fulfilling）

用户拥有或操作产品或系统时，是否在情感上得到了满足？例如，现今的智能型移动电话设计常追寻时尚风格，其携带情形亦可能以随身的流行饰品方式出现，因此除能提供移动电话、行动上网的功能外，亦可扮演流行饰品的角色让用户在情感上得到满足。

六、界面设计的原则

本节汇整了三大界面设计的原则，包括 Shneiderman 教授的八大黄金定律；Norman 的设计原则；Nielsen 的十个“可用性”原则，供读者从不同的角度来思考。

（一）Shneiderman 教授的界面设计八大黄金定律

Shneiderman[3] 教授以启发方式介绍有关如何进行用户界面设计的八大黄金定律，分述如下：

1. 谨守一致性（strive for consistency）

如许多应用程序在微软 Windows 或麦金塔操作系统之屏幕左上角均设有“文件”（file）的目录选项，而常用的界面图像不论应用于何种产品都应保持一致，以方便用户操作。

2. 让经常操作的用户有快捷方式可用（enable frequent user shortcuts）

以文字处理软件包为例，用户可用 Ctrl＋P 进行打印、用 Ctrl＋C 进行复制，以节省操作时间。

3. 提供有意义的信息回馈（offer informative feedback）

如许多 ATM 的操作信息回馈常以错误代码（如“错误 404”）的方式告知用户操作上的错误，此类错误代码对用户来说并不容易理解，故宜用文字说明方式将信息回馈给用户，并提出更正建议。

4. 设计对话以明确动作结束（design dialogs to yield closure）

如当打印动作成功完成时，系统应清楚地向用户显示“打印完成”之类的提示语。

5. 提供预防错误以及处理简易失误的方法（offer error prevention and simple error handling）

产品或系统若能让用户不会产生错误最好，然而产生错误是不可避免的，此产品或系统应能容许失误的产生，并协助用户恢复至正常的作业方式。

6. 容许简易的复原动作（permit easy reversal of actions）

如微软 Windows 或麦金塔操作系统均提供复原（undo）的功能键。

7. 支持用户内心的主控感受（support internal locus of control）

为了让用户觉得较舒服且较有成就感，系统应尽量让用户感觉是自己而非产品或系统在控制彼此间的互动。

8. 减少短期记忆负担（reduce short-term memory load）

界面设计师应关注如何引导用户浏览（navigate）整个系统，而有关操作选单的阶层数，一般建议以不超过三层为佳，而每一层的选项数目可参考 Miller[4] 的 7±2 魔术数字，以不超过 5～9 个为佳。

（二）Norman 的设计原则

Norman[5] 强调最常见的设计原则包括下列数项：

1. 可视性（visibility）

指产品或系统的功能可很明确地呈现给用户了解，例如驾驶人应充分了解汽车的方向灯、大灯、喇叭及警示灯的位置，而开关附近的图示应明确指示驾驶人要如何操作，这些控制开关的使用法及其在车上摆放位置的关系应是相对应的，如此驾驶者可在驾驶时轻易实现这些功能。

2. 回馈（feedback）

计算机系统在执行某一功能时，需在屏幕上出现“沙漏”或“正在执行中”的回馈信息，如此用户才可知道此计算机系统正在运行中。另外，在互动设计上亦可应用各种不同种类的回馈，包括听觉、触觉、语言上、视觉以及上述的复合感觉等。例如触控式移动电话在拨号时，提供机身本体些许振动感的回馈信息。

3. 限制（constraints）

有限制性的界面设计可避免用户做不正确的操作，因而能降低犯错的几率。例如，某些地区使用ATM提款时，用户需先将提款卡取出后，钞票才会送出来，如此可避免用户因先行取款而忘记取回提款卡。

4. 对应关系（mapping）

此为关于控制与其产生效果之间的对应关系，例如，键盘上个别的上下指示箭头，可用来代表屏幕上光标的上下移动，而燃气灶的开关亦需对应灶头，如此用户才易操作。

5. 一致性（consistency）

一致性则指进行界面设计时，所有的操作皆应采用类似的设计元素，以完成类似的工作。例如，功能区中若含有许多相似的功能，其图像设计应采用类似的设计元素以供辨别。

6. 预示性（affordance）

预示性是指产品系统的属性能让用户知道如何使用它。简单来说，预示性就是给予提示之意。例如，鼠标上面的按键表示这是可以“按压”的，门把上部分暗示可以“拉”或“推”，咖啡杯的把手暗示可以“抓握”等。

（三）Nielsen的用户界面设计原则

Nielsen（2005）提出的十个“可用性”的原则如下：

1. 系统状态的可视性（visibility of system status）

让用户随时能够掌握产品或系统的最新信息，并在适当的时机提供给用户适当的回馈，即系统应该持续让用户知道现在的情况。

2. 系统与现实世界的对应性（match between system and the real world）

界面设计应采用用户的语言，也就是用户熟悉的词语、惯用语以及概念，而非产品或系统导向的语言。

3. 用户的控制与其自主性（user control and freedom）

界面的设计应提供清楚离开方式的标识，例如，借由使用“离开系统”的标识，让用户迅速离开一些异常状况，并支持恢复而且重做功能。

4. 一致性与标准化（consistency and standards）

界面设计应避免让用户面对不同的词汇、情境或动作，即要求有一致的设计标准。

5. 防错（error prevention）

界面设计应在第一时间就能预防错误的产生。最好是消除容易产生错误的情况或者能在用户犯错之前呈现正确选项。

6. 协助用户辨识、判别以及修复错误（help users recognize，diagnose，and recover from errors）

若有错误产生，此产品或系统应能简单地向用户描述问题的状况，并提供各种解决方案。例如，错误信息应该以叙述文字，而不是错误代码呈现，并且精确地指出问题所在，提出建设性的解决方案。

7. 辨识而非回忆（recognition rather than recall）

界面设计应提供给用户直接操控（direct manipulation）的操作模式，可直接利用屏幕上的信息进行处理动作，而无须记忆任何操作指令。

8. 使用的弹性与效率（flexibility and efficiency of use）

界面设计时应提供一些对新手而言可能较无用处，但对有经验的用户来说则可以协助快速执行任务的快捷工具栏。

9. 审美观与简化的设计（aesthetic and minimalist design）

界面设计时应避免提供不相关或不需要的信息。例如，对话框不应该包含无关紧要或很少用到的信息。对话框的每一个额外部分都会相对降低主要信息的显眼度。

10. 帮助与文件索引（help and documentation）

界面设计应提供容易检索且便于用户逐步学习的辅助信息。即使是最好的系统，也不能没有说明文件，而且这类信息应该很容易被找到，并着重于帮助用户的工作。

读者可自行依照上述界面设计原则，归纳出适宜的界面设计核查表（见表 9—1），作为产品界面设计的测量项目，以增强用户界面的可用性。

表 9—1　　用户界面设计可用性测量表范例

设计原则	非常同意	同意	无意见	不同意	非常不同意
1. 谨守一致性					
2. 让经常操作的用户有快捷方式可用					
3. 提供有意义的信息回馈					
4. 设计对话以明确动作结束					
…					

“科技始终来自于人性”，苹果推出的 iPad，iPhone 等多点触控的智能型

产品，在全世界掀起了大风潮，将它比喻成“用户界面”的革命也不为过！如此看来，尔后不论以何种形式开发产品，其用户界面若不能了解用户的需求，则将无法创造出极佳的用户体验，那样的产品终究要失败！

□ 讨论题

1. 什么是心智模型？分为哪三种？
2. 界面可用性的六个目标是什么？
3. 好的界面用户体验有哪些目标？
4. Shneiderman 教授的界面设计八大黄金定律是什么？
5. Norman 的六大设计原则是什么？

□ 案例讨论

智能家居人机交互绩效的实验分析

智能家居是未来家居的出路，拥有巨大市场潜力。它可以给居住者提供舒适、安全、便捷的生活环境。随着电子科技和计算机技术的发展，智能家居的智能程度不断提高，能够自动完成许多任务，大大降低了居住者管理和控制房屋的工作量。然而，作为一个重要因素，智能程度（说明见表 9—2）对交互有着深层次的影响，但智能程度是否越高越好？本案例基于 PC 的智能家居界面原型，研究界面智能程度对用户完成不同认知模式任务的绩效的影响。

表 9—2 界面智能程度说明

衡量标准	界面智能程度		
	低	中	高
操控方式	直接操控	软件代理（任务）	软件代理（任务）
反馈信息来源	单个设备	任务中的单个操作	任务
自动化程度		半自动	全自动
自我决策权		无	有

为了减少参与者在教育水平、电脑使用技能等方面的差异对实验结果的影响，案例研究的 36 名参与者都是工科高年级男性本科生，年龄为 19～23 岁，平均 21.0 岁，方差 0.91 岁。实验采用 3 ×3 的组内组间混合设计。其中界面智能程度为组间因素，包含 3 个水平，即低等智能程度、中等智能程度和高等智能程度。任务认知类型为组内因素，根据 Rasmussen [6] 的 SRK 模型分为三

个水平：技能型任务（skill based task）、规则型任务（rule based task）和知识型任务（knowledge based task）。技能型任务包括一些在生活中会经常重复的简单任务，比如开窗、开电视机等。规则型任务是一些需要用户有意识地思考、根据一些规则才能完成的任务。例如，“你需要在书房学习，如果书房的灯光太亮（亮度 ＞ 7）则不适合阅读，请将灯光调至适合阅读的亮度（5～7）”。执行该任务时，用户首先需要根据“亮度＞7 不适合阅读”的规则判断当前亮度是否需要调整。如需调整，再按照“亮度 5～7 适合阅读”的规则进行调整。知识型任务则是在家中出现用户不熟悉的情况时，需要仔细思考反复推敲才能完成的复杂任务。实验中使用的知识型任务为用户假设了一个场景：“用户正在上班，从广播中得知住宅所在的小区最近发生了多起入室盗窃案件，罪犯作案的特点是天黑之后选择家中无人的住宅盗窃。用户下班的时间是18：00，到家一般是 19：00，但是目前天黑的时间大约是 18：30”。基于此场景，要求用户远程操作智能家居，利用灯光和声音制造出家中有人的假象来迷惑窃贼。这样的任务没有明确的操作指令，需要用户结合实际情况经过思考完成操作。

实验使用一台惠普 PC，中央处理器主频 1.66GHz，512M 内存，17inch 触摸屏。三种用户界面原型使用 VB 和 Flash 开发。通过显示器和音响提供用户视觉和听觉的反馈来模拟真实的交互过程。实验中采用触摸屏作为交互设备，并禁用鼠标和键盘。实验中记录用户完成任务的执行时间、错误次数和满意度。任务的执行时间指完成一组任务所需的总时间，由计算机自动记录，精确到 1s，三组任务所需的时间分别记录。错误次数指完成每组任务时错误操作的次数，由实验指导者在实验参与者完成任务时观察记录。实验结束，通过调查问卷评测满意度。

实验结果显示，如果智能家居界面智能程度符合所要完成任务的认知模式，用户将表现出更好的绩效。低等智能程度的界面匹配技能型任务的认知模式（更少的执行时间和更少的错误次数），中等智能程度的界面匹配知识型任务的认知模式（更少的错误次数），高等智能程度的界面匹配规则型任务的认知模式（更少的错误次数）。技能型任务是人们最熟悉的任务，在执行这种任务时人们不需要进行有意识的思考，表现出很高的熟练程度。在低等智能程度界面中，设备信息表述的方式和现实世界一一对应并能提供迅速的反馈，不需要用户进行进一步的信息转换或处理。当执行规则型任务时，用户首先识别外界的信息，然后根据这些信息在长时记忆中提取可以匹配的规则，最后根据规则做出相应的反馈。高等智能程度界面中有一些预先定义的任务，这些任务在某种程度上类似于用户保存在长时记忆中的规则，用户根据外界信息选择匹配的任务类似于提取规则的过程。一旦选定某个任务，系统自动替代用户完成所有的操作，不再让用户提供更多的反馈。当执行知识型任务时，用户首先识别和解释外界的信息，然后进行彻底的分析，系统地比较各种可能，最后才做出决策并执行。与技能型、规则型任务相比，知识型任务对用户认知的需求最高，如果用户具有特定经验则绩效会提高。中等智能程度界面可以为用户提供类似于特定经验的预定义任务，有助于降低完成任务的认知需求。Rasmussen认为，界面以抽象的方式表述工作域中的信息有助于完成知识型任务，中等智能程度界面以任务的方式抽象地表述了智能家居的信息，因此有助于完成知识型任务。

·案例中的实验结果并不否认由智能程度水平带来的限制，更高智能的家居必将给人们的生活带来更多的便利。

资料来源：张斌、饶培伦：《智能家居人机交互绩效的实验分析——界面智能程度及任务认知模式的影响》，载《工业工程与管理》，2007 (3)，99～103 页。

□注 释

［1］J. Preece，Y. Rogers，and H. Sharp，*Interaction design*：*Beyond human-computer interaction*，NY：John Wiley & Son，2002.

［2］同注释［1］。

［3］S. Ben，*Designing the user interface*：*Strategies for effective human-computer interaction*，Pearson Education India，2003.

［4］G. A. Miller，The magical number seven，plus or minus two：Some limits on our capacity for processing information，*Psychological review*，1956，63 (2)，p. 81.

［5］D. A. Norman，Categorization of action slips，*Psychological Review*，1989，88 (1)，p. 1.

［6］J. Rasmussen，Skills，rules，and knowledge；signals，signs，and symbols，and other distinctions in human performance models，*IEEE Transactions on Systems*，*Man and Cybernetics*，1983 (3)：257-266.

第 10 章
Chapter 10 控制器设计

导 言

从人因角度系统地研究控制器开始于半个多世纪之前，早期较集中于研究由人的手部或者脚部触发的控制器的信息编码以及设计的标准化。伴随着技术日新月异的发展，控制器的范围越来越广，出现了很多新型的控制方式。在设计这些新型的控制方式时，往往需要跨学科领域的合作研究。对于设计师来讲，无疑是一个较大的挑战。

简单地讲，控制器是传递人的控制信息的工具，是将人通过显示器获得信息后的大脑分析决策结果传递给系统，使之执行控制操作的设备。因此，控制器涉及信息加工模型中的知觉、思维、决策以及信息输出系统。这就要求在设计时必须考虑人的生理、心理等方面的特征。

一、类 别

依据传递的信息是离散型的还是连续型的，可把控制器分为离散型控制器和连续型控制器。离散型控制器只允许在有限域内做出一个选择，用户无法精确表达自己的需求。例如，电灯开关的“开”或“关”两种状态，电风扇的风力大小 1—2—3 档的选择，电饭煲的“精煮”—“快煮”—“稀饭”—“粥”—“汤”—“蒸煮”—“保温”功能选择等。当控制的状态数量少于 25～30 时，离散型控制器比较适用。连续型控制器所传递的信号是连续信号，适合控制状态数量较多或者需要进行精细调控的情况。比如，MP3 音量大小调节，热水器中水温的设置等。

依据活动部分所允许的运动方式的多寡，控制器可以区分为单自由度控制器和多自由度控制器。单自由度控制器只能在一维内控制，如马桶冲水按钮的“上”和“下”。多自由度控制器则可以实现多维控制，为向量输出。如热水器按钮，既可通过“上”和“下”来控制开关，又可通过“左”和“右”来控制水温。选择采用单自由度控制器还是多自由度控制器，需要根据具体要解决的实际问题而定。

依据个体操控时采用的身体部位和交互方式不同，控制器可分为手控（见图10—1）和脚控。在设计时，应该根据不同部位的优缺点和生理特点进行有针对性的设计。手动作灵巧，适合从事精确且细致的控制工作，如键盘输入。脚灵活性相对较差，但力量较大，适合从事控制动作简单但控制力量较大的控制工作。另外，手部与脚部相比，更适合多自由度控制。

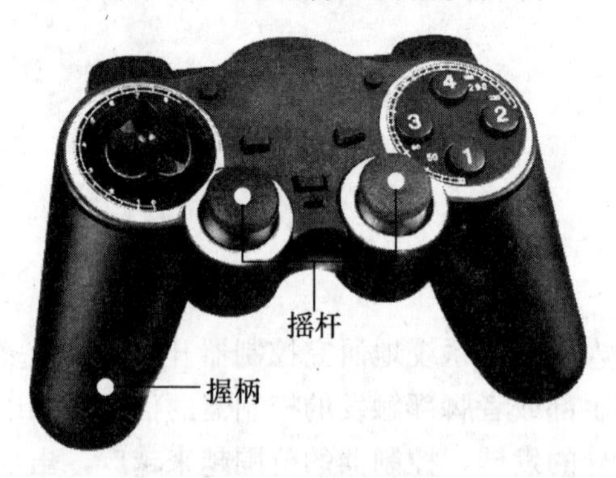

图 10—1　游戏手控

依据操纵方向的不同，可以将控制器分为直线型和旋转型。一般而言，离散信号较适合直线型控制器，连续性信号较适合旋转型控制器。

依据在受力情况下的表现，控制器可分为自由移动型和固定不动型。自由移动型如鼠标，鼠标可以随着人的作用力在二维平面上自由滑动，控制信号则通过感知其运动而实现。固定不动型控制器如位于键盘中部的鼠标杆，鼠标杆不会改变位置，需要通过感知人施加于其上的作用力达到控制指针的目的。

当然，随着技术日新月异的发展，出现了很多新的控制方式，如眼控、声控、姿势控制、远程遥控等。这些内容将在新的控制技术中详细介绍。

二、设计原则

控制器尽管种类繁多，但却具有许多相似的特征，如外形、材质、尺寸、运动特性、操纵方向、操纵阻力等。又如控制器的形状，必须符合多数用户的预期或期望以及操作经验等。接下来一一介绍。

（一）控制器与操纵方向的适配性

个体往往会希望事物朝着一定的方向运转，这就是习惯模式。如 Warrick’s 准则认为，个体通常会移动控制器以使最靠近显示器的部分能够按照个体试图移动显示器指针的方向运动。[1]研究者陆续建立了不同文化背景下控制器一般运动所预期的结果列表。[2][3]刘又升在其译著《人体工学：容易与有效设计法》中根据中国的习俗加以改进，给出了表 10—1。

表 10—1　　控制器与操纵方向的适配性

	控制器的操纵方向											
效果	向上	向右	向前	顺时针方向	压下挤压*	向下	向左	向尾部	向后	逆时针方向	拉**	推**
开	1	1	1	1	2	—	—	—	—	—	1	—
关	—	—	—	—	—	1	2	2	—	1	—	2
向右	—	1	—	2	—	—	—	—	—	—	—	—
向左	—	—	—	—	—	—	1	—	2	—	—	—
向上	1	—	—	—	—	—	—	2	—	—	—	—
向下	—	—	2	—	—	1	—	—	—	—	—	—
后退	2	—	—	—	—	—	—	1	—	—	2	—
延伸	—	—	1	—	—	2	—	—	—	—	—	2
增加	2	2	1	2	—	—	—	—	—	—	—	—
减少	—	—	—	—	—	2	2	1	—	2	—	—
开阀	—	—	—	—	—	—	—	—	—	1	—	—
关阀	—	—	—	1	—	—	—	—	—	—	—	—

注：1=最佳，2=不佳；*使用扣扳机式控制器，**使用推拉式控制器。

（二）控制器的编码

控制器的编码主要包括颜色、形状、大小、质地、位置、标识以及操作方式等。每种编码方式都有相应的使用条件和优缺点，需要组合搭配使用，以扬长避短，发挥最大效用。那么，如何选择特定形式的编码呢？具体来讲，需要考虑任务要求、控制器的速度和准确度、控制器的数量、环境条件、可利用的控制板空间、特定编码在其他系统中的使用程序以及优缺点等。

形状编码适用于需要快速识别以减少潜在差错、亮度不够、视觉受阻或者视觉不足以应对的情况。经过研究人员的不懈努力，已经形成了形状编码的标准手册，在该手册中标准化的形状能保证个体通过触觉很快区分开来（见图10—2）。

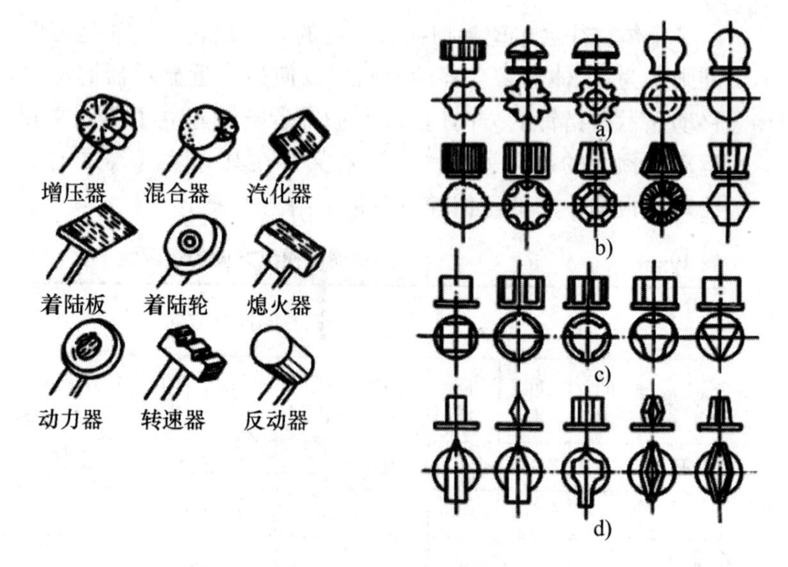

图 10—2　形状编码示例

颜色编码较为常见，使用颜色编码需要注意采用的颜色应符合常识，并且需要一定的照明条件以及控制器的清洁。颜色编码特别适用于视觉搜索作业。当选择颜色时，需要挑选标准意义上的表面色。颜色编码的数目需要满足个体的绝对辨认能力。

尺寸编码一般通过大小来区分不同的控制器，通常情况下会与形状编码搭配使用。对于触觉感受来讲，尺寸编码不如形状编码有效。当两个控制器的形状相似时，20%左右的尺寸差别才能保证个体能够有效地加以区分。超过2～3种不同大小的控制器同时存在时，个体无法做到绝对辨认。

质地编码需要敏锐的触觉，一般应用于手控控制器。目前较常用的质地编码设计是材料和纹路。纹路相对于材料来讲，需要较大的差别方有效。质地编码在某些环境下，如寒冷、戴手套或者水下作业中无法使用。

位置编码适用于特定部位需要在不同的控制器中来回转换的情况以及视觉无法追踪到的环境。设计好不同控制器之间的位置间距对于这种编码来说至关重要。通过研究发现，设计者可以将垂直方向6.3cm，水平方向10.2cm作为控制器的设计间隔阈限。

标识编码既可采用文字，也可采用图形符号。设计时统一、通用的要求很高，具体来讲需要满足以下原则：(1) 标识的位置统一规划；(2) 标识的内容简单明了；(3) 一般与颜色编码搭配使用，但将颜色作为辅助方式；(4) 尽量避免采用抽象符号作为标识；(5) 避免滥用。

（三）控制器的操纵阻力

所有控制器都需要施加一定的力才能移动，最基本的要求是有超过 150kPa 的皮肤压。相关学者通过研究总结了一些有关控制器操纵阻力的设计要求[4][5]，具体为：

- 控制器的移动距离应尽可能短，并符合精度和控制感觉的要求。
- 为使操纵者清楚地发现和识别故障，应提供控制器启动的正面指示。
- 控制器的表面应能防止滑动。
- 当控制器需要精确持久的姿势时，往往需要有对胳膊和脚部的支撑，以避免静态负荷。
- 控制器需要有足够的阻力，以防止手或脚的重量引起意外启动。启动持续时间短或者不经常启动控制器的用力需大于启动频发或持续时间长的用力。
- 当坐姿操纵者需要付出大于 22N 的力去操纵单手控制器时，需要提供靠背等类似支撑。
- 当身体前后移动 38cm 以外，双手用力超过 135N 时，工作场所需要能够保证操纵者能自由移动躯干及全身。
- 电动辅助装置操纵者启动控制器时，需提供一个人工阻力。
- 控制器的设计应该具有通用性，适合所有人，包括力量较弱的操纵者。
- 对于那些不频繁使用的控制器，如液体控制阀，应尽可能将阀门安置在距离地面 50～100cm 的高度。

三、传统控制器的设计

控制器之间或许因应用不同而存在很大差异，但总体效能在很大程度上会受相同因素影响。这些因素主要有识别的难易程度、尺寸大控制反应比、阻尼、滞后以及位置。传统控制器有以下几种，它们各自的特点如表10—2（离散控制）和表 10—3（连续控制）所示。

表 10—2　　**离散调节的传统控制器特征**

特征	旋转选择器开关	指轮	手推按钮	脚推按钮	拨动开关
图片					

续前表

特征	旋转选择器开关	指轮	手推按钮	脚推按钮	拨动开关
能够产生大的压力	—	—	—	—	—
完成调节耗时	中速到快速	—	非常快	快	非常快
推荐控制位置	3～24	3～24	2	2	2～3
控制器放置和操作的空间	中	小	小	大	小
意外激活的可能性	低	低	中	高	中
控制器运动的合适极限	270°	—	3mm×30mm	13mm×100mm	120°
编码的效力	好	差	一般到好	差	一般
视觉辨识控制器位置的有效性	一般到好	好	差*	差	一般到好
非视觉辨识控制器位置的效力	一般到好	差	一般	差	好
检查阅读以决定控制器位置的效力	好	好	差*	差	好
在同一序列中同时操作	差	好	好	差	好
控制器与类控制器的效力					
作为组合控制器一部分的效力	一般	一般	好	差	好

* 例外：当控制器是背光的，并且当控制器激活时光亮。

表 10—3　　连续调节的传统控制器特征

特征	旋钮	指轮	手轮	曲柄	踏板	控制杆
图片						
能够产生大的压力	不能	不能	能	能	能	能
完成调节耗时	—	—	—	—	—	—
推荐控制位置	—	—	—	—	—	—
控制器放置和操作的空间	小到中	小	大	中到大	大	中到大

续前表

特征	旋钮	指轮	手轮	曲柄	踏板	控制杆
意外激活的可能性	中	高	高	中	中	高
控制器运动的合适极限	无限制	180°	±60°	无限制	小*	±45°
编码的效力	好	差	一般	一般	差	好
视觉辨识控制器位置的有效性	一般*** 到好	差	差到一般	差**	差	一般到好
非视觉辨识控制器位置的效力	差到好	差	差到一般	差**	差到一般	差到一般
检查阅读决定控制器位置的效力	好***	差	差	差**	差	好
在同一序列中同时操作控制器与类控制器的效力	差	好	差	差	差	好
作为组合控制器一部分的效力	好****	好	好	差	差	好

*：对于无限制范围的旋转例外。
**：假设控制器旋转超过一圈。
***：只在控制器旋转少于一圈时适用。圆形旋钮必须有一个附加的指示器。
****：主要是在与其他旋钮围绕同一轴集中安装时有效。

适合家电使用的薄膜按钮、气泡按钮、轻触按钮等，均为手推按钮的不同表现形式，这些按钮的触觉反馈具有所需压力小、反馈小、所需空间小等优点。手推按钮的不同形式有各自的独特性，在带来成本降低、空间占用减少的同时，也带来了一定的可用性问题。

四、人机交互中控制器的设计

当前，似乎没有计算机，我们的生活就会变得平淡无奇。计算机的控制器主要包括键盘、鼠标、轨迹球、接触垫、绘图板、操纵杆以及声音等几种输入设备。

键盘汇集了多种控制器，设计的目的是为用户提供高效的信息输入设备。键盘设计包含物理层和含义层，物理层需要考虑键位形状、大小、反馈阻力、标识、键的间距等内容，含义层则需要考虑键位分布、分类组合、键的多重含义等内容。衡量键盘设计的好坏可以从输入速度、准确率以及易学性、舒适度等角度出发。目前较为流行的键盘为 QWERT 键盘和德沃克若键盘。研究表明，德沃克若键盘的输入速度比 QWERT 键盘快 5%～10%，手部疲劳程度也较低。虽然 QWERT 键盘的效率并非最佳，但作为标准格式其应用范围相对更广泛一些。

然而，好的键盘设计不应该只考虑键面的排版问题，还应该符合以下要求：(1) 能快速执行某项功能。(2) 防止键盘底座在桌子上滑动。(3) 键盘需尽可能薄，中间一排处厚度应不超过30～35mm。（4）键盘应该可调，当以站立姿势操作时，键盘可以保持水平。前部应该有30°的调节角度，后部应该有0°～15°的倾角。（5）键面如果能稍微呈现凹陷状，则会有利于手指操作。（6）击键时需要有触觉、听觉或听觉反馈。按下键时需要有快速产生力的触觉反馈。（7）键列可以有阶梯式、倾斜式或蝶式等排列形式，需保证前臂和腕关节的自然姿势。（8）键的反应时间应该足够长，最好在0.08～2s之间。（9）键面的字符需要清晰标识，字符高度最小为25mm，最低对比度为1∶3。人因工程师在上述问题上做了更多的努力，人体工效学键盘就是一个典型的例子。人因工程师充分考虑了人们使用键盘时的最佳身体姿态、舒适度等内容，保证在长时间工作的情况下，不会引起明显的手酸以及其他不适感等。如图10—3所示，一般的人体工效学键盘都会考虑手的自然姿势，也就是和手臂保持一致的角度，所以在设计时，倾向于将键盘界面按照手打字的习惯进行有效的切分，在保证输入流畅性的同时，兼顾手的姿势。

图10—3 人体工效学键盘示例

鼠标可以用于点击、移动光标和拖动等操作，不适用于其他较为复杂的任务。当前使用较多的鼠标有机械式和无线两种。机械式鼠标存在一些不足，如需要在目视下操作，当机械滚球较脏时会增加使用负荷，占用一定的空间和平面，从而造成鼠标和键盘、电脑之间的布局问题等。有关鼠标的设计标准相对较少，ISO 9241－9（2000）指出：（1）按钮激活时按钮的用力应该在0.5～1.5N之间；（2）按钮的移动幅度应该大于0.5mm；（3）为了使按钮能持续按压，需提供硬件或软件锁。而对于鼠标的设计，人因工程也给出了自己的想法。在使用一般鼠标的时候，手都是下翻状态，容易出现如图10—4所示的鼠标手的病症，对手的损伤较大。所以人因工程师尝试设计新型的鼠标（如图10—5所示），同人体工效学键盘一样，尽量考虑手在使用过程中的自然姿势，减少鼠标手的发病率。

轨迹球具备灵活、舒适、可直接得到反馈以及固定空间小等特点，但不适用于复杂的任务，如制图。对于轨迹球的设计，现已有国际标准（ISO 9241-9），具体为：滚动力的范围应该为0.2～1.5N；启动阻力的范围在0.2～0.4N之间；主要轨迹球的范围应在50～150mm之间，接触弧度应该在100°～140°之间。

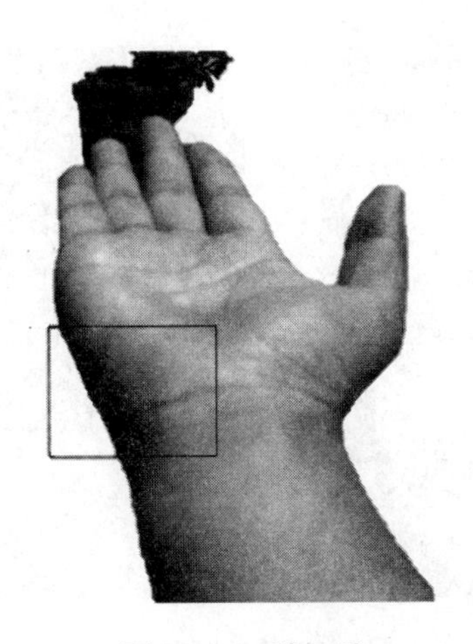

图 10—4　鼠标手

图 10—5　工效学鼠标

绘图板的大小一般会随着键盘或者电脑桌的大小而变化，其排列也会随任务而有所不同。

操纵杆可减少肩部肌肉负荷，增加前臂负荷。很多情况下，触摸垫可以代替操纵杆，通过指尖挪动及轻敲控制指针、输入资料。

可以说触摸屏是一种特殊的控制器，也可以说它不是控制器，因为它是显示器和输入方法的结合。Bullinger，Kern & Braun 在 1997 年的研究中指出，当输入类型受到限制，需要很好地进行定义时，使用触摸屏可以减少工作负荷。当触摸屏的尺寸较大时，需要结合个体的特性来调整其高度和角度。

五、最新的控制器设计

（一）远程遥控

远程控制技术最先应用于探索外空和深海。与普通遥控技术有所不同，远程遥控将人的控制信息传到一定距离或物理障碍之外。示例见图 10—6。因此，通过该技术可控制人无法涉足的环境或者危害人身安全的地方。对于远程遥控技术来讲，需要重视人的控制作用，设计需要以满足人的需求为目的，主要为控制方式的设计、控制信息的反馈方式和控制的反馈延时问题，尤其是控制信息的反馈方式。在传统的控制设计中，主要有视觉、触觉、听觉等几种反馈方式。而在远程控制下，则需要重塑这些反馈信息。视觉反馈主要是通过摄像机捕捉工作现场并将这些录像信息传递给操纵者的。具有反作用力的操作手柄则是目前较为流行的远程触觉重塑形式。而增强型显示技术则为控制信息的反馈延时问题提供了解决思路。

图 10—6 远程遥控示例（远程控制教学）

（二）声控

语音识别和语言识别技术的发展，使得声控越来越流行。图 10—7 为一个示例。利用声控有很多优点，比如脱离控制平台，解放手和脚等。目前较为流行的声控为声音控制和语音控制，其中声音控制主要通过一些无含义的声音组成来激发控制，较为简单，语音控制则需要把命令转化为语言，相对复杂一些。声控可以作为传统控制的一种替代方式，比如用语音代替键盘。如果操纵者需要完成包括数据录入在内的多项任务，则当数据输入需要在运动过程中完成时，语音输入不失为一种好方法。

图 10—7 声控设备示例（Siri on iPhone 4S）

(三) 眼控

视线跟踪技术越来越成熟，其应用范围也越来越广，如图片或广告研究、产品测试、航空航天等领域的动态分析、场景研究、人机交互、智能计算机、智能家居、虚拟现实和游戏等。示例如图 10—8 所示。同声控一样，眼控技术也可以解放人的手和脚，而且比声控的抗干扰能力强。视线跟踪技术的主要评价参数包括：总注视次数和点注视次数，注视持续时间，注视点序列，第一次到达目标兴趣区的时间等。通过这些评价指标，可以观察个体的眼动，跟踪个体视线。但任何技术都有其缺点或者说不利点。眼控不仅会增加眼睛的负荷，而且眼睛在加速运动过程中或者外界振动的情况下，会不由自主地做出补偿性运动，从而影响眼控的效能。

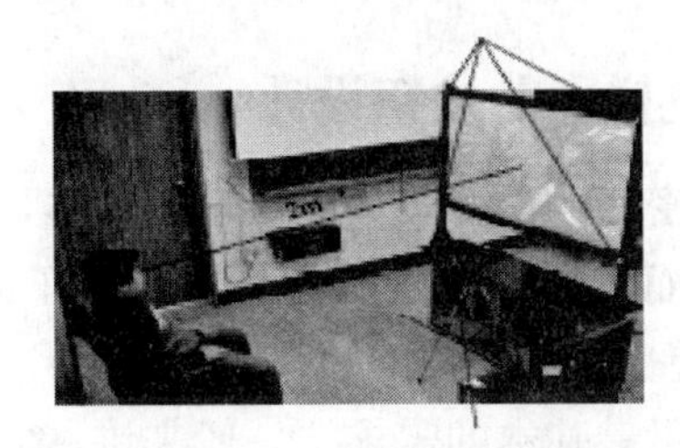

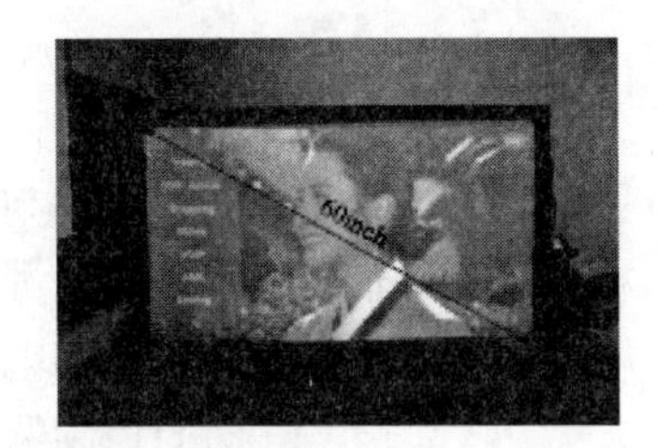

图 10—8　眼控示例

(四) 肢体控制或手势识别技术

国内外学者已经从不同角度、不同层次对手势识别及其应用进行了大量的研究。[6][7][8]当前，人机交互领域针对手势识别的研究主要集中在皮肤颜色建模以及连续动态手势的鲁棒特性提取上。手势识别示例见图 10—9。

图 10—9　手势识别示例

□ 讨论题

1. 什么是控制器？
2. 根据输入输出信息划分，控制器有哪些类别？试举例。
3. 能够产生较大压力的控制器是哪种？
4. 好的键盘设计需要满足哪些要求？
5. 什么是远程控制器？它有哪些应用前景？

□ 案例讨论

电梯内的按钮设计

随着都市化的进程和人口密度的提升，高楼层建筑增多，电梯已经成为人们生活中不可或缺的一部分，而电梯控制器的设计也成为了人们熟悉的内容。那么，人因学如何影响电梯按钮的设计呢？

首先，电梯的控制器要满足最基本的需求。一般来讲，电梯的信息用离散型的控制内容即可实现，比如开关电梯门，电梯楼层，紧急呼叫开启等。所以，电梯一般都是选用离散型控制器中最常见的按钮设计。这种设计的特点就是简单，易于操作，能够满足多数人群的使用需求。电梯中人的因素有哪些呢？

1. 信息反馈

在控制器的设计中，一般要有视觉、听觉和触觉等方面的反馈。而电梯的按钮的设计不仅要告诉按按钮的人，已经成功选择了要到达的楼层，还需要告诉后面乘坐电梯的人，哪些按钮已经按下，不需要重复按。一般的电梯按钮都是指示性按钮，在按下后，按钮变亮，以保证信息反馈，同时采用深色数字、亮色背景以更好地显示楼层的数字，而鲜有将数字直接印在按钮表面的设计。一般表层有透明的膜或者凹槽的数字设计，以保证磨损后数字依然可见。

2. 数字排序

一般来讲，在设计中功效性和学习性可以起到互补的作用。比如，电梯内数字的排序不好，可能导致在查找楼层号的过程中出现短暂的滞留现象，影响电梯效率。不好的排序方式在客户熟悉之后不会有很大的影响，但对于新顾客来讲可能并非如此。下面的图 10—10 展示了两种不同的横排排序方式，可以看出不同的排序方式带来的差异。我们倾向于上面的这种排序方式，它符合我们写字的习惯，而且用户在初次使用的过程中，能够更迅速地通过自身的习惯，发现数字的规律，从而更快地找到目标楼层。因此我们的数字排序方式一般是从左往右依次增大，从上往下依次增大[9]，这符合我们书写的习惯，同时和楼层结构吻合。

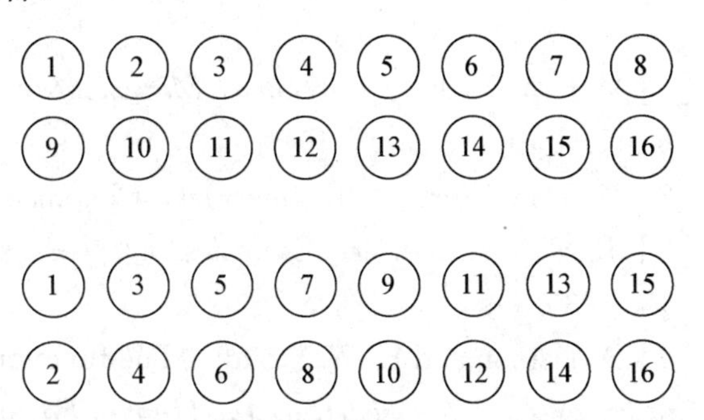

图 10—10 两种横排排序方式

3. 面板的位置和面板排序

电梯内控制按钮面板的排序迥异，以竖排、右手边的位置较为普遍。一般来讲，控制按钮面板要与墙壁有明显的区别。按钮宽度为 0.20～0.30m，最上排按钮不高于地表 1.40 m 处。[10][11]控制按钮的排序需考虑到残疾人群，在为数不多的电梯中，设计有一个横排和一个竖排的面板，横排的一般供残疾人士及儿童使用。

4. 防失误设计

电梯中一般有紧急按钮，供特殊情况下使用。而紧急按钮一般采用不同形状和颜色编码，以防止因误按按钮带来的不便。因此，紧急按钮一般放在与楼层按钮不同的面板上，以保证不出现误按的情况。为了防止过小的儿童因好奇按下紧急按钮，一般的紧急按钮都放在微高的位置。

而特殊楼层，比如地下层等的按钮，往往也采用不同的面板隔离，或者采用颜色和形状编码加以区分，以保证不会造成误解。有的时候，部分客户会把最下层的按钮当成一层按钮而没有去按真正的一层按钮，从而被送到地下层。[12]

5. 特殊人群按钮设计

因为电梯的客户具有广泛性，所以为了照顾部分特殊人群，在按钮中一般有些特别的设计。刚才提到的横向面板，就考虑了残障人士和儿童等特殊用户群体的需要。而一般的按钮也都要有盲文设计，以保证盲人能够比较顺利地使用电梯，按钮按下的时候，也都有比较明显的触觉感受。当然，电梯的按钮上要有比较明显的盲文设计。

电梯的交互设计还包括灯光、空间布局、多电梯搭配等具体内容，这里就不一一展开了，有兴趣的读者可以自己进行深入的研究。

□注　释

[1] M. J. Warrick，*Direction of Movement tn the Use of Control Knobs to Position Visual Indicators*，1947.

[2] K. F. H. Murrell，*Ergonomics*，Chapman and Hall，London，1965.

[3] R. M. N. Alexander，Estimates of speeds of dinosaurs，*Nature*，1976，261：129-130.

[4] A. Damon and H. W. Stoudt，The functional anthopometry of old men *Human Factors*：*The Journal of the Human Factors and Ergonomics Society*，1963，5（5）：485-491.

[5] A. Chapanis and Kinkade，Kesign of controls，*Human engineering guide to equipment design*，1972：345-379.

[6] H. K. Lee and J. H. Kim，An HMM-based theshold model approach for gesture recognition，*IEEE Transactions on Pattern Analysis and Machine Intelligence*，1999，21（10）：961-973.

[7] 任海兵、徐光祐、林学訚：《基于特征线条的手势识别 A》，*Journal of Software*，2002，13（5）.

[8] L. Brethes，et al.，Face tracking and hand gesture recognition for human-robot interaction，in *Robotics and Automation*，2004.

[9] 方艳群、董继先：《基于无障碍设计理念的电梯设计》，载《包装工程》，2010，31（12），28～30 页。

[10] 同注释［9］。

[11] 唐松柏：《论工业设计的人性化设计》，载《浙江纺织服装职业技术学院学报》，2008，7（002），63～67 页。

[12] 赵红凯：《电梯按钮的改良设计》，载《发明与创新》，2009（5），35～36 页。

第11章 Chapter 11 显示器设计

导　言

显示器同控制器一样，是人机交互系统中不可或缺的组成部分。显示器传递给操纵者需要执行什么样的动作、系统在做什么、需要完成什么以及系统如何运作等信息。为了达到这样的目的，良好的显示器设计需能够引起个体注意；能使目标感觉系统容易察觉；能清晰区分不同感觉通道输入，使得显示的刺激模式可鲜明辨别；使不同刺激模式具备明确的含义和意义，能让操纵者迅速理解；对信息有区分，只显示能充分执行工作的重要信息、帮助操纵者做出判断的准确信息；显示信息的方式应尽可能直接、简单、明了、普遍；保证当显示器出问题时能有其他显示信息的方式；使信息的呈现符合用户的期望，避免上下文效应；当信息显示包含多个元素时，注意元素所代表的现实环境中本来的结构效应；对于动态信息显示，注意某些元素在现实生活中的空间运动模式和方向；当需要移动来获取信息时，注意最小化信息以降低获取成本；当认知负荷过重时，尽可能采用预见性辅助设计原则来提供一些预测性显示信息；当工作环境中存在多种显示装置时，尽可能保证相似信息的显示不仅符合个体的特定行为倾向，而且保持一致。

显示器可按照感觉通道简单分为视觉显示器、听觉显示器和触觉显示器。视觉显示器适合传递的信息为：复杂的、抽象的；很长的或者需要延迟的；需要同时显示和监控的；包含方位或距离等空间状态方面的；可能会或者被引用的；不需要急切传递的；不适合听觉传递或听觉传递负荷很重的。听觉显示器适合传递的信息为：较短或者不需要延迟的；简单的；需要快速传递的；不适合视觉传递的或者视觉传递负荷过重的。触觉显示器适合传递的信息为：简单的；需快速传递的；视、听通道难以传递的或者负荷过重的。下面一一介绍。

一、视觉显示器

目前，人类使用的多数信息显示是基于视觉设计的，视觉显示器的使用范围也非常广泛。视觉显示器的设计需要综合考虑人的视觉感官系统特征和心理特征。视觉显示器的基本要求主要为可视性、清晰性和可识别性，其基本设计原则为：（1）显示格式需要尽量形象直观，并且与个体的认知特点相匹配；（2）目标和背景的对比需明显，如颜色对比、形状对比和亮度对比等；（3）当相互关联的信息同时出现时，应尽可能综合显示；（4）需保持良好的照明条件；（5）有关视觉显示器的尺寸和位置，需要根据任务的性质和使用条件来定；（6）当存在多个显示器时，需要按照重要性、使用频率、功能以及使用顺序等原则来安排位置；（7）显示器的精度应该在人的视觉辨认能力范围内；（8）视觉刺激维度的选择应该根据使用要求具体而定；（9）视觉代码的数目需要符合人的绝对辨别能力范围。按照显示的信息是否随着时间发生变化，可将视觉显示分为静态信息显示和动态信息显示。静态信息显示如交通标志、图书等；动态信息显示如温度计、湿度计等。

（一）静态信息显示

1. 文字和字符

文字大多用在控制面板、特定控制单元、组件上以传达简明信息。无论如何，文字必须保证易辨性和可读性。如何选择恰当的文字和字符呢？这需要综合考虑使用者、应用的场合以及外界环境等因素。文字和字符的特性有哪些呢？主要包括：文字和背景的亮度对比度；文字和字符的高度、高度与宽度比、笔画宽度与高度比、字符间距、字间距和行间距、段间距等；字符的形状；文字、背景的颜色选择与编码。

字体大小是影响文字可读性的重要因素，字符大小受使用者相对于显示的位置，如视角和视距的限制。通常情况下，字符的高度为观察距离的 1/200，字符的宽度与高度比在 0.6～1 之间。当然，对于一些相对较为关键的信息，可以采用较宽的符号。当可替换或者有助于提高可读性的冗余线索减少时，可以采用较宽的字符。动态的字符需要比静态字符更大的宽高比率。

笔画的宽高比一般在 0.12～0.16 之间。不同颜色背景下，应该有所不同。如在深字浅底的情况下，可采用的笔画宽高比为 1∶6 到 1∶8 之间；在浅字深底下，可采用的笔画宽高比为 1∶8 到 1∶10 之间。此外，笔画的宽高比还受照明条件的影响，张广鹏[1]在其《工效学原理与应用》一书中，推荐了字符笔画宽与字高的比，详见表 11—1。

表 11—1　　字符笔画宽与字高的比

照明和亮度对比条件	字体	笔画宽∶字高
低照度	粗	1∶5
字符与背景亮度比比较低	粗	1∶5
亮度对比>1∶12（白底黑字）	中粗—中	1∶6～1∶8
亮度对比>1∶12（黑底白字）	中粗—细	1∶8～1∶10

续前表

照明和亮度对比条件	字体	笔画宽：字高
发光背景上黑色字符	粗	1∶5
黑色背景上发光字符	中粗—细	1∶8～1∶10
字符亮度较高	极细	1∶12～1∶20
视距较大但字符较小	粗—中粗	1∶5～1∶6

资料来源：张广鹏：《工效学原理与应用》，北京，机械工业出版社，2008。

对于计算机显示器而言，当浅字深底时，字符间距应该稍宽一些，但不宜超过 0∶251。当字体大小为 8 点时，可考虑使用 11～12 点的行间距。当字符高度相对较大时，可增加行间距。浅字深底时，应增加行间距。此外，还应注意使用均匀的间距。

2. 符号和图标

符号和图标一般情况下用于表示抽象的或者没有特定含义的信息。尤其是符号，与它所代表的对象基本上没有外表相似性，需要习得。符号一般有相应的设计原则，如符号和其他信息应该具备一定的关联性；符号之间能够很容易区分开来；符号需要具备一定的合理性；符号选择应该适应不同的文化背景和环境特点；另外，符号设计有相应的国际国家标准，在设计时应该遵循。

图标则是对于对象的图形化描述，需要直接表达对象的含义。一个典型的图标一般包括图形元素、边界、背景和文字标识四部分，如图 11—1 所示。其中，边界需要在设计时酌情考虑，因为边界的空间可能会限制图标的大小。但边界可以增加一组图标的一致性，对澄清图标的含义很有帮助。背景可以将图标分组，或显示图标的状态。当图标的含义不够明显时，可以采用文字标识。图标设计与文字设计相似，需要满足一些设计标准：(1) 可见性和易读性；(2) 可辨别性；(3) 含义准确清楚；(4) 靠近所标识的对象周围，并明确地与该对象产生联系；(5) 考虑目标用户群或潜在用户群的需求；(6) 根据应用场景来设计；(7) 采用简单的、不拥挤混乱的；(8) 避免相同的符号含义不同。

图 11—1 图标示例

3. 表格和图形

利用表格和图形可以把多种数字和数值信息整理有序，直观形象地传递给用户。如果需要高精度的数据，那么表格是非常好的展示方式。但表格不太适合显示动态数据。而当对精确度要求不那么严格，需要精确感知有关趋势或者动态的信息时，图形较为合适。图形存在条形图、柱状图、线形图、饼状图等多种形式。采用什么样的图形需要根据可读性、拥挤程度、接近兼容性、数据视觉化等因素综合考虑。如何达到图形的可读性呢？需要使得线条和标识有足够大的视角可见，并通过突出原则和冗余编码原则来区分不同含义的线条从而达到可辨别性。如何降低拥挤程度呢？简单而言，尽量使用最少的笔墨来阐述最多的数据。当把需要比较或者综合的数据在空间上放在一起或者采用共同的视觉编码时，便可达到接近兼容的原则要求。数据视觉化主要是把复杂或多维的数据采用三维立体图像来展示，如透视墙。

4. 地图

地图是一种导航显示，一份好的地图不仅能清晰地提供到达目的地的方向、参照物，而且可以在旅行者迷路的时候提供帮助，帮助旅行者找回方向感。具体而言，地图的设计有如下要求：

- 保证可读性。需要综合考虑字体大小、标志和背景之间的对比度、颜色、显示空间等。
- 避免拥挤。拥挤不但会降低视觉搜索速度和效率，而且会降低信息的读取速度。解决拥挤问题，需要提供最小化的信息，用好的颜色编码加以辅助，选择性地突出或增强重要的信息，暂时关闭不重要或者不需要的信息。
- 地图的方位设计须与现实世界相匹配。这样会避免与个体的期望不一致，从而需要在心里旋转加工，进而延长识别时间、产生识别困难。
- 给出当前位置。这有利于使用者使用具体的参照物，有效识别方位。

随着图形处理技术的发展，地图的形式越来越多，也越来越可视化和细致化。三维地图（见图 11—2）对于特定行业和特定领域来讲，非常重要，如建

图 11—2　清华大学三维地图

筑行业。哪些情况下能够使用三维地图呢？当显示中有比较多的深度提示，或者显示的方位需要旋转时，可以采用。

（二）动态信息显示

1. 基本原则

与静态显示器设计原则相似，动态信息显示也需要做到可读性。当显示的是数字信息时，文字和字母的分辨率是否准确需要予以考虑。当显示的是模拟的刻度盘或者指针时，需要考虑视角、指针与刻度盘的对比度、指针的粗细和长短、刻度的粗细与长短等内容。由于动态信息的显示往往都是连续变化的，因此应该根据图形化原则，尽量使用连续的模拟来代表。显示刻度盘的形状和方向应该符合用户脑中的智力模型，显示运动的方向也是如此。好的动态信息展示应该给使用者提供一些预测效应，并且指明这种预测的可靠程度。

2. 多重显示

当显示的变量比较多时，会涉及这些变量应该如何布局才能保证使用者快速、高效识别和接收有用信息的问题。对于这种多重显示，有一些相应的原则。

● 布局：主要原则是将最重要且经常看的显示仪表放在使用者最易看到的主视区内，次要的放在主视区以外。看似简单，但不能轻易达到，需要一些原则加以辅助，主要包括：频繁使用的显示应在主视区内或靠近主视区；重要的信息显示在主视区内或者靠近主视区；经常接连使用的显示放在一起；在相似情境下，相同的仪表总能一致地放在同样的空间位置（多数情况下该原则会与其他原则相冲突）；避免响应兼容，显示应该靠近关联的控制；可以将功能上关联的显示分组，保证组内相关，组外不相关。

● 必要或特定场合下，可以把显示的信息重叠到主视区。适用于主视区可以明确定义的场合，如飞机上的抬头显示（见图 11—3）。

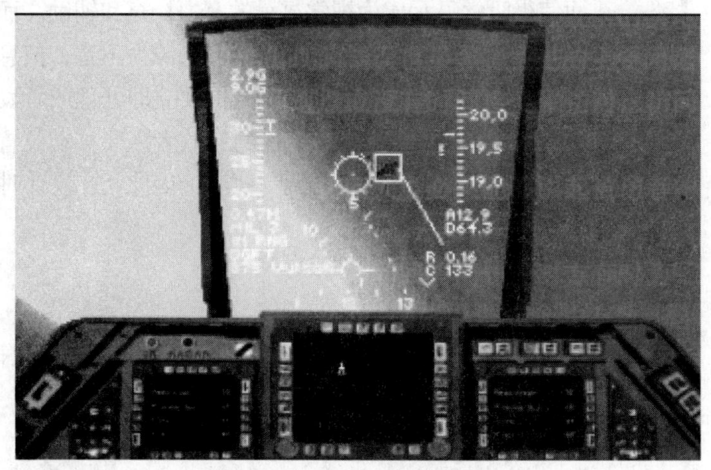

图 11—3　飞机上的抬头显示

● 必要或特定场合下，可以把显示器装配到头上，从而实现无论人的头部或者身体朝向哪个方向，显示器总在人的主视区以内。头戴式显示器（见图11—4）可以使信息获取成本最小化，而且可以在某些程度上解放使用者的手和脚，允许使用者同时从事多种操作。

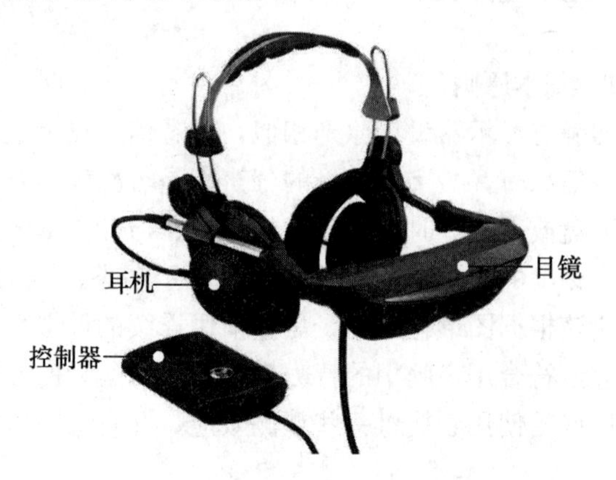

图 11—4 索尼头戴式显示器示例

● 将多重显示图形化。图形化显示需要通盘考虑空间与空间的关系，运用相近兼容原则来布局动态显示元素。要求浮现的特征与任务相关的变量相匹配。

● 对于动态的监控显示应该同时支持常规和非常规情况下的监视，并能诊断、解决和排除非常规情况下的故障。在此过程中，当不同形式的显示支持任务的不同方面时，或者不同抽象水平之间需要相互比较时，要使得这些信息同时可见并随时可用。

二、听觉显示器

听觉显示器是利用声音通过听觉通道传送信息的界面。听觉相比视觉有许多独特性，进而使得听觉显示成为视觉显示的有力补充和辅助。而且特定场合下，听觉显示更优于视觉显示。这些场合包括：信号来源为声音；信息简单短小；不需要持续有此信息；信息涉及当时的事件；信息需要立即处理或者发生警报时；需要语音反应时；照明条件不够或者暗适应；信息接收者需要移动位置时，等等。但听觉有定位困难、声音容易被其他声音掩盖等劣势。因此，在设计时需要酌情考虑。

（一）基本原则

听觉显示界面可以分为声音听觉显示界面和言语听觉显示界面。声音听觉显示如蜂鸣器、警报器等，言语听觉显示如电视机、电话、录音笔等。

对于听觉显示界面，需遵循如下原则：

● 听觉刺激的含义应该符合个体的习惯或自然倾向。

- 不同场合使用的听觉信号应尽可能标准化。
- 注意信噪比，以免信号被背景噪音掩盖。但也要防止过高，以免信号被认知为噪音或者引起使用者反感、不适。
- 信号的强度、频率、持续时间等尽量避免使用极端值。
- 信号的数目应该保证在使用者的绝对辨别能力范围内。
- 信号间歇出现或者信号可变时，可防止听觉适应。
- 当不同声音信号分时段呈现时，应保证其时间间隔大于 1s。
- 不同信号需要同时呈现时，可按重要程度提示信息的优先权。
- 需保证 100%的可探测性。信号须高于环境和背景噪音 15dB。
- 使用时间模式提高信号的可探测性和可辨别性。
- 当需要对信号快速作出反应时，信号需要高出环境和背景噪声 15dB。
- 信号的频率范围应该为 50～5 000Hz，至少包含 4 个显著的频率成分，每一个在 1 000～4 000Hz 之间。
- 当有障碍物或者隔离物时，应该采用 500Hz 以下的低频音。
- 根据个体生存安全关系的大小和使用者的参与程度确定不同等级的显示。

对于声音听觉显示界面而言，除此之外，还有一些特定的原则：

- 断续的声音信号可引起个体注意。报警器最好采用变频的方法，保证音调时而上升时而下降。
- 声音听觉显示装置频率的选择应该符合噪声掩蔽效应的最小范围。
- 当在小范围内使用声音信号时，需要注意声音信号装置的数量，最多有 6 个需要立即行动的信息装置和 2 个预见性的需要注意的信号装置。

而对于言语听觉显示界面，还需要注意以下原则：

- 字词长短要合适，字、词、语句之间的间距要适当，语句长短要适当。
- 言语装置相比多个声音装置，更适用于需要显示的内容较多的情况，在这种情况下，一个言语装置可以代替多个声音装置，并且比声音装置的表达更准确。
- 言语信息更适合指导检修和保障处理工作。
- 对于特定非职业领域来讲，如娱乐和电视等，言语装置比声音装置更符合个体的习惯。

（二）警示显示

听觉显示目前应用最为广泛的是传递警告或者危险信息，如火灾报警器、救护车、警报器等。但不是所有的警示都需要采用声音信号，比如劝告性的警示，只需要视觉信号就可以了。警惕性的信息可以通过不太显著比如柔和的声音信号来显示。当时间比较紧急，情况比较危险时，需要通过显著的声音信号来起到警报和警告作用。

大多数情况下，将声音警示与视觉信号结合来达到增强信号的作用，如用来提示危险或紧急状态的警告灯。警告灯多采用闪光灯来快速引起个体注意。

闪光灯的闪光速度以 3～10 次/s 为宜。另外，警告灯一般安置在个体视野范围内，不同范围内产生的效果不一样。因此需要把最重要的警告灯安置在最靠近视野中央的位置，一般为视野中央 3°。距视野中央超过 30°，警告灯会失效。

除了视觉信号以外，很多领域还采用颜色编码来起到警示作用。航空领域使用红色来显示警报或者警告，使用黄色或淡黄色来显示警惕性信号，使用明显不同于红色或者黄色的颜色来显示劝告性信号。

三、触觉显示器

（一）基本原则

前面提到过，触觉显示器多用于不利于视觉和听觉的条件下。基于个体的皮肤受到触压后产生的刺激来传递信息。因此不同于视觉的光能、听觉的声能，触觉需要接收到动觉或者力的反馈。在设计时，应尽量选择触觉接收器最多和最为敏感的部位，如手和手指。

（二）应用

就应用来讲，可能触觉的作用会排到第二位。

当前，有关触觉显示的应用越来越广泛，也越来越深入。比如通过感受器振荡来传递空间方向的带有微型触觉激发器的马甲，克服飞行状态中的视觉信息超载的带有感受器的手腕带，远程遥控操作或者远程机器人（目前应用较多的是医学领域中的手术，比如微创手术，机器人手臂（见图 11—5）等）。相信随着技术的发展，触觉显示将会有越来越多视觉和听觉无法触及的应用领域。

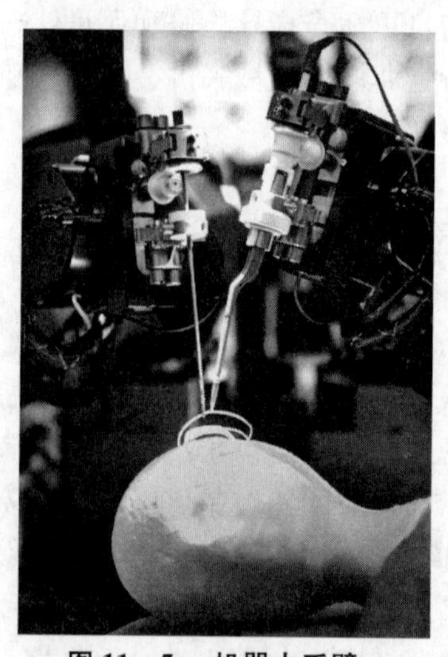

图 11—5　机器人手臂

□ 讨论题

1. 举例说明静态显示和动态显示。
2. 典型的图标都包含哪几部分内容?
3. 地图设计有哪些具体内容或原则?
4. 多重显示有哪些原则?
5. 举例说明生活中的听觉显示。听觉显示有哪些原则?

□ 案例讨论

清华大学校园静态地图设计

地图的设计是一种典型的静态显示器的设计。这里我们借助清华大学地图的设计细节，来了解显示器设计过程中需要考虑的因素。

用户进入一个陌生的环境，想要借助地图找到目的地，如果目的地比较远，那他就需要进一步了解大概还要走多远，中间拐几个弯，每个拐点旁边是什么建筑，大概是什么样子，这就是认知地图。[2] 陈毓芬将认知地图定义为“表征环境信息的一种心象形式。心象地图主要是一种视觉心象，它是由许多信息源产生的，来自这些信息源的信息量远远超过眼睛所接收到的，也就是说，视觉信息还包括过去经验所产生的对空间物体的认识，比如用其触觉、嗅觉、听觉等所获得的认知”。而环境心理学研究显示，人对环境的感知一般是通过两个过程来完成的：一是自上而下的过程，即概念驱动。也就是通过对认知环境的接触，大脑会以一种主动的方式对刺激进行构建，形成一个整体的构架。二是自下而上的过程，也就是慢慢地由局部的认知来进一步充实整体的认知构架。用户在地图的帮助下，建立认知地图，从而更好地适应周围的环境。

1. 整体框架（建立上层结构）

在建立整体框架和认知地图时，案例中的地图采用了较为常用的颜色编码，因为清华大学的建筑群较为集中，地图中分别对景区、校园区、宿舍区、家属区、科研区采用了不同的颜色编码。这样可以让用户对清华的整体形象有一个大体的了解，具体见地图。

整体框架建立的另外一种方式是地图坐标，这里采用大暗格的设计，通过横纵坐标，很容易对某个景点做出比较精确的地图定位，便于说明性信息的添加。

2. 填补信息（扩充下层细节）

另外，对于信息的安放，在设计中采用了较为常用的以用户为中心的设计方法。以用户为中心的设计和评估，最重要的思想就是时时刻刻将用户的需求放在首位。[3]案例中考虑了以下几个方面。案例前期，对游客、校内学生、公交车司机以及校内教师等多个用户群体分别作了细致的访谈和需求整理，经过对需求的分类和排序，确定了以下几个针对需求的设计信息：

（1）公交线路图：公交线路周围的建筑或景点的标识。公交线路的旁边写明了票价和双向行驶的特性，这是在案例前期的用户调研中，司机被问得最多的两个问题。

（2）景点缩略图：考虑到地图的购买者多数是清华的游客，案例中针对游客设计了景点缩略图。由于很多游客来清华并不知道要游览什么，但是对一些景点已经有了比较深入的感官认识，因此案例中将缩略图呈现在游客面前，让他们第一时间知道自己要去哪里游览，比如很多游客希望能够到二校门游览，但是并不知道目的景点称作二校门，通过缩略图可以有效地解决这个问题。

（3）建议游览路线：基于游客的需求，多数游客不知道该怎么游览，大体上需要多长时间，案例中利用运筹学的知识（这里不再赘述），给出一条路线上较为优化的建议游览路线，如图 11—6 所示。

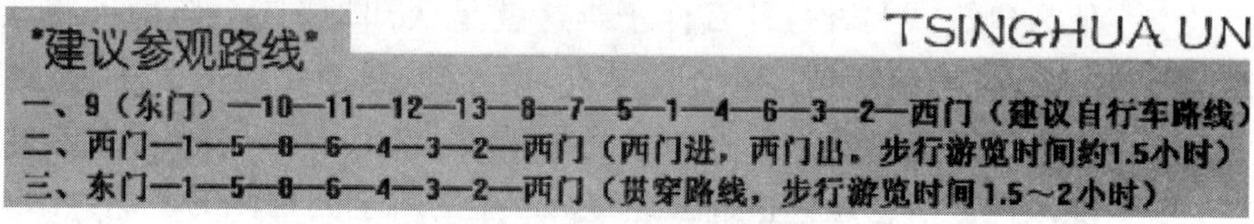

"建议参观路线"　TSINGHUA UN

一、9（东门）—10—11—12—13—8—7—5—1—4—6—3—2—西门（建议自行车路线）

二、西门—1—5—8—6—4—3—2—西门（西门进，西门出，步行游览时间约1.5小时）

三、东门—1—5—8—6—4—3—2—西门（贯穿路线，步行游览时间1.5～2小时）

图 11—6　建议路线图

（4）分类简图：主要是为了给游客关于清华的一个整体印象，哪里值得参观，哪里不用参观。而对于访客来讲，便于及时地确定自己要找的地点位于哪个区域中。为了满足不同类型访客的需求，地图设计了两种简图，分别是生活简图和教研机构图。这两类图将不同的地方进行了加强标识，增大了字号，便于用户查找。同时，这两类图是作为简略图附在地图的背面，用于专门查找的。地图背面的左图是生活图，包含一些餐厅、理发店、超市等信息，适合一些暂住、进修的用户，而地图背面的右图则是各个系馆等教研机构，适合一些访客甚至学生使用。具体见地图背面。

地图正面如图 11—7 所示，地图背面如图 11—8 所示。

当然，在设计的过程中，还要考虑颜色搭配、字体选择等其他细节，在其他几章中多有提及，这里不再赘述。

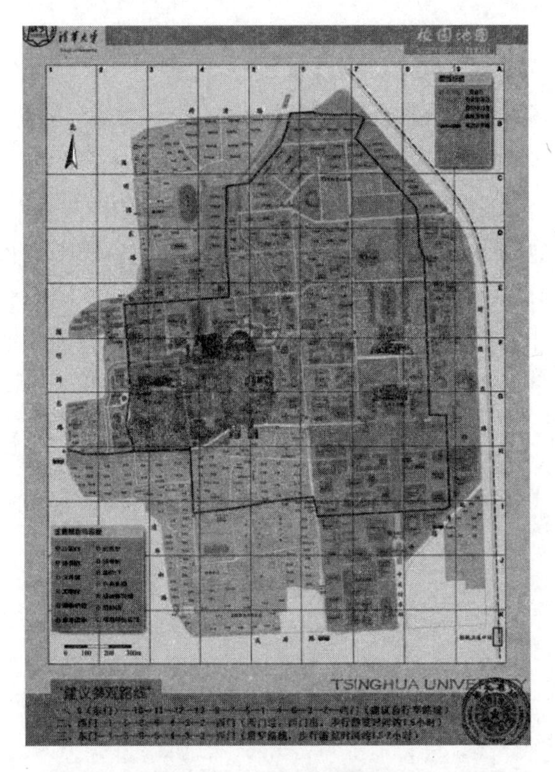

图 11—7　地图正面截图

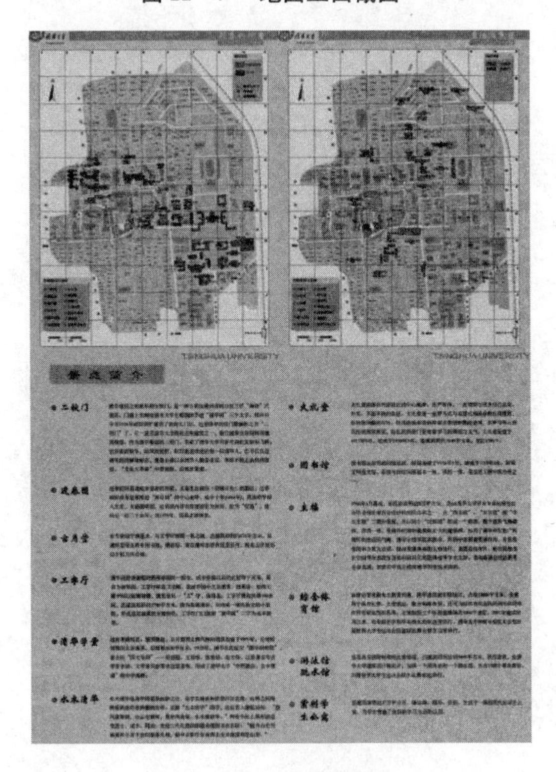

图 11—8　地图背面截图

□注　释

［1］张广鹏主编：《工效学原理与应用》，北京，机械工业出版社，2008。

［2］陈毓芬：《心象地图及其在地图设计中的作用》，载《解放军测绘学院学报》，1995（4）。

［3］董建明等编著：《人机交互：以用户为中心的设计和评估》，北京，清华大学出版社，2003。

第 12 章 Chapter 12 人机系统设计

导言

从宏观层面来讲，人机交互的起源是人与机器或者人与人造物之间的矛盾。从石器时代到青铜时代，从农耕时代再到后来的机械革命时代，人与机器之间的交互在间接地影响着时代的变迁。而促使人机交互提上日程的当属信息时代的到来，本章提到的人机系统设计，多数情况下是指人与计算机系统（含简单信息处理系统）之间的交互设计。

计算机的发展历史，不仅是处理器速度、存储器容量飞速发展的历史，也是人机交互技术不断改善的历史，如鼠标、窗口系统、超文本、浏览器等，这些交互技术已经对计算机的发展产生了深远的影响，在一定程度上主导了计算机发展的方向。人机交互技术是当前信息产业竞争的一个焦点。本章将对一些主要的人机交互技术机器设计原则作较为详细的介绍。

一、交互风格

（一）命令行

命令语言是计算机系统最早使用的一种人机交互形式，并得到了广泛的应用。命令界面（见图 12—1）的优点是界面功能强大、灵活性好、效率高、占用屏幕空间少以及运行速度快等，但并非所有用户都能驾驭，命令语言使用起来比较复杂。

命令语言靠命令名词和语法结构来识别和联系，一条命令对应于一项功能。在命令语言中有命令集，这些命令集都是由词汇组成的。命令集为树状结构，第一层是用动词来描述的命令操作，第二层是用名词来描述的目标变量，第三层是目的地变量。现在大部分命令采用缩形式，只要与向计算机表达命令的

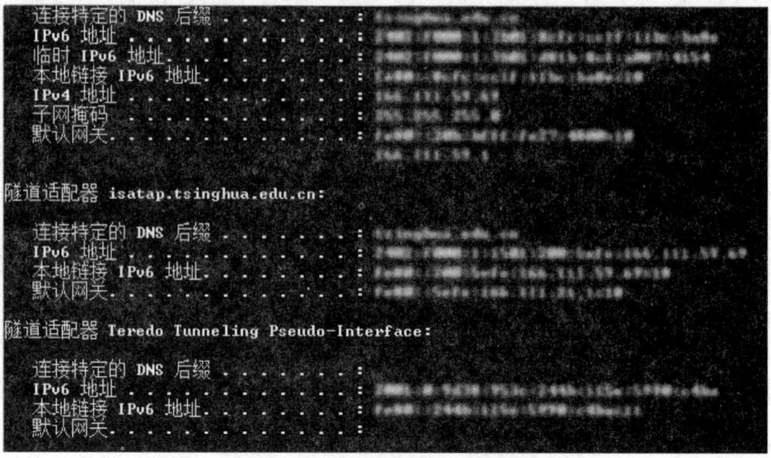

```
   连接特定的 DNS 后缀 . . . . . . . :
   IPv6 地址 . . . . . . . . . . . . :
   临时 IPv6 地址. . . . . . . . . . :
   本地链接 IPv6 地址. . . . . . . . :
   IPv4 地址 . . . . . . . . . . . . :
   子网掩码 . . . . . . . . . . . . :
   默认网关. . . . . . . . . . . . . :

隧道适配器 isatap.tsinghua.edu.cn:

   连接特定的 DNS 后缀 . . . . . . . :
   IPv6 地址 . . . . . . . . . . . . :
   本地链接 IPv6 地址. . . . . . . . :
   默认网关. . . . . . . . . . . . . :

隧道适配器 Teredo Tunneling Pseudo-Interface:

   连接特定的 DNS 后缀 . . . . . . . :
   IPv6 地址 . . . . . . . . . . . . :
   本地链接 IPv6 地址. . . . . . . . :
   默认网关. . . . . . . . . . . . . :
```

图 12—1　命令界面

机制协调一致即可。一般缩写采用简单截取（截取每一个命令的第一、第二、第三个字母），去除元音的截取，第一个和最后一个字母，短语中每个词的首字母等方式。

对于命令语言界面，有一些相应的原则：

- 选择有意义的命令语言，如使用具体的、区分明显的名称；
- 所有命令遵循一致的语法结构，同一功能只能有一个命令，名称、变量顺序等的一致性可保证最短的任务时间、最小的出错率和最少的求助请求等；
- 给命令赋予内涵，如使用 add，plot 和 print 这样的命令；
- 普及性：命令名称的选取要具备易普性，容易识别和记忆，在取名时，应该避免使用俚语和诙谐的词语；
- 为了减少录入错误、帮助核查和更正错误，命令语言应该尽可能短；
- 如果命令语言或者对命令语言的反馈可以简化，应该使用通用的缩写方式，如用 N 来代表 No；
- 减少完成某些任务的命令和途径的数目；
- 为频繁操作的用户提供创建“宏”的机会。

（二）菜单选择

与命令语言需要用户记忆和打字输入不同，菜单界面中只需用户在有限的选项中识别和选择，不需要记忆应用功能命令。设计较好的菜单界面能将系统的语意和语法明确、直观地显示出来。当然，这种适合结构化系统的菜单界面也会占用一定的屏幕空间和显示空间。

将菜单与图形系统组合会产生各种各样丰富多彩的菜单形式，如条形菜单、弹出式菜单、下拉菜单等。全屏幕文本菜单，如图 12—2 所示，会首先出现主菜单，当用户做出选择后，才会出现下一级全屏幕菜单。这样的菜单形式具备充足的显示空间，可以显示较长的菜单名称，但是运行结果会占满全屏，给用户带来不好的感官体验。条形菜单，如图 12—3 所示，将所有内容都显示在固定位置上，如 Word 底部的状态栏以及顶部的工具栏等。弹出式菜单，如图 12—4 所示，是在屏幕上弹出一个窗口，一般不在固定位置，可以开启或关闭，而且只有一级深度，这样可以避免由频繁清屏带来的视觉疲劳。下拉式菜单，如图 12—5 所示，与弹出式菜单相类似，不同点在于下拉式菜单可以构成多级菜单，还可以构成多级叠压菜单。图标菜单，如图 12—6 所示，是一个小方框中的一幅象形或者表意的图画。图标菜单比较直观、形象、逼真，使得学习和操作更为容易，但当图标的语意性不够强时，则需要文字辅助，从而占用较大的屏幕空间。工具栏，如图 12—7 所示，主要出现在那些可以帮助设计或处理图像的软件中。

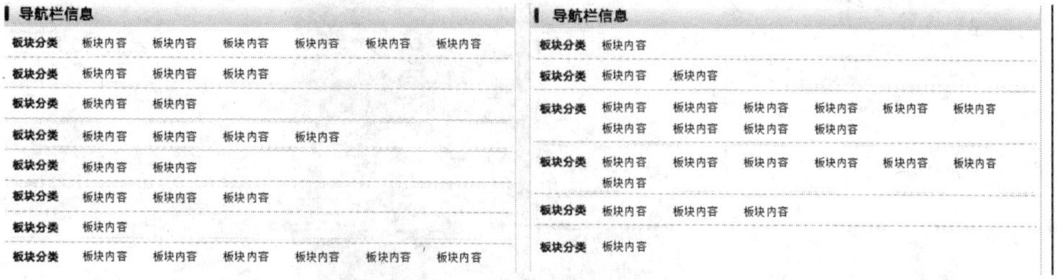

图 12—2 全屏幕文本菜单

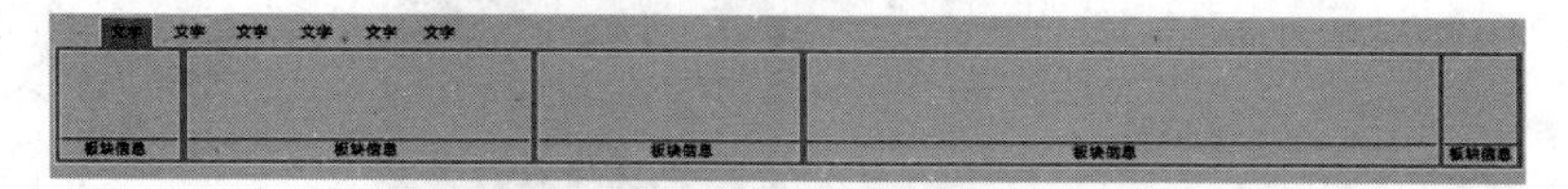

图 12—3 条形菜单（Word 顶端工具栏）

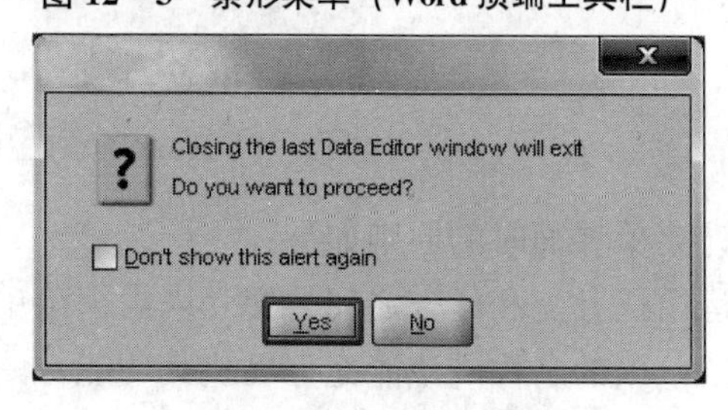

图 12—4 弹出式菜单（SPSS—点击关闭按钮）

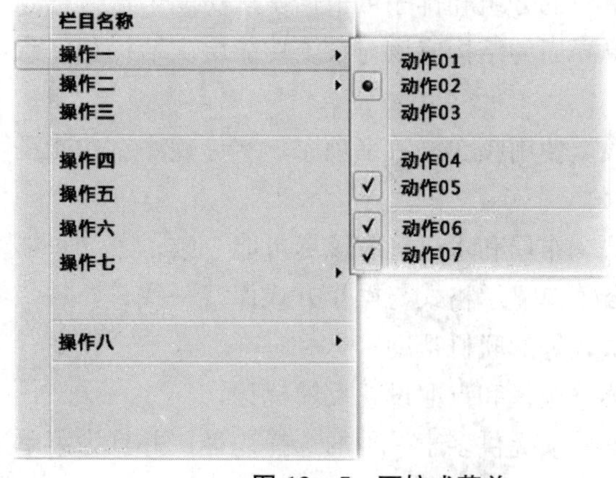

图 12—5 下拉式菜单

树叶	水滴	雪花	蝴蝶	灯泡
电话	拼图	黑猫	蜗牛	金鱼
荣誉	邮箱	等待	王冠	旅途
人物	警示	选择	搜索	保护

图 12—6　图标菜单

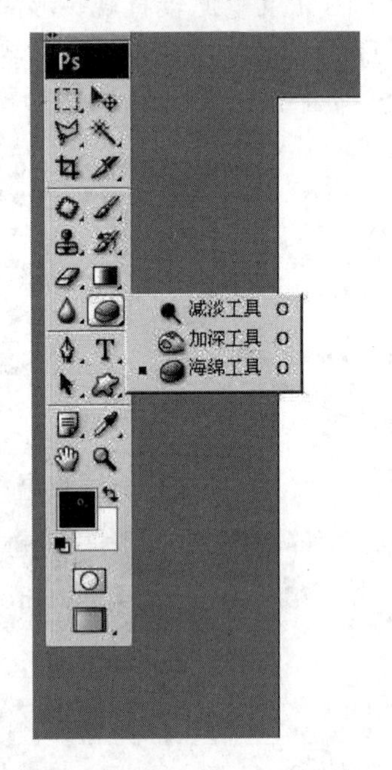

图 12—7　Photoshop 工具栏

设计菜单界面时的原则如下：

- 运用任务流和任务之间的交互来组织菜单；
- 菜单项的名称应该能充分反映其功能；
- 菜单项的名称应该尽可能简短，避免使用较长的菜单名；
- 菜单项的分组和排序可根据系统功能来进行；
- 菜单界面的结构应该与系统功能层次结构相一致，并且使用广而浅的菜单树；
- 可根据使用频次、数字顺序、字母顺序、功能逻辑顺序等原则安排菜单项顺序；
- 语法、布局和术语等应该尽可能一致；
- 各级菜单显示格式与操作方式保持一致；
- 提供较好的联机帮助；
- 对菜单选择和点取设置反馈标记；
- 为菜单项提供多于一种的选择途径，并且为菜单选择提供捷径；
- 菜单项数目的选择需要考虑屏幕大小。

（三）表单填写

当计算机系统需要处理大量相关的数据信息，而且需要输入一系列的数据时，采用表单填写方式比较合适。好的表单或者填表输入界面，可以明确提示用户需要输入的数据，不需要用户学习或者训练就能完成，而且可以将所有输入字段同时显示在屏幕上，充分地利用屏幕空间。

表单填写方面的设计准则如下：

- 使用用户语言，采用有含义的表单标题；
- 提供便于理解的指导说明；
- 栏目按照操作逻辑分组并排序；
- 表单的外观设计、布局应该形象直观，而且具有吸引力；
- 表单中的前后用词、术语、缩写词以及语法等应保持一致；
- 填写项之间应该留白，而且有足够清晰的界限；
- 允许随意的光标移动；
- 允许单个字符以及全部字符的纠错；
- 尽快提供错误反馈和提示；
- 分区域提供解释性信息。

（四）直接操纵

什么是直接操纵界面呢？以图形方式工作的窗口、图标、菜单、按钮、滚动条、对话框等，以及能移动、定位、点选图形目标的定位设备的界面。一个设计较好的直接操纵界面需要满足如下特征：

● 对任务目标和行动方案有一套图形化、持续化的表现方式，不需要刻意去记忆语法结构。

● 任务对象或目标由物理动作操纵，如点击、拖拽，而不是输入复杂的语法。

● 操纵是快速的、渐进式的以及可逆的，并且对目标对象的操纵效应是直接可见的，从而保证用户可以立即看到他们所作出的行为或动作离目标越来越近。如果没有看到，可以简单改变行为或动作方向。这也意味着错误信息较少，给用户带来的压力较小。

● 当与直接操纵界面交互时，用户感觉到好像在与一个控制器而不是一个界面交互，所以他们的关注点在任务而不是技术上。那是一种对任务对象世界的直接参与，而不是在与一个媒介沟通。用户在此过程中会因为触发了一个动作而有自信和主导感，而且能够预测系统的反馈。

● 新手可以很快习得这项基本技能。

对于直接操纵界面，也有一些相应的设计准则：

- 仔细选择操纵图形，确保他们能够与用户的心智模型快速吻合；
- 为用户任务创建图形化表征符号；
- 提供快速的、渐进式的、可逆的动作或行为；
- 用点选代替输入；
- 提供可视化、吸引人的布局；
- 使得行为结果即刻可视化，提供快速的视觉或者听觉反馈。

（五）拟人化

拟人化的界面旨在实现像人与人之间的交互那样的系统与用户之间的自然交互。那些识别手势、面部表情以及眼动界面都属于这个范畴。拟人化界面设计不仅需要考虑软硬件，而且需要理解人类之间是如何通过语言、手势、面部表情以及眼神接触等进行交流的。这些信号必须与噪音分离，而且含义不能存在歧义。在控制器一章已经详尽介绍了每种拟人化界面的设计，这里不再赘述。

（六）混合交互风格

目前大多数较为流行的界面均为混合交互风格，如 Windows 界面。什么情况下比较适用呢？当界面需要完成的任务很多，而且用户经验参差不齐时。如何混合呢？当需要输入数据时，命令语言可以指导用户填写表单；当无法找到可视化行为或者动作时，菜单可以控制直接操纵环境。当然，具体如何操作，需要设计者充分发挥自己的经验特长。

（七）如何选择最适合的交互风格

对于如何选择最适合的交互风格，Debbie Stone，Caroline Jarrett，Mark Woodroffe，Shailey Minocha 在其著作 *User Interface Design and Evaluation* 中总结了这五种交互风格的优劣，以及任务特性与交互风格之间的相关性，如表 12—1、表 12—2 所示。

表 12—1　　五大主要交互风格的优势和劣势

交互风格	优势	劣势
命令行	深受专家用户青睐，在他们眼中是多才多艺的、灵活的，允许用户发挥主动性，支持他们设计宏和捷径	需要持续培训和记忆指令
菜单选择	容易学习，击键次数少于命令行；将功能拆分成一套菜单项，并结构化成决策树；对于初学者和中间用户较适用	容易创建很多菜单，而且造成菜单层级复杂化；可能会降低经验用户的效率，他们较倾向于使用命令语言和走捷径；浪费屏幕空间

续前表

交互风格	优势	劣势
表单填写	使得数据输入简单化；需要适当培训；通过提供错误反馈帮助用户	浪费屏幕空间
直接操纵	可视化任务概念，用户能看到任务对象并直接操纵；易学性优；容易记住如何使用；避免失误，当失误发生时容易恢复；鼓励开发	需要图形化显示和持续性的输入设备；易造成图形或者比喻对不同用户群有不同含义
拟人化	可缓解学习与系统交互的压力	无法预测；可执行性差

表 12—2　　任务特性与交互风格之间的关系

任务特性	交互风格
需要大量数据输入	表单填写或命令行
纸板表格需要电子化	表单填写
熟悉的注释	命令行
自然的可视化表征，一定数量的任务对象和动作，能代表一项任务域	菜单选择或直接操纵
开发是可预测的	直接操纵

二、交互设计原则

交互设计原则是关于设计师经验与价值观的一组准则，是关于行为、形式与内容的一套普遍使用的法则。交互设计原则有很多，包含各种不同层面，从普通的设计指南到交互设计细节应有尽有，但大致可以归为 4 类：设计价值、概念原则、行为原则和界面原则。其中界面原则主要为那些使得行为及消息有效的策略，在本书的其他章节中已有详细介绍，这里不再赘述。

（一）设计价值

设计价值是设计工作有效正直的必要条件，相关学者相继完善了一套适用于满足人类需求的设计学科的价值体系（Robert Reimann，Hugh Dubberly，Kim Goodwin；David Fore & Jonathan Korman）。

1. 正直

交互设计师在确保交互产品有所作为之前，必须确保该产品不会胡作非为。具体为：（1）保证无害的，不能造成人际关系伤害、心理伤害、生理伤害、环境伤害、社交或社会伤害；（2）造福人类，改善人类环境，增进个人、社会以及文化的理解，提高个人与团体的效能，促进个体与团体之间的沟通，降低个体与团体之间的社会文化张力，促进经济、社会与法律等的平等，平衡文化多样性及社会凝聚力等。

2. 目标明确

通过角色和用户研究，理解目标用户和用户在生理、心理方面的局限。

3. 有实效

产品停留在设计层面，没有问世，就不会有价值。产品问世以后，能够为用户带来好处，才属于有效的交互设计。

4. 优雅

优雅的交互设计不仅具备形式上的优美与婉约，而且具备科学上的精确与简洁。具体应该是以简御繁，少即是多；展现整体感，各部分和谐自然；能够激发用户的认知和情感等。

（二）概念原则

概念原则的主要目的是定义产品和产品的使用情境。

（1）为不同的体验水平设计。需要了解不同水平的用户需要什么，让新手快速且无痛苦地成为中间用户，避免给那些想成为专家的用户设置障碍，为永久的中间用户服务，让他们得到愉快的使用体验。为目标用户优化应该是一条亘古不变的原则。

（2）产品的外观和行为必须反映产品的使用方式，而非设计者的个人喜好。

（3）设计桌面软件的原则：

- 技术平台的选择必须与交互设计工作和谐一致；
- 独占应用最好使用全屏幕，从而使其发挥最大优势；
- 独占应用需使用最小的视觉风格，而且要保守；
- 独占应用可以采用丰富的输入；
- 独占应用中的文档视图应该最大化；
- 暂时应用需要简单、清晰，而且意义明确；
- 暂时应用应该保持简单，尽量只占用一个窗口或者视图；
- 暂时应用在运行中应该保持自己处于上一次的位置和配置下，从而使得程序具有记忆能力，记住用户的选择；
- 后台应用应该随时可以加载或者卸载；
- 后台应用可以随时被调整，从而能够适应不断变化的环境；
- 后台应用应该把意图和用户可获得的选择范围告诉用户；
- 当出现任何阻碍该用户完成其既定目标的情况时，后台应用应该允许用户直接在线访问。

（4）不要简单将自己设计的产品当作计算机。当设计家电产品、手持设备、照相机、微波炉时，不能把桌面计算机的术语和习惯全部照搬到相对简单的设备中。

（5）应集成设计硬件和软件。软硬件之间存在交互，在设计时，需要从用户的角度考虑实现软硬件之间的紧密结合。

（6）通过使用情境来驱动设计。嵌入系统的设计必须紧密匹配使用情境。如手持设备，需要考虑设备在什么场合工作，物理上如何进行操作，以及如何持握这种设备，设备放置在什么地方，如何放置；用户在什么情形下会使用这个设备；在什么环境下使用这个设备，在不同环境下用户使用这个设备有什么具体需求等问题。

（7）明智运用模式。设计嵌入式系统时，需要限制模式的数量，而且模式的切换最好在情境转换时自然进行。比如，用手机听音乐时，有电话接入能够很容易地切换到电话模式，电话结束后，音乐继续。

（8）限定范围。特定嵌入系统应该满足特定目的，而且是在特定环境下使用的，应该避免成为“万宝囊”。当某种设备能够使得用户可以高效地做好几件事情时，用户的体验就会很好。

（9）平衡导航和显示密度。当屏幕受限时，需要平衡信息显示的清晰度和导航的复杂度。在不同信息集之间切换时，应避免屏幕闪烁，同时需要为物理控制留出显示状态的位置。

（10）尽可能减少和简化输入。与键盘相比，嵌入式系统的文本输入相对困难、缓慢，因此输入量应该尽可能减少，输入过程应该尽可能简单。

（11）手持设备设计的其他原则：

- 功能集成化，导航操作最小化；
- 了解物理模型，考虑用户如何持握和携带设备，根据设备使用地点和时间的不同来设计设备的外形和形式；
- 提前确定设备是单手操作还是双手操作，运用场景剧本弄清楚不同情境下用户比较接受的模式；
- 多数手持设备最好被设计成桌面数据系统的形式；
- 当屏幕分辨率较低、屏幕尺寸较小时，可采用独占姿态完全占据屏幕空间，避免使用多个窗口或弹出窗口。

（12）信息亭设计的其他原则：

- 交易类信息亭不用特别吸引使用者，但应放置在显眼位置，可以照顾用户的往返；
- 交易类信息亭需要同时安放指路牌标识和周边地图；
- 探索性信息亭除了安放指路牌标识和周边地图外，还不能距离展品太近或者太远；
- 探索性信息亭需要能够容纳几个人一起使用；
- 探索性信息亭可以使用丰富的声音提示和反馈；

● 需要考虑不同个体的需求，可以有一些无障碍设计；

● 信息输入要确保单击对象足够大，从而便于手指操作；

● 单击对象的对比度要高，色彩要鲜明；

● 各对象之间的距离最小不能少于 20mm；

● 软键盘输入只适合输入极少量的字；

● 不宜过多使用拖拽、滚动等复杂手势操作；

● 信息亭应该针对首次使用进行优化，属于暂时姿态。

（13）电视界面设计的其他原则：

● 用户一般会在较远的位置观看，应该保证用户能够轻松看到，因此文本、导航等尺寸要大，屏幕的布局和视觉设计要清楚；

● 屏幕上的导航越简单越好；

● 将电视的控制与其他家庭娱乐设备常见功能的集成控制发挥起来，可以满足许多用户的需求；

● 遥控器应尽可能简单；

● 设计的重点不在于提供越来越多的功能，而在于满足用户的目标与活动需要。

（14）汽车界面设计的其他原则：

● 常用的导航控制应该直接放在方向盘或者中心控制台上，保证驾驶员的手离开方向盘的时间尽可能短；

● 显示布局保持一致，使驾驶员保持不同情境下的方向感一致；

● 尽可能使用直接控制对应关联；

● 输入方式的选择应该小心，如旋把比按钮更容易触及；

● 不同模式，如 CD 模式、FM 模式、气候模式、导航模式以及情境之间的转换应该简单，且易于理解；

● 尽可能提供声音反馈，而不是迫使驾驶员的视线经常离开前方道路。

（15）家电产品设计的其他原则：

● 多数为暂时自然界面，应该最简单、最直接；

● 当易用性不是很高时，尽量不使用触摸屏，而使用拨盘和按键；

● 适当的触感和声音反馈。

（16）语音界面设计的原则：

● 功能的组织和命名需要拟合用户的心理模型；

● 用户执行每次操作后，系统都应该提示现在可以执行的功能以及如何执行；

● 每次操作完成后，语音界面都需要告诉用户如何返回到上一级和最高一级功能树；

● 当用户遇到困难时，应该能够转到人工接听电话；

● 电话小键盘输入时，应该给用户足够的时间来响应。

（三）行为原则

行为原则主要基于在典型情境或者特殊情境中描述产品应有的行为。用户在使用产品过程中，并不会去了解和掌握一个复杂系统运作的所有细节（实现模型），而是创造出一种比较简单的解释方式（心理模型），将"开发出了什么"和"提供了什么"分离产生设计者的表现模型。设计者的表现模型与用户的心理模型越接近，用户就越会感觉到程序容易理解和使用。如果表现模型比实现模型更为简单，则会慢慢向心理模型靠拢，用户理解起来就不会那么困难了。因此设计原则为：用户界面应该基于用户的心理模型，而不是实现模型。其他原则如下：

- 目标导向的交互反映了用户的心理模型，通过给用户提供理解其目标和如何得到满足的认知框架，会降低或者消除用户界面中一些不必要的复杂性，使得用户更有效地工作。
- 用户不理解布尔逻辑，因此交互设计师需要将实现模型隐藏起来，避免布尔逻辑与用户交互的应用混合产生严重的用户界面问题。
- 机械时代的表现方式有损交互方式，不能照搬机械时代产品的用户界面，需要根据信息时代的客观情况进行改良设计。
- 当用户习惯了一种交互操作时，重大改变必须是非常好的改变，否则用户适应起来会比较困难，接受度比较低。
- 不同级别的用户心理模型不同，认知复杂度也有所不同，而且没有人愿意停留在新手级别，故需要为不同体验水平的用户设计。
- 多数软件均为实现型界面，用户倾向于认为学习界面很困难。所有的习惯用法都需要学习，但是应该非常容易学习，而且好的习惯用法只需要学习一次即可掌握。
- 隐喻可以为第一次使用带来便利，但当继续使用时会造成浪费，如果找到合适的隐喻就使用它们，但不能让界面屈从某些任意的隐喻标准。
- 视觉的模式和属性是视觉界面的基础，前面章节中介绍的有关视觉界面的设计标准均屈从于视觉模式的限制。
- 界面描述不能仅仅使用文字描述，还应该使用视觉元素向用户展示行为的结果，将功能与行为视觉化，直观、形象且精确地显示出最后的结果。

□ 讨论题

1. 语音界面设计有哪些原则？
2. 什么是直接操纵界面？
3. 界面设计中有哪些典型的菜单形式？说明它们的特点。

4. 举例说明拟人化界面设计的应用。
5. 什么是设计价值？设计价值体系中有哪些内容？

□ 案例讨论

触觉交互——一种新兴的交互技术

触觉交互已成为人机交互领域的最新技术，将对人们的信息交流和沟通方式产生深远的影响。它在产品设计和制造、医疗、工作培训、基于触觉的三维模型设计等众多领域具有很高的应用价值（见图 12—8）。这篇文章总结了触觉交互技术的发展历史和当前的应用领域，展望了触觉交互的发展前景，并对触觉交互未来的研究方向提出了建议。

图 12—8 SenzTech 公司的触觉建模

本章提到的主要交互方式都是从视觉和听觉出发的，触觉却提及不多。狭义的触觉是指由微弱的机械刺激使皮肤浅层兴奋的触觉感受器引起的肤觉，广义的触觉还包括由较强的机械刺激导致的深部组织形变引起的压觉。

触觉交互起源于远程控制装置，比如，从早期的由连杆和绳索控制的钳子，到后来的由肘、腕和手组成的机械臂等。更远距离的操控需求导致电机和电子传感器取代了原来的机械连接，更新型的远程操控通过电子信号将手部的动作和远程装置进行连接，并反馈回真实的触觉。早期的触觉交互形成了。随着计算机处理能力的提升，虚拟现实和三维图形也纳入到操作的对象中，而触觉也显得尤为重要。比如机械工程师只有用手去感受内部零件的空间布局，才能判断三维设计是否利于装配和维修，再比如触碰感能让虚拟的外科手术训练更有成效。直到 20 世纪 90 年代，类似的触觉装置还由于价格昂贵、功能单一，主要用于军事仿真。1993 年，麻省理工学院人工智能实验室的 Salisbury[1] 等开发了一种装置，实现了点接触力的传递，引发了全球触觉交互研究的热潮。触觉交互有什么优势呢？首先是提高了人机交互的自然性，使得普通用户能按照熟悉的感觉技能进行人机通信。[2]。另外，触觉交互在提高学习效率、增强运动受损人士的交互能力[3]、用户界面的精准定位[4]等方面都有显著的效果。

目前触觉交互最引人注目的专业应用领域为计算机辅助设计（见图 12—9)。集成了触觉功能的计算机辅助设计能很好地评测产品的造型、人因学性能和部件的易装配性等，从而提高效率、降低成本。Boston Dynamics 公司的外科手术仿真系统很好地应用了触觉交互功能，可以实现膝关节内窥镜检查、吻合术和处理肢体外伤等内容。另外，触觉交互技术在建筑行业以及电脑的交互操作领域都有广泛的应用前景。Haptic Technologies 的一家分公司开发了触觉鼠标，可以把 Windows 界面的图标和按钮转换为触觉信息传递给盲人。近年来，触觉技术已经逐渐渗入到主流消费市场，比如 Immersion 公司的 i-Force 产品与微软公司的 Sidewinder FF 产品。

图 12—9　触觉交互实例

总的来说，触控技术对人们的信息交流和沟通方式将产生深远的影响，对提升用户操控水平、提高残疾人士与计算机的交互能力有显著帮助。未来触觉交互技术的研究在以下几个方面应获得更多的关注：提升触觉交互设备的灵敏度和精度；建立触觉交互的标准和规范；触觉交互人因学领域的研究。

资料来源：吴兆卿、饶培伦：《触觉交互——一种新兴的交互技术》，载《人类工效学》，2006 (1)，57～59 页，65 页。

□注　释

[1] K. Salisbury, *Haptics: The technology of touch*, HPCwire special to HPC wine, 1995.

[2] 王坚、董士海、戴国忠：《基于自然交互方式的多通道用户界面模型》，载《计算机学报》，1996，19 (1)，130～134 页。

[3] S. Keates, et al., Investigating the use of force feedback for motion-

impaired users. in *Proceedings of the 6th ERCIM Workshop*, 2000.

[4] S. J. Bell and B. Menguc, The employee-organization relationship, organizational citizenship behaviors, and superior service quality, *Journal of Retailing*, 2002, 78 (2), pp. 131–146.

第13章
Chapter 13 重复性骨骼肌肉伤害

导 言

美国职业事故造成员工骨骼肌肉伤害的病变一直居高不下，由于它会使个人的活动受到限制从而影响生活质量，因此一直受到极大的重视，人们不断寻求预防控制的方法与措施。美国劳工部指出，在工作场所中产生的疾病中与累积性伤害病变有关的部分占所有职业伤病的60%以上。在英国与工作有关的骨骼肌肉伤害中以上肢伤害比例最高，其次为背部。在瑞典颈与上肢的病变可解释职业伤病的41%以上。在美国腕管症候群被诊断为员工第二位请求赔偿的伤害类别。Melhorn指出，美国每年有50%的工作人口遭遇职灾，故企业界已将累积性伤害病变视为公司获利以及生产力提升的最大威胁。Snook报告称，每年背痛的直接和间接成本约有16亿美元之多。故由上述研究报告可知，骨骼肌肉系统的累积性伤害病变是工作场所中最常见的疾病之一，且影响深远。

1881年Taylor博士提出时间研究，工作被分成许多细小部分，并设定每一工作的标准时间，其目的在于减少时间的浪费，使工作速度加快（一整天用最快速度工作）。Gilbreth夫妇于1885年提出动作研究，对工作效率进行提升，至今变成工作简化，但其目的在于将无效作业与时间减少或完全消除，进而提高效率增加产能，达到科学化的管理。所以管理者基于生产力的考虑，在工作改善上多倾向于使员工精简目前作业所需的动作、技术和训练，以增强企业获利能力，并提升竞争力。加上社会生活的快节奏、高压力，以及经济不景气——员工怕被裁而不断努力工作，工作效率不断提升，但与此同时是否也因未注意配套措施的实施而牺牲了员工的身体健康，是值得深入探讨的。从安全的角度来看，工作内容简化后，员工经年累月地重复执行某些动作或作业，即使短时间内效率提升了，但从长期来看，易造成员工骨骼肌肉方面的疾病。故在人员工作效率提高与受伤害的矛盾上，需找到一个平衡点。若员工遭遇骨骼肌肉伤害而无法继续工作或被降薪解聘，除造成医疗成本、赔偿成本、工时损失以及再训练新人的直接成本外，间接成本如缺席、士气低落、产品不良率增加等也会影响单位的营运。此外，还可能对公司提起诉讼或抗争，造成公司形象受损与社会成本增加的不良后果。因此科学化管理的精神与愿景虽为工作的改善与效率的提升提供了方法，但在以劳工为本的社会形态下，如何消除重复性工作所带来的负面影响，各界应及早就管理与劳工安全两方面提出对策，来减少对员工骨骼肌肉伤害的暴露，并使劳资双方都能获利。

一、文献回顾

所谓重复性骨骼肌肉伤害，是指工作时暴露于人因工程相关危险因素之下，所引起或加重的重复性骨骼肌肉、外围神经或血管的伤害或疾病。工作中的重复因素可定义为在某一定时间内或需完成一项工作的时间内所移动的次数。其中高重复率可定义为循环时间低于 30s 或在基本循环中超过 50％的时间在操作同样的工作。Silverstein 指出，高重复性施力的员工比低重复性施力的员工多 31％发生肌腱炎的机会。

在文献中，重复性骨骼肌肉伤害常与累积性伤害病变（cumulative trauma disorders，CTD）、职业性颈臂病变（occupational cervicobrachial disorders，OCDs）、职业性过度使用症候群（occupational overuse syndrome，OOS）、反复性动作伤害（repetitive strain injury，RSI）以及与职业有关的骨骼肌肉病变（work related musculoskeletal disorder，WMSD）等相互使用，本章用 CTD 来表示。CTD 的含意可由其字眼来定义：cumulative 是指伤害产生是由于动作的重复性而逐步造成某些身体部分的组织病变；trauma 是指因机械上的压力而产生身体上的伤害；而 disorder 是指身体上的失调。

当员工经年累月使用颈部、上肢、背部、躯干、下肢等肌肉骨骼时，肌肉组织因长期失去平衡而变成不良姿势、采用屈就的姿势来换取舒适或是持续工作的形态，若感觉某些部位（特别是连接肌肉与骨骼的肌腱）有持续疼痛、手部或前臂无力、丧失触觉、缺乏控制或协调感等，即应注意是否罹患了 CTD。通常人体有能力自行修复这些伤害，但需有足够的休息时间。若休息时间不够，加上高重复性的施力以及不当的姿势，员工就可能处于罹患 CTD 的风险中。

因为大部分人力的工作需积极地使用上肢和肩膀等部位，且上肢的结构又特别易使软性组织受到伤害，如在重复的手工作业形态中，手与腕的病变最为盛行。例如，手与腕若经常在装配作业时使用捏握姿势，会对手部产生压力而可能造成累积性伤害发生，故本书较强调上肢部位的讨论。在上肢中常见的伤害为：（1）肌腱病变（如肌腱炎、腱鞘炎、腱鞘囊肿、德奎缅症（拇指外展肌）、扳机指（手指屈肌肌腱）、内（外）侧髁炎（手肘处手指屈肌）等）；（2）神经病变——手与手腕分布的三种主要神经为正中神经（median nerve）、尺神经（ulnar nerve）、桡神经（radial nerve）等，所以当这些神经受到不当压迫时，会产生神经方面的病变（如腕管症候群（正中神经）、盖昂道症候群（尺神经）、桡侧道症候群（桡神经）、旋前圆肌症候群（正中神经）、神经症候群、胸腔出口症候群（臂神经丛）等）；（3）神经血管循环的病变（如雷诺氏症候群等）。例如，手部与腕部需经常反复从事类似的动作者（如计算机数据输入）、手部与腕部需以较大力量完成工作者（如肉品切割处理）、手部与腕部需长时间工作者（如汽车装修）或者两者被要求以不同姿势工作者、经常或长时间压迫腕部或手掌底部者（如揉面）等。这些习惯性的姿势持续进行后，为职业病的产生提供了条件，而造成高风险的 CTD。文献指出众多工作类型，如接线生、手术室人员、司机、电气线路制作、家庭主妇、木匠、砌砖工人、搬运工、伐木工、屠夫、邮差、打字员、出纳员、裁缝匠、音乐家等，皆有可能遭遇这些症状，这些症状发生位置遍及整个身体，如图 13—1 所示，故寻求解决之道刻不容缓。

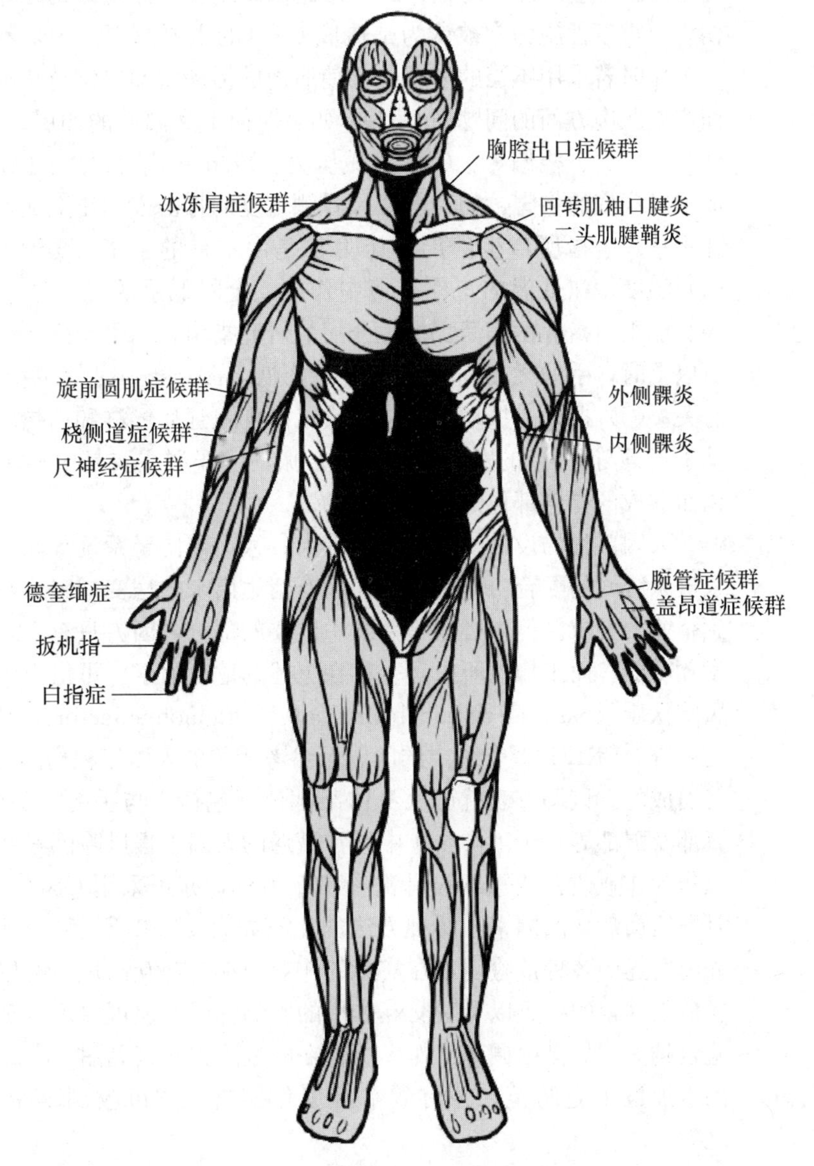

图 13—1 常见的肌肉病变发生位置

二、重复性骨骼肌肉伤害防治

为避免CTD的产生，首先应该对工作场所中易对员工造成伤害作业的人因工程风险因素（ergonomic risk factors）加以考虑，并采用人因工程的方法来防治这些风险。NIOSH将人因工程风险因素定义为“会发展成为累积性伤害风险的工作、程序或操作的条件风险”。所谓风险，是指增加疾病或病变生成几率的暴露，而目前研究指出产生CTD的风险因素有：（1）重复性动作和持续性施力。高重复性、高施力的工作比低重复性、低施力的工作易造成骨骼肌肉伤害。重复性施力常被认为是造成CTD的主要原因。（2）不良工作姿势。员工工作时若采用不当的姿势，会使肌肉的活动增加以维持负荷与固定姿势，因而产生肌肉方面的问题与CTD。如手肘向下和向后的伸展、弯曲，手腕屈曲、伸展、尺偏、桡偏等。（3）机械压力。Felman等指出，机械压力会对人体造成神经病变的伤害。如对前臂尺骨侧重复的打击或加压造成尺骨神经伤害；而在手掌及手指所产生的局部压力常是由不良的手工具设计以及使用造成的。（4）温度。在低温的工作环境中作业，会降低手的灵巧性、加深末梢神经伤害、加重白指症的病情。柯达公司的研究指出，当手暴露于外围温度60°F数小时以上时，手的柔韧性及灵巧度会降低。Armstrong等也指出，温度与CTD有关。（5）振动。振动可能会使员工出现腕管症候群和白指症。而且，使用振动手工具与CTD的发展有相关性。振动症候群主要是由使用动力手工具如链锯而造成的身体部位的振动引起的。

人因工程的设计演变从机器导向、人员导向至系统导向，其主要目的是使人机系统间的配合协调优化，使所有衍生出来的病变减轻或消除，同时也能达到企业的要求。但人必须是系统中首要的部分，因为只有人才能发动系统使其发挥功能。而工作场所中是否存在上述的危险因素，可借由人因工程因素基线风险认定（baseline risk identification of ergonomic factors，BRIEF）来做前期的调查，BRIEF调查表中的问题系参考相关的人因工程伤病的文献研究结果编纂而成的。该调查表就员工身体某部位（包括手与手腕、手臂与肩膀、颈部、背部及腿部等）于工作场所中最常遭遇的人因工程风险因素状况提出前期审查以作为作业改善或重新设计的参考。另外，亦可采用OSHA的核查表来识别骨骼肌肉病变的因素，两种方法的比较如表13—1所示。无论采用何种方法，先前所述的各种危险因素在实际的作业中都会交互出现，所以很难单独地评估各危险因素的权重以及对交互作用的影响程度，但可以确认危险因素越多，风险也越大。故借由调查工作场所存在的危险因素（见图13—2），针对这些危险因素加以事先防范，并有效掌握工作实态，方可收到事半功倍、对症下药之效。

表 13—1　　BRIEF 调查表与肌肉骨骼系统危险因素核查表的比较

项目	部位调查	肌肉骨骼系统危险因素核查表	BRIEF 调查表
重复性	手指、手腕、手肘、肩、或颈部 手与手腕、手肘、肩膀、颈部、背部、腿部	1. 每 15s 重复相似作业 2. 密集的文数字键盘输入 3. 键盘输入+其他作业（占 50%~70%）	1. 手与手腕执行≥30 次/min 操作 2. 前臂旋转≥2 次/min 3. 手肘全伸展≥2 次/min 4. 肩膀≥2 次/min 5. 颈部侧弯或扭转≥2 次/min 6. 背部左右弯或扭腰≥2 次/min 7. 单腿站立、蹲或跪≥2 次/min
施力	手部、手与手腕、手肘、肩膀、颈部、背部、腿部	1. 抓握物超过 4.5kg 2. 捏握力超过 1kg	1. 手与手腕捏握施力≥8.896N 2. 手与手腕力握施力≥44.482N 3. 手臂施力≥44.482N 4. 肩膀施力≥44.482N 5. 颈部加上负荷重量（如头盔） 6. 背部处理的负荷≥88.964N 7. 操作脚踏板施力≥44.482N
期间	手与手腕、手肘、肩膀、颈部、背部、腿部		1. 手与手腕保持任何抓握≥10s 2. 手肘任何高风险的姿势≥2 次/min 3. 肩膀保持任何高风险的姿势≥10s 4. 颈部侧弯或扭转≥10s 5. 背部任何高风险的姿势≥10s 6. 单腿站立、蹲或跪≥10s
姿势	肩部、颈部、前臂、手腕、手指、背部、下肢手与手腕、手肘、肩膀、颈部、背部、腿部	1. 颈部：扭转>20°；前倾>20°；后倾>5°； 2. 肩部：以无手部支撑方式从事精密作业或提高手肘在胸高作业 3. 前臂：前臂旋转动作 4. 手腕：手腕前弯>20°；后弯>30°；尺偏；桡偏 5. 手指：手指握持或用力抓握物件 6. 背部：身体侧弯；前俯>20°但<45°或>45°；身体后仰、扭转；长时站立无背部支撑 7. 下肢：长时站立或坐着无脚部支撑；跪立或半蹲；重复脚踝动作	1. 捏握 2. 指压 3. 力握 4. 手腕桡偏 5. 手腕尺偏 6. 手腕屈曲≥45° 7. 手腕伸展≥45° 8. 前臂内转/外转≥2r/min 9. 手肘全伸展或举肩≥10s 10. 手肘位于胸高以上≥45° 11. 肩上升≥45° 12. 手臂在身体后 13. 颈前弯或扭转≥20° 14. 背屈曲≥20° 15. 背扭转≥20° 16. 单腿站立、蹲或跪≥30%工作周期

续前表

项目	部位调查	肌肉骨骼系统 危险因素核查表	BRIEF 调查表
接触压力	手掌、手指、手腕、肘、腿、手与手腕、前臂、上臂、腿、背	1. 皮肤接触硬或锐利对象 2. 用手掌拍打 3. 用膝盖踢撞	1. 对手掌及手指的局部压力 2. 手部摩擦与碰撞 3. 用手敲击 4. 用单指扳机 5. 在前臂、上臂、肩胛带或手肘处产生压力 6. 背部、躯干前方、两侧的机械压力 7. 大腿、小腿或脚的机械压力
振动	手部或全身上肢	局部振动全身振动	上肢振动暴露≥0.5h /8h
环境	手	1. 照明不良或眩光 2. 低温：手暴露于16℃以下的坐姿工作；5℃以下的轻体力劳动；−6℃以下的重体力劳动；冷气直吹手部	手暴露<65°F
作业速度的控制		作业速度无法自行控制	
推/拉		1. 中度负荷（施力9kg 以上） 2. 重度负荷（施力23kg 以上）	
其　他	手部		穿戴过大、僵硬或减少摩擦的手套

其他有关记录姿势的方法，包括 OWAS（Ovako working posture analysis system），RULA（rapid upper limb assessment），HAMA（hand-arm-movement analysis），PLIBEL，REBA（rapid entire body assessment），QEC（quick exposure check），VIRA 以及 APAS（ariel performance analysis system）等。

国外基于重复性工作伤害带来的严重影响，不断地寻求改善之道。为强制执行这项工作，有些国家或地区将根本解决方式朝向立法之途，如 OSHA 提出的人因工程保护标准草案（Draft Ergonomic Protection Standard）、1995 年北卡罗来纳州的人因工程标准草案（North Carolina's Draft Ergonomic Standard）、1996 年加利福尼亚州的人因工程规定（California Ergonomic Regulation）以及 1997 年加拿大的人因工程标准（Canada Ergonomic Standard）等，有些甚至已列入法令明文规定，如 1998 年加拿大率先将人因工程的规范放入劳工安全卫生法中并开始执行，这都显示了保护员工避免重复性工作伤害的迫切性。

当对危险因素的调查完成后，需针对造成潜在骨骼肌肉伤害的原因分别提出适当的防治方法，具体如下。

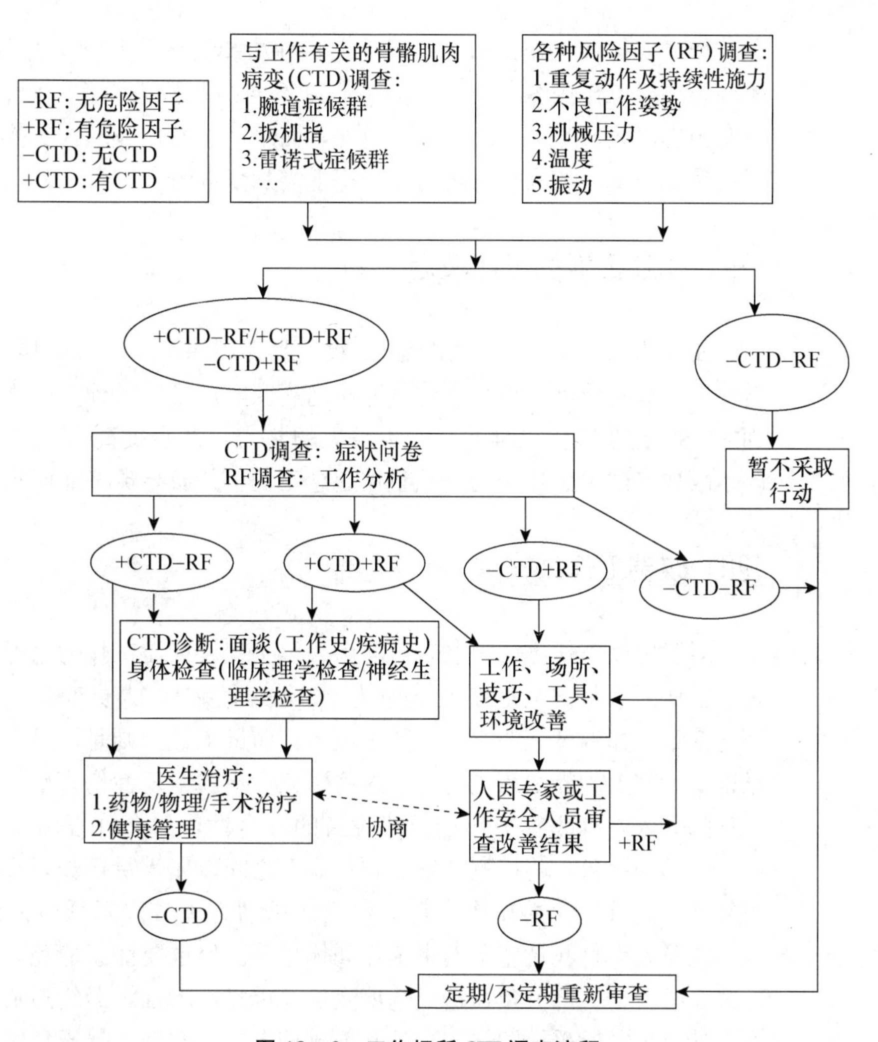

图 13—2　工作场所 CTI 调查流程

(一) 人员肌力强度能力筛选

员工静态或动态肌力的测量，应在雇佣前（pre-employment）实施（如体检和强度测试），以便确定员工是否适合某一工作。测量员工肌力强度能力除可使公司能依员工个人能力与工作本身的匹配程度来挑选分配最适合的人选外，还可以用来帮助管理阶层在作业、工作场所、设备、工具及控制显示装备上满足人因工程的设计。若员工适合此工作，则对其施以人因工程方面的教育训练。此外，从事适度的体能训练也有助于伤病的预防，从而降低伤病发生的概率。

(二) 人员的行政管理

行政管理与控制则着重于修正目前的人员功能，如工作轮调、工作丰富化、作息安排及工作指派等。理论上，性质相近的工作可采用轮调方式进行，不仅要调换工作内容，更重要的是需以不同的肌群来工作。但在实务工作中，有时为提高人员作业的可靠度与速度，而采用熟悉作业的人员操作，日积月累反而造成病变，故在可靠度与伤病率上需加以取舍。

（三）建立正确的工作技巧

研究指出，工作中肩膀抬高次数、颈部屈曲率、手部外展/内收角度、手臂伸展、肩膀伸展等皆会影响骨骼肌肉病变的产生。其他如工作采用捏握姿势而非力握姿势时会在肌腱处产生较大的施力，这会提高产生腕管症候群的风险。故如何改善工作技巧需从整体观念出发，并教导员工如何实施。

（四）改善工作站布置

对肌肉骨骼伤害的控制，可经由人因工程设计使工作力量保持在需求范围内。工作需求基本上是以工作变量（如处理频率）、人员变量（如性别）以及环境变量（如温度）等工作参数来表示。而员工能力则是由其在生理、生物力学以及心理上的能力来决定的。这些研究也指出重复性伤害事故借由人因工程设计的介入，可改善工作场所或设备的安全性，如允许很多不同的工作姿势（如坐站姿并行），将控制器置于腰和肩高之间以便人员操作，重排顺序以减少重复性，高重复性的动作应自动化或使用动力工具以降低所需的力量和重复性，以及允许自我调整节奏来工作和休息等。但也要注意避免因为采用半自动方式而减少个人部分负荷造成速度变快及重复性增加，最终造成潜在危害。故在设计上可同时采用同步工程的验证比较，这也有助于暴露危害者与对照组间的相对风险，以逐步建立改善优先级与重视程度。

（五）手工具的再设计

如何使工具的设计与手的结构互相配合，以避免长期重复使用手工具而受到伤害？当手工具的设计无法让手腕保持伸直状态时，会让肌腱和其他重要结构处承受压力与负荷，故对握把大小以及形式的设计需加以重视。此外，设计上也要使工具与手部间的接触面积足够大，以避免应力过度集中在小面积上。

（六）建立正确的危害评估方法

目前已有很多专家发表对人体暴露于危害因素环境时的不同评估方法，但从实际从业者所得到的观点与数据，却反映这些方法存在不足，所以未来应探究如何结合两者的力量，来减少实际与理论的差异，以减少骨骼肌肉伤害的发生，同时为未来制定法律保护劳工提供宝贵参考数据。在此之前对工作的分析和测量，有助于以科学观察方法来量化风险。

（七）改善工作环境

工作环境如温度和湿度等皆会对上肢病变的产生有所影响，故建议手部作业的温度至少为 25℃。适当的湿度可以避免员工以更多的握力来保持有效的抓握力量。

（八）健康维护

实施健康管理的目的是在早期发现症状在早期治疗。但相关的职业病专科医师的培训与诊断认定标准、通报系统以及是否与职业有关等相关因素的建立，皆有助于重复性骨骼肌肉病变的预防。

三、结　论

面对工作场所伤害率的挑战，应从造成骨骼肌肉伤害的环境危害以及人员生理危害积极预防。为了减少与工作有关的骨骼肌肉伤害，可从下列方向努力：

- 确认人因工程的危害因素。
- 发展有效的危害控制技术与教育倡导以及健康管理。
- 改变管理观念和操作政策以达到期望的绩效。

□ 讨论题

1. 举例说明常见肌肉疾病的发生位置。
2. 描述工作场所 CTD 检查流程。
3. CTD 风险因素有哪些？
4. 针对造成潜在骨骼肌肉伤害的原因，有哪些防治措施？
5. 一般建议手部作业的温度下限是多少？

□ 案例讨论

美国重复性肌肉损伤预防方案

美国 San Joaquin Valley 商业集团针对公司员工患上与电脑相关的重复性

肌肉损伤疾病（RSI）的问题，推行了举世瞩目的重复性肌肉损伤预防计划（RSIPP），旨在有效预防重复性肌肉损伤，实现零事故和工作岗位的绝对安全。重复性肌肉损伤又称为肢体重复性劳损，简单来说，是一种由于重复性的动作带来的损伤。最为人熟知的肢体重复性劳损症是腕管综合征[1]（见图13—3）。肢体重复性劳损症也包括鲜为人知的状态，如电脑视觉症候群、上肢功能障碍、肌骨失常和累积性精神失常等问题。

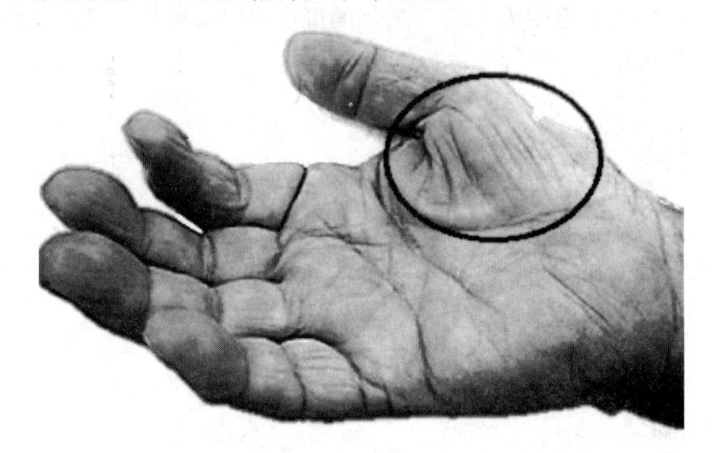

图 13—3　腕管综合征

RSIPP 计划主要包括以下六个方面：

（一）基本的安全行为

包含一项基础安全行为的理论教程，以及要求员工在最低限度上完成工作岗位的观察内容。

（二）培训

公司所有从事与电脑相关工作的员工都要接受有关人机工程学的基础教育和培训，并有专门的监督员来监督员工的实际完成情况。

（三）风险评估

为了辨识 RSI 中风险度较高的部分，需要对每个员工开展评定工作。分为两种途径：基于计算机的自我评定和人机工程学专家综合评定。从事与电脑相关工作的工作人员都要开展初期的评定工作，对于评定后处于较高风险等级的人员，每年至少还要进行一次另一种途径的评定工作。评定后，通常会有一系列有关更正设备和其他方面的建议。

(四) 基于不同风险分类的预防措施

一旦确定某个员工的风险等级，具体的预防措施随之开展。例如，可以用电脑来提醒什么时候该放松了。监督人员会通过统计数据，判断推行情况。一旦某员工的风险等级较高，或者该员工正处于不适状态，则他的工作应该立即停止，直到找到合适的医疗师为止。另外，安全部门和健康委员会共同发起瑜伽锻炼课程，每周在午饭后进行两次免费的瑜伽课程，瑜伽班设置在公司总部中电脑输入工作繁忙的部门。安全部门与健康委员会还聘请了相关的临床医学专家，公司将支出的一半用于短短 15 分钟的按摩上。

(五) 早期报告和及时处理

当员工发现不适时，需要立即报告。当员工报告不适后，会立即被列入迅速处理的计划中。监督人员有权让员工少接触电脑，直到评定结果出来，再根据评定结果做适当的安排：更换设备，轮岗，休息，运动放松，甚至治疗。

(六) 过程评估

为了测定实施的效果，RSIPP 通过对基础数据的评定，逐渐修改计划，以保证适用性。每年一次的经验总结、员工和管理人员的反馈，都保证计划修改后可以更好地适应员工的要求。公司的调查显示，44%参与 RSIPP 的员工受到 RSI 威胁的程度明显降低，而长期或经常受到 RSI 威胁的员工中，已有 49%的人说原来的症状已经消失或明显减轻。公司 2002 年用于 RSI 方面的支出占总支出的 45%，2003 年降低到 27%。

SJVBU 公司意识到 RSI 的严重性，明白光靠一个人的力量是无法管理好的，所以专门成立了管理委员会，目的就是降低员工和协作人员受到 RSI 威胁的程度。管理层也在人员、时间、财力等方面做了很大的投入，包括资源部（设备等）、人机工程学专家、执行顾问、执行人员、瑜伽教师、医疗师等。公司认为，一起 RSI 也是过多的，为了实现公司 RSI 的零记录，RSIPP 需要按照公司提出的要求不断改进。随着经验、教训的总结和积累，RSIPP 也越来越详细。公司在持续改进方面开展了许多工作，包括：(1) 增加进行评定员工的数量；(2) 培训更多的监督人员和员工；(3) 增加电脑提示休息软件的使用率。在采取了有效的手段后，SJVBU 公司已经在预防 RSI 方面迈出了关键的一步，随着管理层和员工的努力，公司内部的 RSI 伤害事故必定会逐渐消失。

而这种伤害在我们日常的生活中也是普遍存在的，所以在平时的学习、工作中，也应该注意放松，及时发现隐患，增强自我健康保护意识。

资料来源：王善文编译：《美国重复性肌肉损伤预防方案》，载《现代职业安全》，2005(9)，82～84页。

□注　释

[1] 腕管综合征是正中神经在腕管内受压而引起的手指麻木等症状。又称为迟发性正中神经麻痹，属于累积性创伤失调症，常发于30～50岁的办公室女性。

第 14 章 Chapter 14 人为差错与意外事故预防

导 言

讨论人为差错与意外事故预防，其目的在于增进人员与财产安全。在该领域，有两个最为著名的理论：奶酪理论（Swiss cheese model）和多米诺（骨牌）理论（Domino theory），现说明如下。

（一）奶酪理论

奶酪理论由 Reason[1]提出，用于解释事故原因的连锁关系链。该理论指出，每一片奶酪代表一个环节或者一道防线（defensive layer），如果奶酪上有空洞，则表示此环节可能会有所失误。如果许多不同的奶酪上都有空洞，而且这些空洞可以连成一条直线，表明光线可以穿过这些奶酪，会发生事故。Reason 指出，防线上的空洞可根据原因区分为前端诱发性失误（active failures）和后端潜在性失误（latent conditions）。前端诱发性失误的发生情形主要为工作人员不安全的行为或者机器设备失常。前端诱发性失误一般为立即显现发生的。后端潜在性失误可归因于程序设计不当、管理错误、不正确地安装以及现行组织存在问题等。两种失误相比，潜在性失误由于会促发前端诱发性失误，更容易造成安全威胁。基于此，奶酪理论的核心在于强调做好人为差错的防治以及意外事故的预防。

（二）多米诺（骨牌）理论

Heinrich[2]等学者将人为差错与意外事故解释为：意外事故是一个非预期的可导致团队作业产生低效率的事件，可以用骨牌理论加以解释，如图 14—1 所示。

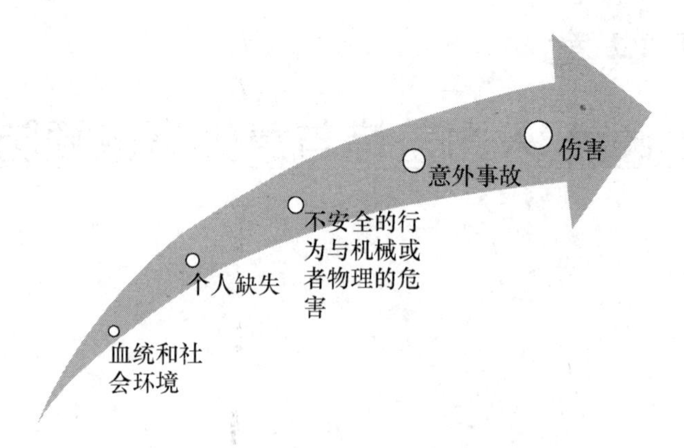

图 14—1　意外事故发生的骨牌理论

该理论说明意外事故是由一连串的事件在未经计划且非偶然情况下发生造成的，由五个因素构成，依次为：(1) 血统和社会环境 (ancestry and social environment)；(2) 个人缺失 (fault of person)；(3) 不安全的行为与机械或者物理的危害 (unsafe act and/or mechanical or physical)；(4) 意外事故 (accident)；(5) 伤害 (injury)。这五大因素如同一套有顺序的骨牌，任何一张骨牌倒塌，都可能会引发后面的骨牌倒塌，从而产生意外事故或者职业危害，最后造成伤害。骨牌理论的重点亦在说明，意外事故发生的主因是人为差错。

探讨人为差错发生的本质，最重要的是要分析前因后果，进而做好预防，避免人为差错再次发生。本章首先介绍意外事故发生的本质，然后探讨人为差错的分类架构与模型，最后从事故发生的本质探讨应对之道，以期能够做好安全防护工作，避免意外事故的发生。

一、意外事故发生的本质

英语词典中的“accident”与中文词典中的“意外事故”一词，常用以下的词句描述：“没有明显的原因”、“没有预料到的”、“不是有意的行动”、“不幸、倒霉”或“运气”等。甚至在某些民族的文化中，还将意外事故归于神的意图，并视为不可抗拒之事，因此没有必要进一步了解此意外事故的因果关系，这种观念对探究事故发生本质造成了严重的障碍。为了探讨意外事故发生的本质，本节将介绍：(1) 意外事故的定义；(2) 意外事故的本质；(3) SHELL 模型。

(一) 意外事故的定义

当翻阅有关意外事故的文献时，不难发现不同的专家学者研究意外事故时各有其定义。如 Suchman [3] 对意外事故呈现的指标所做的研究指出，一事件呈现的指标越多，则该事件越有可能被称为意外事故，排名前三的指标依序为：（1）没有预期到；（2）无法避免；（3）没有意识到。但此类定义似乎没有一个能令所有关心意外事故的专家学者满意，原因是意外事故所牵涉的范围十分广泛。Meister（1987）曾对意外事故作了一个较为务实的定义，颇被接受，他称，“意外事故是一起未预料到的事件，它会损害系统或人员或是影响系统任务或人员完成作业。”因此，在某些场合，有些专家学者将意外事故（accident）与伤害（injury）视为同义词使用。

（二）意外事故的本质

到底有多大比例的意外事故是由人为差错引起的？多年来各行各业对这方面的调查与研究发现，大致在 85%。[4]这种传统的调查与研究是将人为差错规范在操作者的失误或受伤员工的失误上。这种定义是非常狭隘的，因为任何一起意外事故的产生，通常都是由不同层级的预防措施产生疏漏所致。这些预防措施的制定者、管理者与执行者皆分布于各个部门，意外事故是这些成员中至少一个，疏于发现或没有及时启动预防措施所致，若从这种广义观点来看，正好符合 Petersen[5]曾论述的“人为差错是一切意外事故的基本原因”这一定义。

要讨论到底有多大比例的意外事故归因于人为差错，可从意外事故中除了人为差错之外，还存在哪些影响因素这个方向来讨论。Heinrich[6]发展出最简单的意外事故分类法则，一是人员所造成的不安全动作（或称操作者失误）；二是不安全的状况（或称不安全的条件）。此种意外事故分类法则其后被劳工安全卫生研究所引用，称灾害发生的原因有二：其一为不符安全卫生的环境与设备；其二为不符安全卫生的行为与动作。若使用这种二分法，则当有意外事故发生时，受到谴责的不是受到伤害的操作者，就是负责肇祸机具的保养维修者甚至设计者，原因是我们倾向于关注人员的过失及其发生不安全动作引起的伤害，而善于忽略造成该意外事故的成因以及肇事的情境。

鉴于人为差错在意外事故中分类的理念与调查的范围有所差异，Sanders and Shaw[7]指出，可归类在人为差错的意外事故（accidents）或虚惊事件（incidents）的比例，其范围应在 4%～90%之间。因此，到底有多大比例的意外事故可归类到人为差错这样的问题，在精确度上没有多大的意义。但可以确定的是，人为差错是事故发生的主因。Hawkins [8]称，只有涉及安全的各个因素，与人执行最适当的匹配，才能预防事故的发生；其发展的 SHELL 模型就是在探讨人与各个因素之间的交互作用及其间的关系。若能找出意外事故发生的类别，就可做好预防的工作。

（三）SHELL 模型

SHELL 模型的发展起源于 1972 年 Edwards 提出的 SHELL 概念，他认为与人有关的因素包括软件（software）、硬件（hardware）、环境（environment）与人员（liveware）本身，后经 Hawkins（1987）整理并强调人与这些因素间的交互作用以及关系而发展出 SHELL 模型。此模型包括人员与硬件、人员与软件、人员与环境以及人员与人员等五个框架，如图 14—2 所示。

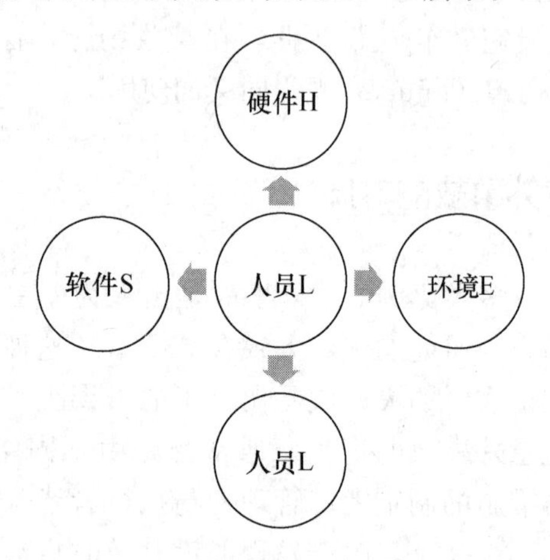

图 14—2 SHELL 模型

从 SHELL 模型很容易发现，从人与这四种因素间的交互作用出发，找出意外事故发生的类别，有助于了解意外事故发生的本质。在此模型中，交互作用的产生以人为中心，如果人与这四种因素间的交互作用运作良好，系统运作就会顺畅。反之，人与这四种因素间的交互作用运作不佳，就会产生问题，发生事故。在此模型中最关键的因素是人员，因为有人员的参与才会与上述四种因素产生交互作用，但人员的差异极大，每个人都有其生理、心理与社会因素的变化，这是此模型最不容易掌控的。现在进一步讨论 SHELL 模型中人员与这四种因素间的交互作用。

1. 人员与软件

在一个操作系统中，有关的软件包括法规、制度、规定、协议、手册、标准作业程序、习惯以及计算机软件等。人员与软件的交互作用可以反映出人与各项支持系统之间的关系。为了完成一次安全且有效地操作，必须确认各项软件皆能正确执行。

2. 人员与硬件

在一个操作系统中，相关的硬件指工作站的物理组件，包括工作站、显示器与控制器等，此外，还要考虑到各物理组件不同的构型。人员与硬件的交互作用可以反映出人与机器间的关系，要具备方便性、有效性、快捷性与安全性。

3. 人员与环境

在操作系统中所指的环境有二：一为内在的环境，指的是直接的工作区域，包括温度、照明、噪声与空气质量等；二为外在的环境，包括工作时的生理因素与在系统操作中的一些限制等。人员与环境的交互作用可以反映出人的工作效率。

4. 人员与人员

在一个操作系统中的人员是指一个合作的团队，各自发挥其工作绩效以及充当扮演的角色，尤其需要经常演练在紧急情况下的应变能力。人员之间的交互作用因牵涉到生理、心理与社会因素，又需与他人建立良好的互动关系，可通过下列五种训练方式达成：(1) 增强决策技能；(2) 有效的沟通（语文及非语文)；(3) 上属与下属间的交流；(4) 强化团队合作；(5) 排解压力。

二、人为差错的分类架构与模型

下面首先介绍人为差错的定义，接着再讨论人为差错的分类架构与模型。借由人为差错的分类架构与模型可以组织人为差错的数据，并针对错误发生的原因，提供启发性的预防方法。

（一）人为差错的定义

意外事故发生的本质是以人为差错为主，许多从事人为差错研究的专家学者都对人为差错有不同的定义与分类标准。在定义方面，Rigby[9] 主张人为差错是指人类的行为超过了可以被接受的限度，而此限度因不同的人机系统而异。Hagen and Mays[10] 主张人为差错是指在作业之中，在既定要求的精确度、加工顺序与时间控制水平下，由于属于“人”的部分发生疏失，而导致的设备或财产的损失或是对既定作业的延误。Wu and Hwang[11] 主张人为差错的判定必须从整体人机系统的观点着手，人为差错的发生可能是由于人的技术不足、管理监督不当、工作环境不适等因素造成的不当行为，由这些不当行为，进而导致系统的异常或意外事故的发生。根据以上学者的主张，可将人为差错定义整合如下：人为差错是一项不妥当或不想要的人员决策或行为，会(或有可能）降低人机系统的有效性、安全性或系统绩效。从此定义可看出两点内容：其一，错误是对系统绩效或人员产生的不想要的效应；其二，一项行动不一定要导致系统绩效降低或对人员有不良效应，才被视为一个失误。[12]

（二）人为差错的分类与模型

Johnson and Rouse[13] 与 Rouse and Rouse[14] 以信息处理的观点对人为差错进行了分类，指出当人员操作与控制如飞机、轮船或发电厂等自动化系统执行监控作业时，会使用到人类信息处理的程序。他们首先提出人为差错的产生可分为两部分，即造成错误的几率（probability）与造成错误的原因（causal）。在造成错误的几率方面，可将人员作业分解成许多项基本行为元素，收集或由专家判断每一项行为元素的错误几率值及其分配函数，以及作业中与各项行为元素间的关系，则可转换成作业可靠度，再将作业可靠度与机器的可靠度结合即成为系统可靠度。只要分析出造成错误的概率，就可提出预防之道，这样就可避免错误的发生。在造成错误的原因方面，主张错误的发生并非随机事件，而是可以归纳出某些原因和促进因子（causes and contribution factors）的，只要将这些原因和促进因子加以控制或消除，即可避免错误的产生。

其次，Rouse and Rouse[15]提出以人类信息处理的历程作为错误分类的架构，他们长期观察核能电厂操作人员执行监控作业的历程，区分为：(1) 观察系统状态；(2) 针对系统目前的状态提出肇因的假设；(3) 逐一验证假设；(4) 选择预期达到的目标；(5) 选定因应作业程序；(6) 执行作业程序等六个阶段，并将所发生的人为差错，分别归纳在此信息处理的六个阶段中。亦即操作者从观察系统状态开始，一直到执行作业程序为止，在每一阶段中皆有可能发生这些特定的错误项目。依此分类架构，就可针对执行信息处理作业时可能发生的错误原因和促成因子，提出调查与分析，如表 14—1 所示。

表 14—1　Rouse and Rouse 所提出的人为差错分类架构

<table>
<tr>
<td>1. 观察系统状态
(1) 反复核查正确读数是否不当
(2) 正确读数解释错误
(3) 适当的状态变量但读取不正确
(4) 未能观察到足够数目的变量
(5) 所观察的是不适当的状态变量
(6) 未能观察到任何状态变量
2. 针对系统目前的状态提出肇因的假设
(1) 该假设不会产生观察到状态变量的数值
(2) 没考虑到还有更大可能的原因
(3) 从代价极高的假设着手
(4) 该假设在功能上并未与所观察到的变量有所关联
3. 逐一验证假设
(1) 未获结论前即终止验证
(2) 获得错误的结论
(3) 正确的结论曾被考虑但被摒弃
(4) 未将假设予以验证</td>
<td>4. 选择预期达到的目标
(1) 目标不明确
(2) 选定的目标与系统作业无关或相反
(3) 未选定目标
5. 选定因应作业程序
(1) 所选定的程序未能充分达到目标的需求
(2) 所选定的程序达到不正确的目标
(3) 所选定的程序不是达成目标所必要的
(4) 根本未选定程序
6. 执行作业程序
(1) 遗漏必要的程序
(2) 必要的步骤未反复执行
(3) 添加执行不必要的步骤
(4) 步骤执行次序错误
(5) 所执行的步骤过早或太迟
(6) 控制器设定在错误的位置或范围
(7) 程序未全部执行完毕即予终止
(8) 执行了无关且不当的步骤</td>
</tr>
</table>

Norman[16]指出，人为差错的类型分为犯错（mistakes）、疏失（slips）与遗忘（lapses）等三种。犯错指的是人不当的意图（inappropriate intention）所导致的结果；疏失指的则是人无意图的过失（unintended error）；遗忘则指无法正确地提取某项行为。

Swain and Guttman[17]将工作中的人为差错分为四类，分别是：(1) 漏做（error of omission），指在操作步骤中因遗漏了某一步骤而造成的错误；(2) 做错

(error of commission)，指在操作步骤中每个步骤都做了，但其中有一个步骤或多个步骤做错了；(3) 依序错误 (sequence errors)，指在操作步骤中各项步骤都正确执行，也无遗漏，但因操作顺序错误而造成的失误，例如稀释硫酸时，必须先将水倒入烧杯中，再缓缓加入硫酸，若次序颠倒，水会瞬间沸腾，造成伤害；(4) 时机错误 (timing errors)，指单看每项操作步骤都正确，顺序也正确，但未能及时完成而造成的失误，例如煞车不及时撞上安全岛。

Rasmussen[18][19][20]则从人类行为层面，将人为差错分为以技能为基础 (skill-based) 的错误、以规则为基础 (rule-based) 的错误以及以知识为基础 (knowledge-based) 的错误等 3 类 13 项。以技能为基础的错误包括手艺变异与位置逆向 2 项；以规则为基础的错误包括定型反应失当、定型反应固著、未能辨识熟知模型、遗忘孤立动作、替选错误与其他记忆丧失等 6 项；以知识为基础的错误包括因熟悉作业而以快速方式执行、未寻得信息、所臆测信息未观察到、信息解释错误与未妥善考虑副作用等 5 项，如图 14—3 所示。

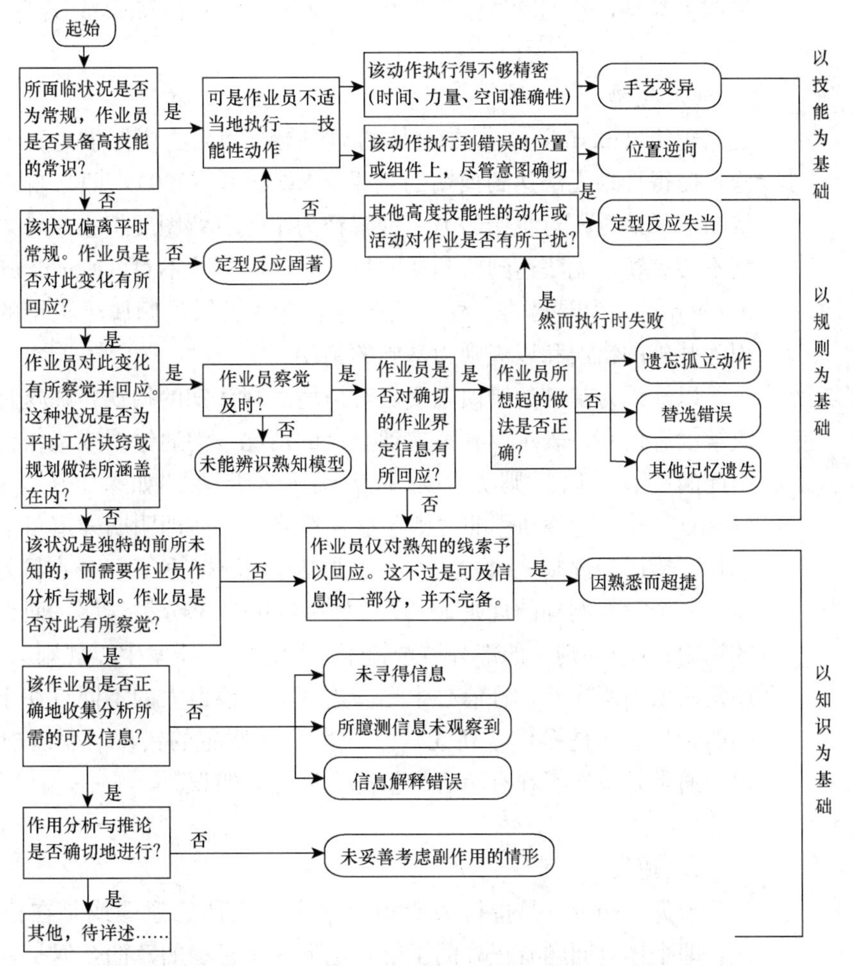

图 14—3　Rasmussen 从人类行为层面考虑将人为差错区分为 3 类 13 项

其中以技能为基础的行为，指由我们潜意识或常识记忆的行动所控制的行为，如熟练的作业员在常规状况下所产生的错误行为，这类错误的发生通常是执行上的失误。以规则为基础的行为，是我们经常处于一些相当熟悉的情境处理事物，涉及此类行为的错误通常是由于对状况突显特征辨认错误，以及未使用或引用正确的规则所致。以知识为基础的行为，指我们处于一些独特或不熟悉的情境处理事物，这时必须根据目标规划应采取的适当行动，涉及此类行为的错误通常是由不适当的分析或决策错误所致。

Van Eekhout and Rouse[21]针对大型船舰引擎控制室执行监控作业的操作员进行错误行为的研究，他们首先分析操作员执行各项任务时的认知过程，包括：(1) 对系统的观察；(2) 异常状况的发现；(3) 选择正确目标；(4) 选择修正程序；(5) 修正程序的执行等五个阶段。其次将各个阶段中各项作业可能发生的人为差错的原因归纳为：执行不完全（incomplete)、不适当（inappropriate）与未实行因应行动（lack）等三类。

Wickens and Hollands[22]将人为差错区分为犯错、疏失、遗忘与模式错误等四种类型，这四种错误类型具有层次性（hierarchical)，现分别叙述如下。

1. 犯错

犯错（mistakes）是指个体的动作与行为无法依据事先所拟定的计划来实施，使得计划无法达到预期的效果（Reason，1990)，即来自于知觉、记忆与认知上的缺点。对犯错的另一种解释为个体有意图要根据某计划行事，但此计划不够完整，无法达到所预期的目标，而非行为不对（Norman1983)。依 Rasmussen 对人为差错的三种分类区分，有两类错误归属于犯错的范畴，即以知识为基础的错误和以规则为基础的错误。

以知识为基础的错误主要是对情境解释认知的错误，在这种情况下，人对决策没有信心，表示没有考虑到全盘的情况、沟通错误或工作记忆超负荷等所引起的错误。以规则为基础的错误主要指在“如果（if)”这个状况“则(then)”进行这些动作的“则”过程选错了，亦即明明知道目前状况，但还是选择了错误的规则（rule)。分析其原因有以下三种：(1) 在例外的情况下，仍使用一个没有例外的规则；(2)“如果（if)”部分被误解，而误用了一个错误的规则；(3)“则”的部分被选错了。所以当个体发生以规则为基础的错误时，还常认为理所当然，且信心十足。这两类错误最大的不同点在于，以知识为基础的错误通常是操作者在无信心的情况下所犯的错误，而以规则为基础的错误，通常是操作者在有信心的情况下所犯的错误。

2. 疏失

疏失（slips）是指行为或动作偏离了个体的意图或是在执行上发生了失误，即个体对问题有正确的了解，也形成了正确的意图，但是在执行时其行为或动作却不小心发生了错误。最常出现的疏失为捕获错误（capturey error)，即个体的行为意向被一个相似且练习了很久的典型行为捕获，知道做什么但做

错了。形成的原因有以下三种：（1）意图的动作和经常做的动作很类似；（2）外来刺激的序列特征与目前的情境相似而产生不适当的反应；（3）动作顺序相当自动所犯的错。例如，不同型号的飞机座舱，某控制器设计得非常类似但功能却不相同，驾驶员产生操控失误的行为，即属于此类型错误。

3. 遗忘

遗忘（lapses）是指无法正确地提取某项行为，它与工作记忆的超负荷以及不良的决策有关。遗忘和以知识为基础的错误具有非常显著的差异；遗忘发生在执行某项程序时，忘掉了其中的某个步骤，例如执行一连串程序，做到步骤 5 临时停下，等再回来时，却从步骤 7 开始做起，漏了步骤 6 却不知道。

4. 模式错误

在执行监控作业时某一动作仅适合在某一特定模式下操作，但是不在该特定模式下却使用此一动作，所犯的错误称为模式错误（modeerror）。近年来有许多研究都着重于模式错误，诸如飞机座舱中加装了空中防撞系统（traffic collision avoidance system，TCAS）、近地警告系统（ground proximity warning system，GPWS）、自动驾驶系统等，因为在自动化系统中，数字显示器有太多的模式可供选择，有可能不在某模式下却使用到特定动作。

犯错、疏失与遗忘最大的不同点是，犯错与遗忘不容易被自我侦测出来，疏失则很容易被侦测出来。所以预防犯错与遗忘类型的错误的发生应着重于如何使人的心智模型尽可能完整与正确，或借由加强设计以及提供显示辅助来减少犯错的机会；而疏失可借由加强设计者在刺激与反应（控制）之间的兼容性或一致性来克服。

Wickens and Hollands 指出人为差错有其层次关系，是可以分类的，若再结合执行监控作业信息处理的历程，包括从刺激中找证据，描述情境与执行评估，由记忆系统提取信息，研拟计划、行动与意图到反应执行，最后到采取行动，其相互间关系就构成了以下模型，在此模型中可知在不同的信息处理历程中可能犯下的人为差错，如图 14—4 所示。

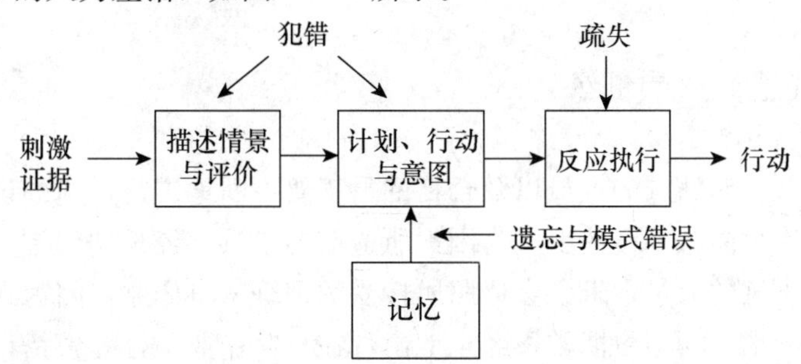

图 14—4　Wickens & Hollands 提出的人为差错分类模型

资料来源：J. G. Hollands & C. D. Wickens，*Engineering psychology and human performance*，1999，Prentice Hall，New Jersey.

综观上述学者对人为差错所做的分类，大致可归为两大类：第一类为一般性分类架构，以 Normon，Swain & Guttman 与 Rasmnusssen 为代表，这种分类方式可供研究人员从人的操作行为层面来探讨人为差错发生的本质；第二类为特定作业分类架构，以 VanEekhout & Rouse，Rouse & Rouse 与 Wickens & Hollands 为代表，这种分类方式是第一类一般性分类架构的一种特殊形式，是从人的认知活动历程（决策—判定—行动）来探讨特定监控作业场所人为差错发生本质的。虽然一般性分类架构无法将人为差错依人的认知活动用信息处理的历程一一做出明确的归类，但此种人为差错的分类架构却可简单地应用到任何特定的作业场所中。

三、从事故发生本质探讨因应之道

由于意外事故的主因是人为差错，而人为差错又是不可避免的，因此要降低意外事故发生的几率必须做好预防。从上述 SHELL 模型的观念以及人为差错的分类架构与模型中得知，可借由对人员的甄选与训练，以及对软件、硬件与环境的改善着手，务必使人员与这四种因素间的交互作用运作顺畅、良好，现分别叙述如下。

（一）人员甄选

要从执行该职务所需的能力与技术来考虑人员的选用，因此在甄选作业上，首先需考虑到从事该职务所需要的知识、智力与动作技能，这样甄选的人员在执行该职务时，才不容易发生错误。但在人员甄选的策略上个体常受到一些限制，无法招募到适当的人才，例如：（1）雇主对执行该职务所需的能力与技能，常常无法确认清楚；（2）对执行该职务所需要的能力与技能的测评，常欠缺可靠、有效的测量工具；（3）需要执行该职务的合格人员，未必能完全招募充足。因此需要借助人员训练来加以克服。

（二）人员训练

对甄选的人员以及合格的员工要不断地进行适当的训练，在执行实务时才有可能减少一些由人为因素所造成的错误。经长期的调查发现，即使经常接受训练的人员也未必会依照所接受的训练从事作业，因为人很难忘记已养成的旧习惯，而旧习惯常不经意地出现在日常作业中，导致错误发生，因此需要长期的训练。训练要提供经费，方能落实到人员的工作岗位上。此外，对一些紧急状况的处理，尤其需要不断倡导并执行实际的操演，否则事情发生时，人员还是会依其最习惯与最容易获得的信息行事，从而产生严重的后果。

（三）软件、硬件与环境改善

从 SHELL 模型可知，从事软件、硬件与环境的改善并施以重新设计，必能减少人为差错的几率，提升人员的作业绩效。以下有五种改善方案可作为设计参考。

1. 失误排除设计

当不小心发生人为差错时，系统不至于发生意外或损伤。如录音带要求永久保存时，将侧边防录孔的一小块塑料剥下，便可防止再次录音。

2. 失误预防设计

设计时就将可能发生的人为差错一并考虑，用以提高系统整体的可靠度，即使遇到人为差错，也不至于导致系统意外或损伤。如电梯超载时，门关不上，响铃响起。

3. 虽误仍安设计

系统设计时未必能降低意外或损伤的发生，但可以减少因人为差错产生的不良后果。如火灾发生时，自动消防洒水系统便开始运作。

4. 防误防呆设计

在不同的控制器上采用易于区分的形状或方式设计。如计算机主机后端的各类插座，均使用不同的形状与颜色，防止使用者误插。

5. 记忆辅助措施

对于系统的重要程序、操作顺序、特殊意义等信息，在机器旁以图形或简要的文字提醒操作人员注意。

在解决意外事故发生的本质上，针对软件、硬件与环境的改善而做的设计考虑，往往是最具成本效益的，因为一个系统仅需设计一次，然而人员的甄选与训练却需不断地进行。

关于如何消除人为差错问题，Senders[23] 与 Rasmussen[24] 提出了一个有趣的观点。他们指出，人员只是一个服务器，需在环境中进行试验，才能习得技能。他们主张，错误的发生是执行这些试验与学习的自然结果。他们坚信，发生错误是技能性作业绩效进步之必然要道。因此我们应强调的是要如何提供“安全”的错误机制，或是如何能在环境中事先侦测到错误，提供预警时间，使人员能适时修正与改进目前的操作，这才是真正的因应之道。

□ 讨论题

1. 试说明奶酪理论和多米诺（骨牌）理论。

2. 意外事故发生的本质是什么？有哪些判定指标？

3. Swain and Guttman（1983）将工作中的人为差错分为四类，分别是什么？

4. 疏失形成的原因有哪三种？

5. 从 SHELL 模型中可知，从事软件、硬件与环境的改善并施以重新设计，必能减少人为差错的几率，提升人员的作业绩效。请举例说明五种改善方案。

□案例讨论

车载信息系统与驾驶安全研究综述

随着技术的发展，无线电通信、卫星导航等新技术、新设备开始广泛应用于汽车工业中。但根据多资源理论，以查看和信息输入为主要形式的车载信息系统应用任务会分散司机在驾驶过程中最重要的视觉注意力，与主要驾驶任务在视觉和认知等多种有限资源形成竞争，从而影响驾驶安全。研究发现，车载信息系统使用任务造成的注视次数和注视时间与汽车的碰撞危险有直接关系，其降低了司机对关键交通事件的探测识别能力和对车辆的控制能力。因此，车载信息系统在行车中的安全性设计非常重要，其研究要点包括人机交互方式、驾驶员行为特征等，研究方法则包括实际道路测试、仿真环境测试、简单实验室测试等。

多资源理论是 Wickens[25] 提出的。他将人的加工资源从知觉通道、编码、阶段三个维度假设为一个立方体模型。其中知觉通道包括视觉和听觉两种。编码则分为空间编码和言语编码两种。阶段包括知觉、认知和反应三种。另外，视觉对信息的注意可以分为焦点的和外围的。一般认为，三个主要维度在某种程度上是相互独立的，区分听觉和视觉资源的垂直维度仅适用于知觉阶段，而区分言语和空间加工的编码维度则对所有阶段适用。理论模型如图 14—5 所示。

如果两项任务在一个或者更多维度上有共同的需求，则时间共享性就会很差，绩效水平也会随之下降。比如驾驶过程中，需要占用司机较多视觉资源的次任务（视觉次任务），如看 GPS 显示信息等，会与驾驶主任务直接竞争视觉通道的资源，因此，一般驾驶操作系统都更倾向于支持听觉呈现。当然，这并

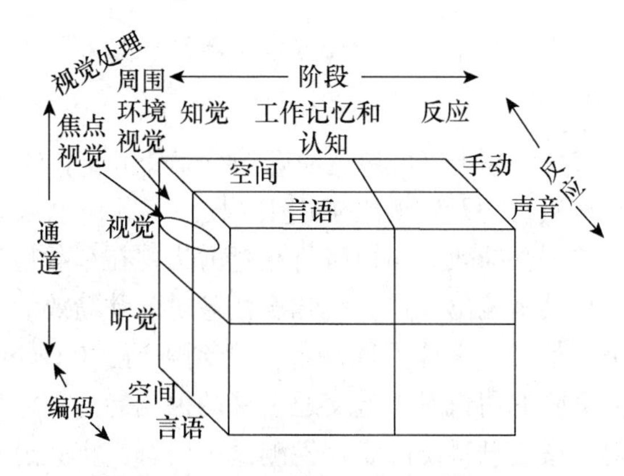

图 14—5　多资源理论认知模型

资料来源：王颖、张伟、吴苏：《车载信息系统与驾驶安全研究综述》，载《科技导报》，2009 (13)，105～110 页。

不意味着听觉呈现就一定比视觉呈现效果更好。例如，用听觉通道传达 5～9 个组块的长信息也会造成相对高的工作记忆资源需求，更容易造成司机分神。

车载信息系统一般分为以下几类：通信类，比如移动电话等；导航类，常见的 GPS 导航仪；娱乐类，车载 DVD，甚至车载移动电视；工作类，车载计算机等；控制类，车内的设施开关，控制器；安全类，疲劳检测装置，车道检测仪等。以后还会有比较多的辅助驾驶内容，如虚拟成像。

车载信息系统主要在以下几个方面占用司机注意力资源。

1. 次任务形式

首先是显示观察，比如导航线路的查看，旅行者信息系统甚至会呈现交通信息、沿途服务信息等。[26]研究表明，相对于纸质地图，导航仪的应用可以大大减少司机在行驶中查看路线的工作负荷，对于视力不好的老年司机来说更为安全。

其次是信息的输入。比如与车载信息系统的交互。导航仪设备中最重要的输入任务就是目的地地址的输入，也最容易分散注意力。目前语音输入在准确度方面还有待提高，但是语音输入将大幅度降低输入的难度。美国汽车工程学会设定了 15s 规则，规定任何静止测量时完成时间长于 15s 的导航设置任务都会威胁驾驶安全（SAE）。而其他研究表明，5～10s 是司机通常能忍受的极限。[27]

2. 车载信息系统对驾驶安全的影响

首先，注视次数和注视时间是视觉次任务对主任务造成影响的最直接证据。若注视间隔为 3s 左右，那么少于 0.8s 的注视时间会让他们感到较为安全，若需要持续 5 次以上的注视，则很容易迫使司机缩短注视间隔时间，形成不稳定因素。Green [28]提出了一个粗略计算车祸数量的公式：

$$车祸数量=[1.019\ (当年年度-1989)]\ (MP) \times [-0.33+0.0477\ (GT)\ 1.5\ (G)\ (FU)]$$

式中，*MP* 为基于市场渗透原则的行车任务量；*GT* 为任务的平均注视时间；*G* 为注视次数；*FU* 为每周的使用次数。车载信息系统在视觉上造成的影响会进一步影响驾驶绩效。当司机将注意力集中在车载信息系统上时，会导致车道航向偏移，甚至偏出车道。视觉次任务对驾驶绩效的另一重大影响是使司机对交通环境、信号、事件的探测能力受到阻碍。Greenberg [29]的研究表明，视觉次任务会降低司机对关键交通事件的探测能力。

对车载信息系统的安全性测试主要有：实际道路测试，即在实际的应用中对司机的表现进行评测；仿真环境测试，指在仿真环境中测试，优点是安全性高，缺点是不能完全模拟真实的道路情况；简单实验室测试，即通过计算机程序观测实验人员在一些事件中的表现，这类方法方便、成本低，能够大体检测出主要的问题，但是和真实的驾驶差别比较大；静止测试，主要指在非运动情况下对司机的表现进行测试；数据统计和估计，即根据调查数据对车载信息系统进行评估，优点是宏观性强，整体性强，但是结果粗略，不适用于具体的细节评测。

随着通信和电子技术的发展，车载信息系统愈发完善，司机车内次任务的种类增多，对车载信息系统的安全性设计也就更迫切，这是车载信息系统最重要的交互课题之一。寻求降低次任务潜在危险的有效方案，既对解决当前的道路交通安全问题有重要的社会意义，也对未来车载信息技术的发展有重要的参考意义。

资料来源：王颖、张伟、吴苏：《车载信息系统与驾驶安全研究综述》，载《科技导报》，2009 (13)，105～110 页。

□注　释

[1] J. Reason and J. Reason, The comtribution of latent human failures to the breakdown of complex systems, *Philosophical transactions of the royal society of London*, *B*, *Biological Sciences*, 1990, 327 (124), pp. 475-484.

[2] H. Heinrich, D. Petersen, and R. Nestor, *Industrial accident prevention*, McGraw-Hill, 1980.

[3] E. Suchman, On *Accident Behavior*, *In Behavioral Approaches to Accident Research*, Washington, DC: Association for the Aid to Crippled Children, 1961.

[4] M. S. Sanders and B. E. Shaw, *Resarch to determine the contribution of system factors in the occurrence of underground injury accidents*, Report No. USBM OFR 26-89, US Bureau of Mines, Washington D. C., 1988, Interior.

[5] D. Petersen，*Human-error reduction and safety management*，1984.

[6] H. W. Heinrich，D. Petersen，and N. Roos，*Industrial accident prevention*，New York：McGraw-Hill，1959.

[7] 同注释 [4]。

[8] F. H. Hawkins and H. W. Orlady，*Human factors in flight*，1993.

[9] L. V. Rigby，Nature of human error，Sandia Labs.，Albuquerque，N. Mex，1970.

[10] B. W. Hagen and U. T. Mays，*Human reliability analysis：A system engineering approach with nuclear power plant application*，Wiley-interseience，1981.

[11] T. M. Wu and S. L. Hwang Maintenance error reduction strategies in nuclear power plants，using root cause analysis，*Applied ergonomics*，1989，20 (2)，pp. 115－121.

[12] M. S. Sanders and E. J. McCormick，*Human factors in engineering and design*，New York：McGRAW-HILL，1987.

[13] W. B. Johnson and W. B. Rouse，Analysis and classification of human errors in troubleshooting live aircraft power plants，*IEEE Transactions on Systems，Man，and Cybernetics*，1982.

[14] W. B. Rouse and S. H. Rouse，Analysis and classification of human error，*IEEE Transactions* on *systems*，*Man and Cybernetics*，SMC－13，539－549.

[15] 同注释 [14].

[16] D. A. Norman，Categorization of action slips，*Psychological Review*，1981，88 (1)，p. 1.

[17] A. D. Swain and H. E. Guttman，*Handbook of human-reliability analysis with emphasis on nuclear power plant applications*，*Final report*，1983，Sandia National Labs.，Albuquerque，NM (USA).

[18] J. Rasmussen，Skills，rules and knowledge；signals，signs，and symbols，and other distinctions in human performance models，*IEEE Transactions on Systems*，*Man and Cybernetics*，1983 (3)，pp. 257－266.

[19] J. Rasmussen，Cognitive control and human error mechanisms，*New technology and human error*，1987，pp. 53－61.

[20] J. Rasmussen，*The definition of human error and a taxonomy for technical system design*，Toronto：John Wiley & Sons，1987.

[21] J. M. Van Eekhout and W. B Rouse，Human errors in detection，diagnosis，and compensation for failures in the engine control room of a supertanker，*IEEE Transactions on Systems*，*Man and Cybernetics*，1981.

[22] C. D. Wickens and J. G. Hollands，*Engineering psychology and hu-*

man performance, NEW Jersey: Prentice Hall, 1999.

[23] J. W. Senders, On the nature and source of human error, in *Symposium on Aviation Psychology*, 2nd, Columbus, OH., 1984.

[24] 同注释 [20]。

[25] C. D. Wickens, Processing resources and attention, *Multiple-task performance*, 1991, pp. 3-34.

[26] T. A. Dingus, et al., Effects of age, system experience, and navigation technique on driving with an advanced traveler information system, *Human Factors: The Journal of the Human Factors and Ergonomics Society*, 1997, 39 (2), pp. 177-199.

[27] P. Green, *Visual and task demands of driver information systems*, 1999.

[28] 同注释 [27]。

[29] J. Greenberg, et al., Dricer distraction: Evaluation with event detection paradigm, *Transportation Research Record: Journal of the Transportation Research Board*, 2003, 1843 (1), pp. 1-9.

第 15 章 Chapter 15 绩效评估

导　言

绩效评估是整个工作测定程序中最重要的一步，服务于三个目的：战略目的、管理目的和开发目的。绩效评估和反馈系统的设计应该以界定实现某种战略需要的行为、结果以及员工的胜任力特征为基础。很多组织或企业将绩效评估用于薪酬管理、晋升、解聘等管理环节，但在实施绩效评估的过程中，往往会因考虑多种后果而做出非完全客观的评价。开发目的适用于在工作岗位上工作完成情况没有达到应有水平的员工。绩效评估也是最受批评指责的一步，绩效评估实施者的经验和判断直接决定了评估的质量。不论评估的标准是以产出的速度还是以节拍为基础，抑或是以不同经验的工人的绩效对比为基础，经验和判断都是决定评估因素的标准。这就要求评估者必须得到充分的培训。

一、评估标准

评价一套绩效评估系统的好坏，有一些标准，如效度、信度、接受度、明确度等。效度简单来讲，就是实际工作绩效和工作绩效评估系统之间的重叠部分的大小。重叠的部分越小，说明绩效评估系统受污染程度越严重。比如，目前大多数企业将销售额的高低作为评价销售人员工作绩效的唯一指标，但实际上不同地理区域的潜在客户数量、竞争对手的数量、经济状况等都会对销售额产生影响。不同地域的销售潜力影响了员工的实际表现。信度在这里主要指评价者一致性信度和再测信度。当多人对某位员工的评价结果均比较一致时，就说明该项绩效评估系统的信度高。当一个绩效评估系统运用于不同时间时，评价结果相差很大，就说明该项绩效评估系统的信度很低。接受度是针对用户而言的，可能一个绩效评估系统的效度、信度都很高，但是用户却拒绝使用。原因多半是用户感受到了程序上、人际上或结果上的不公平。明确度主要是指好的绩效评估系统可以在很大程度上将公司的期望以及达到这些期望的要求传达给员工。

在时间研究中，有人提出“标准绩效”。什么为标准绩效呢？一个经验丰富的操纵者在熟悉的条件下，以不快不慢但能全天维持的速度操作所达到的绩效水平。不同个体因知识、体质、健康、身体灵巧性或者协调性的不同而有不同的绩效，大概的比例波动范围为1～2.25。

二、信息来源

绩效评估系统的评价者可以是上级管理者、同事、下属，也可以是客户和被评价者本人。每一种信息来源都有其优劣。上级管理者相对于其他来源而言有足够的能力和动力对下属员工的绩效做出精确的评价，但假如上级管理者精力有限，下属太多，使得他们没有足够的机会来观察下属员工，则容易犯以偏概全的错误。同事是最有机会观察员工工作行为表现的人，他们可以为评价提供一些不同的信息。但当同事与被评价者是朋友关系时，则很容易出现偏差。下属往往是评价上级管理者如何对待自己最有权利的发言者，但假如评价公开进行，则往往得到的评价更为积极。自我评价，不仅可以定时审视自己，而且可以获得与他们的本职工作结果相关的信息。但是，个体往往会有意抬高自己的绩效评价结果。当员工所从事的工作是直接为客户提供服务时，比较适合请客户来评价员工绩效，但其成本相对较高。

具体如何选择信息源，取决于职位本身，应根据职位本身的特点，选择那些最有机会观察员工行为及其结果的人。Murphy等人在1991年提出了360°评价方法，总结了这五种信息来源的使用频率（见表15—1）。

表15—1　各种绩效信息来源的使用频率

	绩效信息来源				
	上级	同事	下级	自己	客户
任务方面的					
行为	偶尔	经常	很少	总是	经常
结果	经常	经常	偶尔	经常	经常
人际关系方面的					
行为	偶尔	经常	经常	总是	经常
结果	偶尔	经常	经常	经常	经常

资料来源：Adapted from K. Murphy and J. Cleveland, *Performance Appraisal: An Organizational Perspective*, Boston: Allyn & Bacon, 1991.

三、工　具

绩效评估可以集中在个体的个人特征、行为以及结果方面，也可以集中在比较不同个体之间的绩效。当然，不同的领域绩效评估的方法也有所不同。比如，时间研究中主要采用速度评比法、西屋评比法、综合评比法和客观评比法。而在人力资源管理中，经常用到的方法则包括平衡计分卡、关键绩效指标方法等。

（一）平衡计分卡

闻名全球的战略管理会计专家卡普兰和诺顿于 20 世纪 90 年代提出的平衡计分卡，适用于企业和所属业务单元的绩效考核管理。平衡计分卡不仅强调非财务指标和长远指标，而且强调绩效目标与战略和经营活动之间的关系，包括财务层面、客户层面、内部运营层面以及学习与成长层面四部分的具体、可操作的指标框架体系，如图 15—1 所示。其核心思想在于用财务、客户、内部经营过程以及学习与成长之间的因果关系（见图 15—2）来展现组织战略的轨迹，进而实现从绩效评估到绩效改进以及从战略实施到战略修正的目标。

传统的绩效指标	结果性指标 财务层面	● 常用的传统性指标 ● 可显示企业战略及其实施和执行的贡献。 ● 衡量指标：收入增长、收入结构、成本降低、生产率提高、资产的利用和投资战略等
	过程性指标 客户层面	● 需企业将使命和策略诠释为具体的客户相关的目标和要点 ● 以目标客户和目标市场为方向：关注是否满足核心顾客要求，而非满足所有客户偏好 ● 为客户关心的五个方面：时间、质量、性能、服务和成本建立清晰和具体的目标 ● 衡量的主要内容：市场份额、老客户挽留率、新客户获得率、顾客满意率、从客户处获得的利润率
新增的绩效指标	内部运营层面	● 顺序为：制定财务与客户方面的目标与指标→制定内部流程层面的目标与指标 ● 内部运营绩效考核需以对客户满意度和实现财务目标影响最大的业务流程为核心 ● 兼顾短期现有业务的改善与长远的产品和服务创新 ● 与改良/创新过程、经营过程和售后服务过程息息相关
	学习与成长层面	● 为上述三大方面的目标提供基础架构，起驱动作用 ● 现有技术与能力具备高度不确定性 ● 削减对企业学习和成长能力的投资可在短期内增加财务收入，但会在未来给企业带来沉重打击 ● 学习和成长面涉及：（1）员工的能力；（2）信息系统的能力，（3）激励、授权与相互配合

图 15—1　平衡计分卡财务层面、客户层面、内部运营层面及学习与成长层面描述图

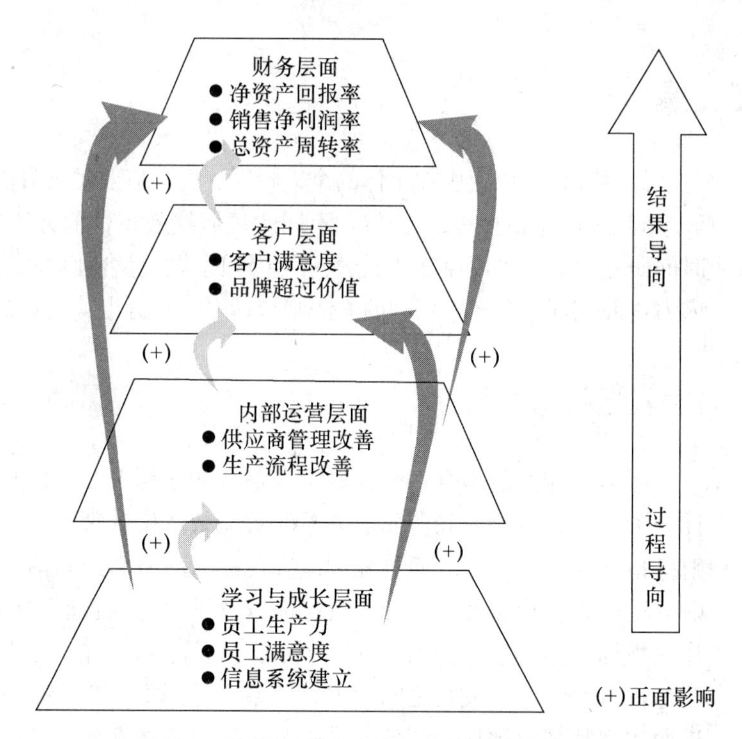

图 15—2 平衡计分卡指标间的因果关系图

平衡计分卡中有两个关键衡量指标：结果性指标和驱动性指标，往往更偏重于驱动性指标。结果性指标可显示组织执行战略的实际成果，包括质量提升、收入增加等，衡量组织有效执行战略的程度。驱动性指标可显示过程中的改变并最终影响产出，属于“领先性的指标”。这方面的典型例子是 IBM 公司，在 20 世纪 90 年代前，该公司强调财务衡量指标体系，但其领先地位逐渐被取代。后来，它开始重视平衡记分卡指标体系，重现活力。

什么情况下可以选择使用平衡计分卡呢？一是企业战略非常清晰明确，能够被层层分解，而且能与组织内的部门、工作组以及个体目标一致；二是组织内部与实施平衡计分卡相配套的财务核算体系的运作、内部信息平台的建设、岗位职责的划分、业务流程的管理以及与绩效评估相配套的人力资源管理的其他环节等制度非常健全；三是上下级之间有充分有效的沟通。在平衡计分卡的建立过程中，绩效评估指标的确立比较困难，而且很难量化。所以，平衡计分卡的执行时间一般为 5～6 个月，修正也需要几个月。

（二）速度评比法

速度评比法考虑完成工作的速度，需要评估者依据合格操作者执行相同工作的绩效来评估操作者的效率，然后采用百分比标定评估的绩效与标准绩效的比率。100%是正常绩效，110%表示操作者以优于正常绩效 10%的速度执行操作，90%表示操作者以正常绩效的 90%的速度执行操作。速度评比指南如表

15—2 所示。

表 15—2　　速度评比指南

评比	操作情形（文字描述）	行走速度（mile/h）	处理纸牌数/0.5min
0	无活动	0	0
67	很慢、笨拙	2	35
100	稳定、从容不迫	3	52
133	敏捷、实际	4	69
167	很快、灵巧性水平提高	5	87
200	短期内以最快速度	6	104

资料来源：[美] Benjamin Niebel，Andris Freivalds：《方法、标准与作业设计》，11 版，352 页，北京，清华大学出版社，2007。

多数企业采用标准速度 60%的评比技术来评估，这个标准是每小时完成的工作量。如评比结果为 90，则意味着操作者以 90/60 的速度工作，150%，优于正常速度 50%。

（三）西屋评比法

这是最早使用的评估方法，是由西屋电子公司创立的。Lowry，Maynard & Stegemerten（1940）认为，评估需要考虑技能、努力程度、工作环境和一致性四个因素。西屋评比法将技能分为 6 个等级：欠佳、尚可、平均、好、优秀和超佳。评价者评估操作者的技能程度并将其放在 6 个等级的相应等级中，有关技能程度的特性及其相应的百分比情况如表 15—3 所示。

表 15—3　　西屋评比法技能评估标准

评分	等级	等级描述
+0.15	A1	超佳
+0.13	A2	超佳
+0.11	B1	优秀
+0.08	B2	优秀
+0.06	C1	好
+0.03	C2	好
0.00	D	平均
−0.05	E1	尚可
−0.10	E2	尚可
−0.16	F1	欠佳
−0.22	F2	欠佳

资料来源：[美] Benjamin Niebel，Andris Freivalds：《方法、标准与作业设计》，353 页。

努力程度为有效工作意愿的表现，评估努力程度，需要判断“有效”的努力。努力程度也有 6 个等级：欠佳、尚可、平均、好、优秀和超佳。有关努力程度的特性及其相应的百分比情况如表 15—4 所示。

表 15—4　　西屋评比法努力程度评估标准

评分	等级	等级描述
+0.13	A1	超佳
+0.12	A2	超佳
+0.10	B1	优秀
+0.08	B2	优秀
+0.05	C1	好
+0.02	C2	好
0.00	D	平均
−0.04	E1	尚可
−0.08	E2	尚可
−0.12	F1	欠佳
−0.17	F2	欠佳

资料来源：［美］Benjamin Niebel，Andris Freivalds：《方法、标准与作业设计》，353 页。

工作环境是绩效评估程序中对操作者产生影响但不会对操作产生影响的因素。工作环境的 6 个等级为：欠佳、尚可、平均、好、优秀和理想。具体情况如表 15—5 所示。

表 15—5　　西屋评比法工作环境评估标准

评分	等级	等级描述
+0.06	A	理想
+0.04	B	优秀
+0.02	C	好
0.00	D	平均
−0.03	E	尚可
−0.07	F	欠佳

资料来源：［美］Benjamin Niebel，Andris Freivalds：《方法、标准与作业设计》，354 页。

当评价者反复测量取得了连续的相减值时，可以不测量操作者的一致性。一致性的 6 个等级与工作环境的相同，具体情况如表 15—6 所示。

表 15—6　　西屋评比法一致性评估标准

评分	等级	等级描述
+0.06	A	理想
+0.04	B	优秀
+0.02	C	好
0.00	D	平均
−0.03	E	尚可
−0.07	F	欠佳

资料来源：［美］Benjamin Niebel，Andris Freivalds：《方法、标准与作业设计》，354 页。

将四个标准的取值相加，可以得到综合的绩效系数。西屋评比法适合周期评估和整体研究评估，但不适合单元评估。

（四）综合评比法

综合评比法为 Morrow（1946）所创立，通过比较实际单元观测时间和由几处动作数据得到的时间，确定出工作周期各自努力单元的绩效系数（$P=\frac{F_t}{o}$，P 为绩效系数，F_t 为基础动作时间，o 为用在 F_t 单元的平均实际单元观测时间）。将多个单元的系数相加然后取平均值，即为所有努力单元所用的绩效系数。当不同操作单元的绩效存在显著不同时，则不适合用此方法。

（五）客观评比法

客观评估法由 Mundel & Danner（1994）创立，在该评估法中，建立了唯一的工作速度，其他所有的工作速度均通过与该速度相比较而得到。除了速度指标以外，还有相对难度，这一指标受身体使用程度、双手协调、手眼协调、操作或感官要求、负重或遭遇抵抗以及脚踏板等因素的影响。这六个因素的数值相加即可得到相对难度系数，$R=PD$（其中，P 为速度评估系数，D 为工作难度调整系数）。该评估法解决了为不同工作类型建立一个正常速度标准的问题。

（六）关键绩效指标方法

运用关键绩效指标方法（KPI）可以达到定量化和行为化目标，其建立要点为流程性、计划性和系统性。其流程性方面的要求为：明确企业的战略目标和业务重点，建立企业级 KPI；部门主管分解出自己部门的 KPI；部门主管和部门 KPI 人员将 KPI 进一步细分，细分到各职位的业绩衡量指标；设立评价标准；审核关键绩效指标。这样可以保证上级部门的 KPI 来自企业级 KPI，部门的 KPI 来自上级部门的 KPI。

如何设定 KPI 呢？需要遵循 SMART 原则，S 为 Specific，即指标必须具体、可理解，员工清楚明白具体需要做什么；M 为 Measurable，即指标可以量化、测量，员工可以了解到如何量化自己的工作结果；A 为 Attainable，即可以实现达成的，没有超出员工的能力范围；R 代表 Realistic，即目标是现实的，绩效符合企业实际情况，可以观察得到；T 代表 Time-bound，即目标的实现有时间限制，规定了员工需要在什么时间完成工作。

（七）目标管理法

目标管理法最初来源于“管理者通信”，目前已经得到了广泛应用。每项工作都必须为达到总目标而开展是目标管理法的精髓。如何得到业绩考核得分呢？首先需要建立评估指标体系，确定各个指标的评估目标值；然后将评估指标按照重要程度赋以不同的权重；接着将各种指标的实际值除以目标值，计算出目标完成率，将目标完成率乘以100，再乘以权重得到评估指标的实际分数；最后将各个实际分数相加。

通常情况下，在绩效评估中，目标管理法的实施步骤是循环进行的，详情参见图15—3。

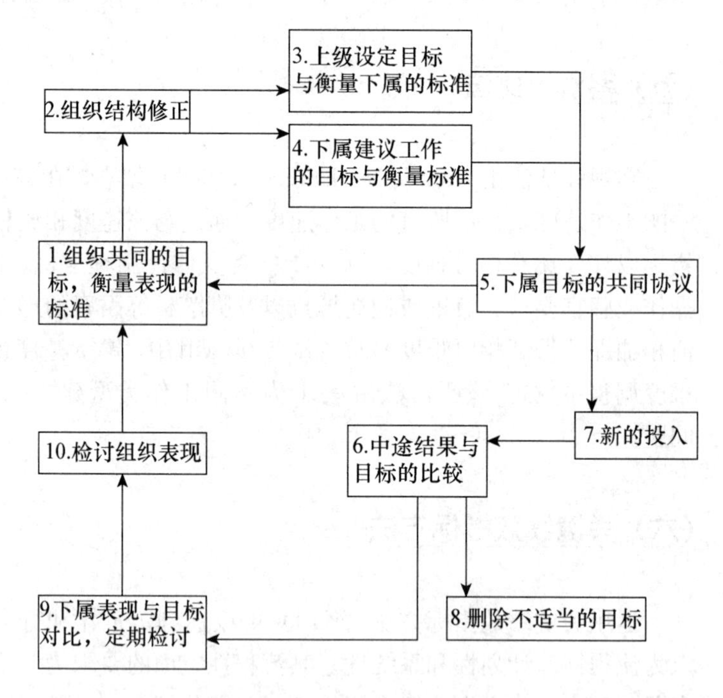

图15—3　目标管理循环图

资料来源：王璞主编：《新编人力资源管理咨询实务》，282～283页，北京，中信出版社，2005。

（八）图尺度评价方法

Paterson在1922年提出了图尺度评价方法。该方法的具体做法为：在一张图表上列出系列绩效评估要素，并针对每一绩效评估要素列出几个备选的工作评估等级。然后，主管人员选出能反映下属实际工作绩效状况的工作绩效等级，并按照相应等级确定各个要素所得分数。这种方法比较直观，易于操作。但容易产生晕轮效应。

（九）关键事件法

关键事件法的工作步骤为：将下属在平时工作中表现出来的优秀绩效或者恶劣绩效事件记录下来，然后在特定时间内与雇员进行讨论和评估。Latham（1979）在研究中指出，关键事件法主要存在四个优点："取之于民，用之于民"；内容效度较高；明确指出了特定工作所要求的全部工作行为；鼓励主管与员工针对优缺点进行有意义的讨论等。但也存在不足，如关键事件法受制于情境，当选择的情境为非典型情境时，评估结果就会出现偏差。

（十）行为锚定等级评价法

行为锚定等级评价法的目的在于通过建立与不同绩效水平相联系的行为锚定来界定具体的绩效等级。它是关键事件法的延伸，尝试将关键事件法与量化评价技术结合，并将定量评价尺度与特定关键事件行为绩效的实例描写结合在一起。具体做法为：首先收集大量的代表工作中优劣绩效的关键事件进行工作分析，然后将关键事件划分为不同的绩效等级，将这些关键事件和绩效等级列入考核表，逐一评价考核表中所列事件，给出相应的分数，最后将所得分数相加得出最终的绩效评估结果。行为锚定评价法不仅使得评估过程标准化，而且使得观察过程标准化，在一定程度上克服了近期效应。其缺陷在于评估成本很高、费时费力。

（十一）强制分布法

强制分布法可应用到年终考核中，将员工按照一定比例归类到事先定好的不同等级中。如 A 杰出（5%）、B 优秀（20%）、C 良好（40%）、D 及格（30%）、E 较差（5%），企业可按照比例将员工归入到这些等级中，并采取不同的人事措施。

四、绩效评估原则

绩效考核是重要工作，评估体系质量的好坏严重影响人员的积极性，影响工作质量。为确保评价结果的科学性、准确性、实用性，在设计评估体系时应该注意以下几个原则。

（一）可行性原则和实用性原则

在设计的过程中，一些评测指标应该能够轻松地从系统中抓取，一般应优先选取容易量化的指标，并且指标要能够综合反映结果。另外，评测的指标应该具有导向性，能够反映组织的目标。

（二）差异化原则和公平性原则

一般来讲，考核结果的等级之间应当有鲜明的界限，针对不同的考核评语，在工资、晋升、使用等方面应该体现出明显的差别，使得考核带有刺激性因素。但是，也要避免出现鞭打快牛的现象，由于绩效表现好，在下一期的考核中，对其提出了更高甚至不可能达到的要求。考核要保证是公平的，每个人的机会是均等的。

（三）参与原则和公开原则

绩效考核体系从设计到实施，都需要员工的积极参与，提供各个层级的意见和建议，尤其是绩效考核体系的设计阶段。这样才能保证考核体系的透明度和公开性，提高员工的认知度，更好地发挥激励作用。

（四）适应性原则

所有的评估方法都是粗略的和原则性的，在针对公司的绩效考核体系中，要考虑公司的情况、公司的文化氛围，做相应的改进，不能一概而论。不同的绩效体系可能形成不同的文化氛围，所以在设计阶段一定要充分考虑公司或团队的定位，做到因地制宜。

总之，好的绩效评估方法能够很好地促进团队的整体协作和个人潜力的发挥，在绩效提升方面起到事半功倍的作用，并且有助于企业文化和企业品牌的形成。

□ 讨论题

1. 怎样评判绩效评估的好坏？
2. 在关键绩效指标方法中，如何设定 KPI ？
3. 简要描述目标管理法的步骤。
4. 绩效评估的原则有哪些？
5. 列举绩效评估的工具。

□ 案例讨论

某铁路工务段车间绩效评估研究与实践

这篇论文以某铁路工务段[1]及其 10 个线路和桥路车间为研究对象，通过对该铁路工务段当前车间考核模式中存在的问题进行阐述和分析，选择了适合工务段车间绩效考评的评估方法。

该工务段担负三条线路的设备管理和养护维护任务，总里程为 1 009.222km。工务段管理的特点有：(1) 群体作业，每个作业至少 7 人；(2) 劳动定额较难实施，作业只能在行车间隔时间完成；(3) 典型的国企人员管理方式，当前职工的更新淘汰难以进行。

之前铁路局对站段安全、质量和绩效都要进行考核，采用的三大指标为：安全、质量和运输效率。安全指标包括事故发生率和设备故障率。质量则以动态和静态检查的结果为依据。静态检查主要是人工和用简单的设备做检查，动态检查则指行进中用轨检车对线路做检查。运输效率暂时没有太多考核指标，主要是对天窗[2]的使用做评估，比如使用了多少天窗，其中多少影响行车。从财务的角度，工务段没有自营收入，实行的是预算管理，如果实际支出超出预算，就要进行考核，考核周期为一周一次，总分是 100 分，其中包括 4 个否定指标和 10 个考核指标，出现 1 个否定指标则 100 分全部扣除，10 个考核指标则是对应扣分。每分对应经济上的惩罚为 455 元，只扣不奖。在劳资问题上，主要考核的是劳动生产率这个指标，以及工资发放等。

在工务段层面，原有考核体系的主要问题是缺乏一个综合的定期评价车间的考核体系。现有方法都是按照条例，一条条比对，生硬且单一。同时，对车间内部管理、车间文化氛围以及车间现有状态等因素都没有考虑。

论文作者将每个车间的现有状态作为输入，大体分为人员、成本、机械等几个方面，而产出则分为安全、设备维护质量、劳动绩效等几个方面。通过对输入和输出的量化分析，建立标杆，以确定其他车间如何向标杆车间学习，同时发现问题，例如同样输入，输出不一样。还可以通过具体分析，来确定是人员问题还是设备问题，以及需要增加哪方面的投入。

工务段的线桥车间在工作内容上有相似性，在资源输入上也有相似性。关键绩效指标评估方法具有绩效考核客观性、定量化、清晰化以及标准化的特点，它不但能使绩效考核客观、公正、有效，还能够使得个体各方了解自己在哪些方面需要重点努力。因此，关键绩效指标评估方法非常适合工务段对于各个车间的考核。因此作者将关键绩效指标评估的方法作为最重要的框架。

在评估工具方面，作者结合了层次分析法[3]和数据包络分析法[4]进行分析。主要原因有：各车间具有多输入和多输出的决策单元，选用数据包络分析法不需要确定类之间的相对权重，不必考虑指标的量纲，也不必考虑决策单元的各输入输出之间的函数关系，消除了主观因素的影响，增强了评价结果的客观性。同时，各个车间的具体情况不同，使用层次分析法能够将定量和定性的方法结合起来，充分利用专家的主观意见。这里对层次分析法和数据包络分析法等具体的数学分析法不再赘述，有兴趣的读者可以自行查阅相关的资料。

一个车间的输入包括人力输入、机械设备输入、作业时间输入和成本输入。经过对实际车间的调研，作者将车间的层次结构做了归类，如图 15—4 所示。

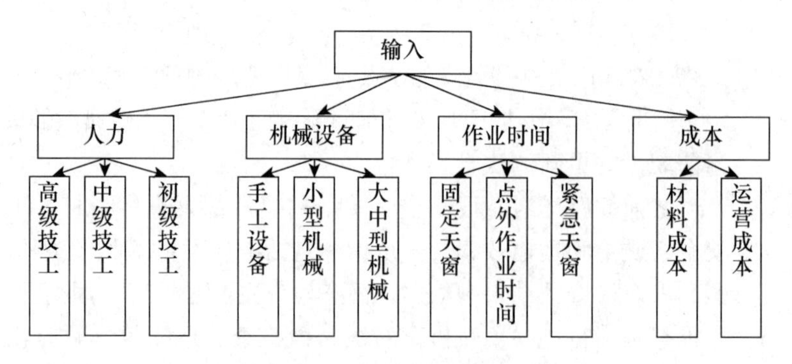

图 15—4　车间输入层次结构

输出主要包括数量、质量、安全和管理四个方面，其中在数量输出中还有两个系数需要考虑：设备状态系数和灾害意外系数，车间输出层次结构如图 15—5 所示。

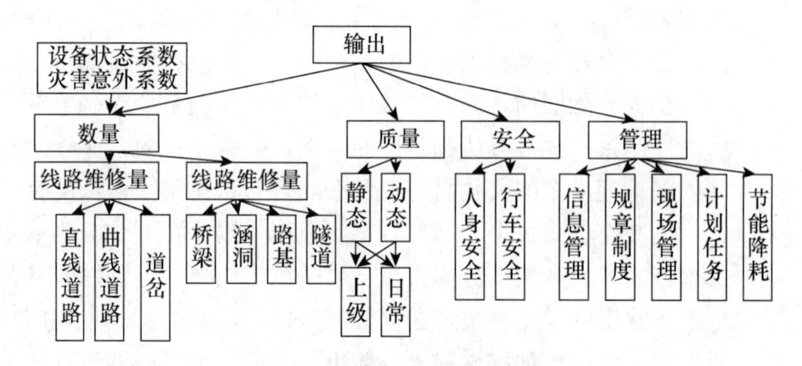

图 15—5　车间输出层次结构

其中，设备状态系数分为优良、合格以及不合格三个等级，而灾害意外系数则分为年降水量、地形综合和其他意外三项，应分别予以考虑。

输入和输出的各个参数之间自然有不同的权重，作者选择权重系数时采用了较为常用的名义群体法。在名义群体法中，首先由一位管理者对各个参数进行简要的介绍，然后每位参会者用 30min 按照自己的观点独立写下所有的权重关系，并介绍自己的权重建议及其理由。再采用群体讨论，举手表决的方式，形成最终的决策权重。最后通过前面提到的层次分析法和数据包络法，结合名义群体法的权重参数，对各个车间进行打分，再通过数据标准化，得到每个车间的最后得分，对其进行分析，形成整个的绩效评估体系。

在文章最后，作者通过实际的数据，发现某些车间人力方面利用不好，而某些车间设备稍有欠缺，需要改进等一系列的情况。在这个案例中，作者从该工务段车间绩效考核的现状出发，应用相关的理论和工具，对该工务段车间进行了绩效评估与实践的研究。在构建车间绩效考核体系过程中，根据绩效考核的原则和目的，建立指标体系的结构，然后利用层次分析法和数据包络分析法对各个车间进行了有效的考核和评价。

资料来源：葛新东：《安康工务段线路维修体制改革的研究》，西南交通大学硕士论文。

□ 注　释

[1] 工务段主要承担的是建筑物的维修护理服务，包括铁路行车部分和桥梁、隧道、线路、涵洞等行车基础设备，以保证列车安全不间断地运行。

[2] 天窗，指的是行车之间的空挡时间，也就是可用的检修时间，一般的作业都是在天窗阶段进行的。

[3] 层次分析法是 20 世纪 70 年代美国运筹学家 T. L. Saaty 提出的。本质上是一种决策思维方式，把复杂问题分解为各个组成因素，并将各个因素形成有序的层次结构，通过两两对比确定层次中各个因素的相对重要性。

[4] 数据包络分析法是一种非参数估计方法，适用于多指标数据的处理，并且不需要数据本身满足一定的函数形式，因此，该方法在很多领域被认为是一种主要的评估工具。

第 16 章 Chapter 16 人因工程的应用案例

导　言

在不同的时代，人类运用智慧，结合自然环境以及经由人类运用智慧所创造出的科技环境，设计出各类器物给不同需求的用户。用户能够借由使用合适的器物来提高操作时的舒适度，并创造出更大的经济价值。其实在我们的日常生活中，也可以应用人因工程来协助或辅助我们设计一个有形或无形的产品，使其使用方便、容易操作，来提高用户活动时的便利性或工作成果的效益性，亦可确保用户使用时的安全性、舒适性，让用户更能胜任自己的工作，提升自我满足感，改善生活质量。

本章通过案例来说明与介绍“人因工程”这门学科在实务上的应用，希望能让学生更清楚地知道人因工程的所长之处，进而启发出更多的概念与想法，让人因的应用更广、更深、更宽、更扩。

一、人因工程应用在居家室内扶手楼梯与厨房设计

我们也可将人因工程应用于建筑环境的设计中。日本松下电工股份有限公司的住建综合技术中心与广岛大学教授的研究报告指出，日本是一个土地狭小的国家。因此，一般设置在建筑物室内的楼梯都会因为受限于房间空间环境的设计布置，而无法发挥作用。经过研究调查，绝大多数的住宅都需要在约 1 平方米的面积内设置 180°的回旋式楼梯，因此开发了高龄者与年轻人都容易使用的设计（见图 16—1）。本研究运用问卷调查方式和动作分析来进行实验验证（见图 16—2 与图 16—3）。此楼梯在回旋部设置直立式扶手并且用设置在回旋部外侧的原扶手，这样可提升安全感。此新型直立式扶手楼梯不仅方便年轻人在回旋式楼梯里以较短路径上下楼梯，而且适合高龄者使用的居住区域环境设计。[1]

图16—1 直立式扶手内楼梯设计

资料来源：横山精光、邻幸二：《采用动作分析的螺旋梯扶手之通用设计》，载《松下电工技报》，54（4）。

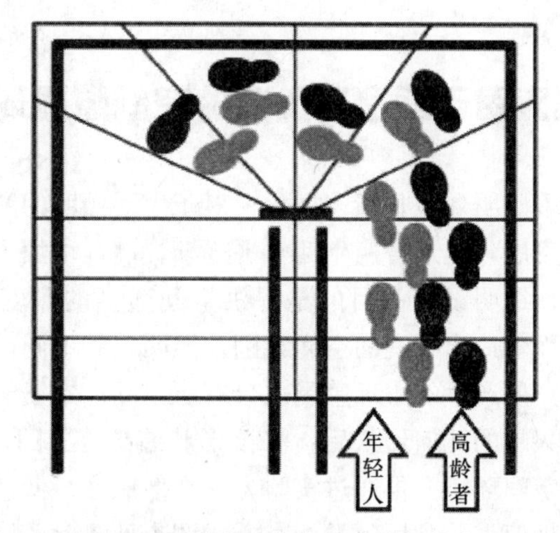

图16—2 高龄者与年轻人步行状态

资料来源：横山精光、邻幸二：《采用动作分析的螺旋梯扶手之通用设计》，载《松下电工技报》，54（4）。

图16—3 进行动作分析来验证实验情境

资料来源：横山精光、邻幸二：《采用动作分析的螺旋梯扶手之通用设计》，载《松下电工技报》，54（4）。

对于许多家庭主妇而言，厨房是她们的重要地点之一，也是最常使用的场所。大家时常可以看到妈妈们在厨房里忙进忙出，上一秒还在弯腰拿取锅碗瓢盆，下一秒则垫脚想打开上面的橱柜。良好的厨房工作环境可以减轻用户的负担。《日本工设全书》中提到依照手活动的范围所规划的领域以及对收纳架不同位置的考虑，设计出理想的厨房收纳柜位置设计（见图 16—4）。

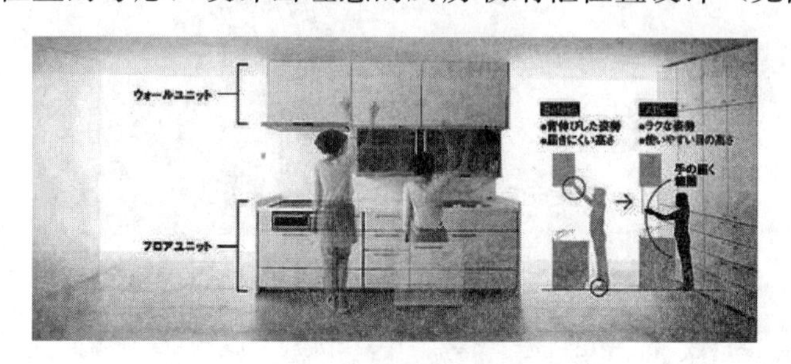

图 16—4　理想的厨房收纳柜设计范围

二、人因工程应用于适合高龄者的空间照明环境

随着照明环境日渐多样化，对于生活照明的考虑也日趋丰富。随着科技与经济的发展，民众普遍生活水平逐渐提高，增加了对空间质量与健康舒适等的需求。而照明设计的目的是提供空间适当的照度、色温、照明方式甚至是灯具，进而营造出适宜的空间氛围。照明条件不同，所营造出的空间氛围对于不同的用户所产生的心理感受也会有所不同。本案例利用问卷设计方式调查出人们最感兴趣的几何形状后，将该形状装置在 LED 灯具上，以营造出不同氛围的照明空间环境。再通过实验方式在低照度与低色温的照明环境下，测量高龄者的生理值，并利用问卷调查方式调查处于此环境的用户主观评价。通过利用统计软件分析收集到的数据，发现高龄者对于矩形以及直线形的灯具感到最舒适，也就是说，在低色温与低照度两种状态下，所营造的照明环境会使高龄用户感到最没有压力，故适合居住环境（见图 16—5）。

图 16—5　空间照明环境

三、人因工程应用在手工具操作改善生产线作业组装

在台湾有部分计算机制造者的生产线组装是以人工操作为主。当生产线工作站作业人员在组装过程使用旋紧螺丝的手工具时，经常会采用不良的作业姿势，产生不当的施力方式，而造成身体上的伤害。为了避免对作业人员造成职业伤害，提升工作站作业效率，本研究运用实验法进行不同的实验测量。依照不同的作业高度、座椅高度、人员高度与旋紧螺丝时所使用的不同操作方式进行工作改善（见图 16—6）。采用不同的作业高度与手工具的握持方法来改善工作效率，提升产品的质量（见图 16—7）。另外，还利用吊挂式手工具，以减轻作业人员使用手握式工具所造成的工作疲劳（见图 16—8）。本例利用不同手部操作的活动形态减轻手部负荷，降低累积性肌肉骨骼伤害的发生率，减少职业伤害，增进工作效率。

图 16—6　对不同的作业高度、座椅高度、人员高度与旋紧螺丝时所使用的不同操作方式进行工作改善

 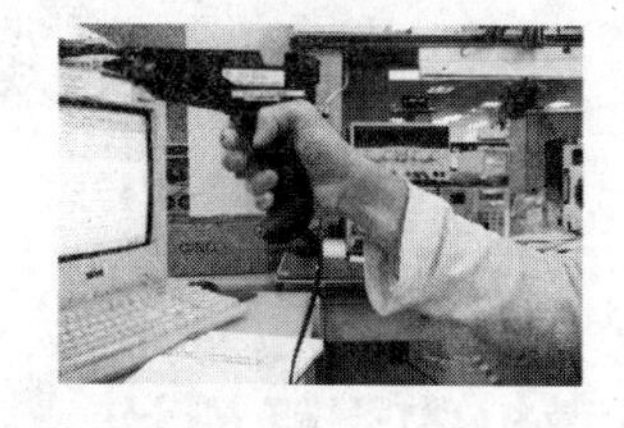

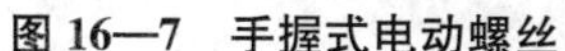

图 16—7　手握式电动螺丝

图 16—8　吊挂式电动旋紧螺丝

四、人因工程应用于无尘室内芯片分离站的作业舒适度改善

台湾以高科技半导体产业的研究开发为主要重心，为了慎重起见，大多数半导体企业的工作人员都必须在无尘的环境中作业。例如，晶圆制造的半导体产业，需要在无尘室内的作业环境中，请作业人员操作芯片的分离动作。无尘室内芯片的分离作业操作人员需将 4inch 晶圆放在机台上，利用机台上的高温（155±2℃），使 4inch 晶圆与黏在晶圆上的石英玻片分离。以上的作业过程都必须佩戴隔热手套，因此会影响手部灵活操作作业的流畅性，这也是造成作业人员不喜欢穿戴防护手套的因素（见图 16—9）。虽然作业人员经由作业熟练度来降低手部烫伤几率，但依然存在烫伤风险，因此目前最佳的改善方法为寻找适合作业环境人员佩戴的防护手套。由于机台与放置晶圆的工作平台具有高度差，作业人员将分离后的晶圆置于设定位置时，需弯腰才能完成作业（见图 16—9）。虽然此动作看似简单无害，但长期会造成肌肉过度负荷；长时间在高温或是低温的环境下使用重复性的动作，在没有适当休息的情况下，可能会引起肌肉骨骼系统伤害或其他危害。以上皆会导致工作人员的不舒适度增加，从而降低工作效率。本研究运用实验法调整不同的作业高度与隔热防护手套的材质和样式以进行作业舒适度的改善（见图 16—10）。另外，在实验测试中观察并利用作业人员的主观满意度问卷，来评估改善方案的整体效果。

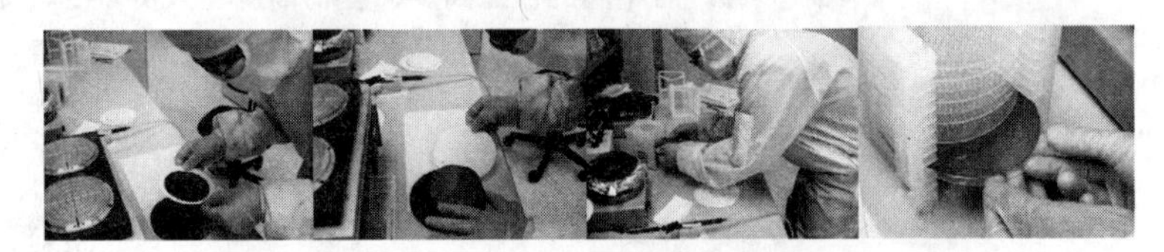

图 16—9　无尘室内芯片分离站的作业情况

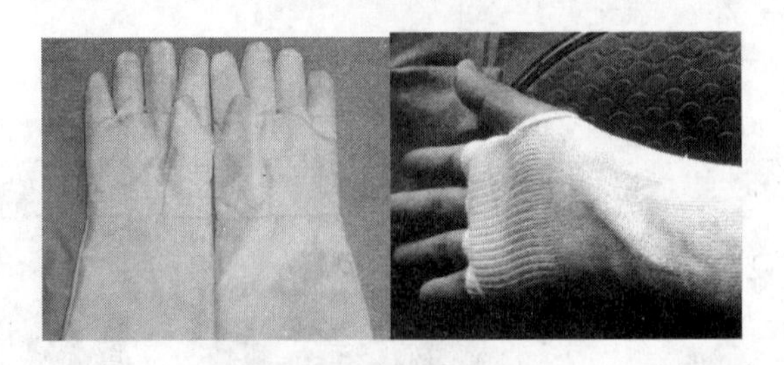

图 16—10　防护手套样式

五、人因工程应用于自动贩卖机的界面设计

人因工程也可应用于人机界面的服务系统设计上，如无人服务的自动贩卖

机的界面设计。为了让不同用户皆可方便使用，日本许多研究单位针对不同的用户利用观察法以及问卷调查法来改善界面设计，例如，观察不同用户在操作自动贩卖机时会遇到的问题，来对贩卖机的界面操作方式加以改善。传统的自动贩卖机（见图 16—11）的面板设计对于高龄者、身心障碍者或是儿童来说，缺乏方便性、操作性以及人性化。导致高龄者或是有身心障碍的用户在拿取物品时，容易发生需弯腰或是拿取不易的状况。另外在投掷钱币时，高龄者或是有身心障碍的用户往往也不易投掷。而且由于儿童以及有身心障碍的用户的身高受限，因此在选取物品时也因为受贩卖机高度的限制而无法做选取的动作。图 16—12 显示的改良后的自动贩卖机的服务设计界面考虑到了高龄者、身心障碍者以及儿童所受到的限制，让所有用户可公平地使用操作，并且简单、易于拿取，提高了用户在操作上的舒适性。

图 16—11　传统的自动贩卖机界面设计

图 16—12　改良后的自动贩卖机界面设计

六、符合高龄者需求的人体工效学座椅

人因工程不仅可以应用于工作场合的改善，日常生活中也充满了许多经过人因设计而成的商品。市面上椅子样式琳琅满目，其中符合人体曲线的人体工效学座椅就是经由人因工程设计而成的。日本静冈工业技术中心与起立木工公司共同合作，成功开发出适合高龄者的人体工效学座椅（见图 16—13)。其首先经过对消费者意向的调查得知消费者心中理想的椅子，之后开始进行用户的行动观察记录（见图 16—14），利用三次元动作解析测量实验来分析动作（见图 16—15），并经过计算机解析与分析数据去寻求最适合高龄者的身体姿势（见图 16—16）以及椅子的座椅面高度（见图 16—17），最后研发出适合高龄者的人体工效学座椅。

图 16—13　适合高龄者的人体工效学座椅

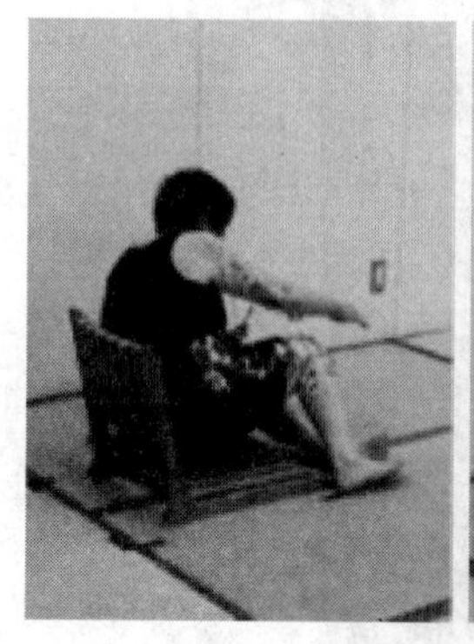
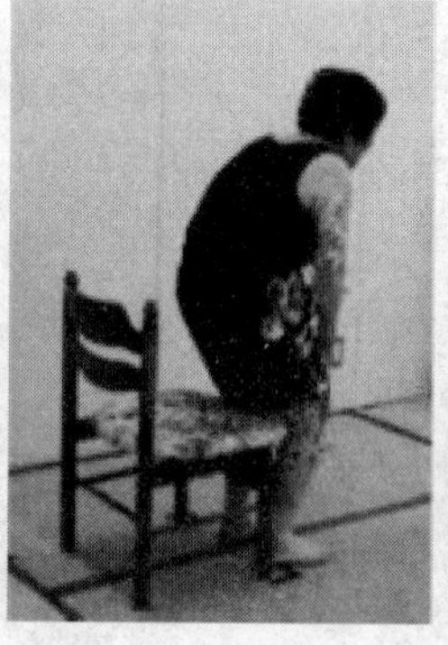
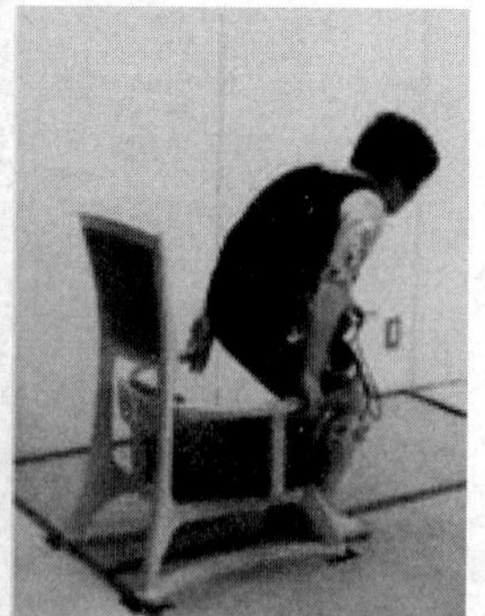

图 16—14　高龄者的行动观察记录

资料来源：高齢者の起立动作に配慮した和室用ダイニングセットの开発，http://www.smrj.go.jp/venture/dbps_data/_material_/common/chushou/a_ventrure/sangakukan/pdf/kiritsumokkou.pdf。

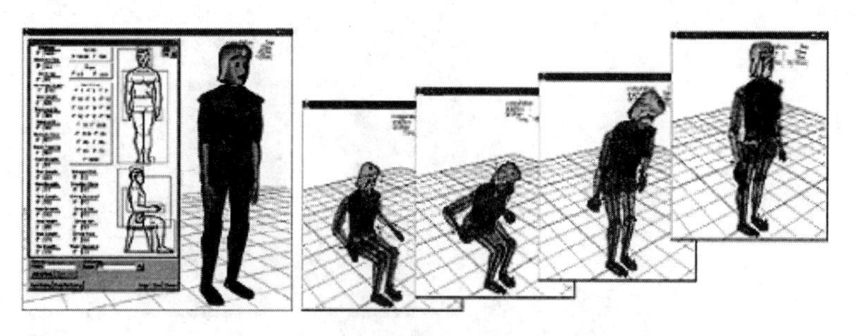

图 16—15　针对座椅开发所进行的高龄者起立动作的三次元动作解析及测量实验

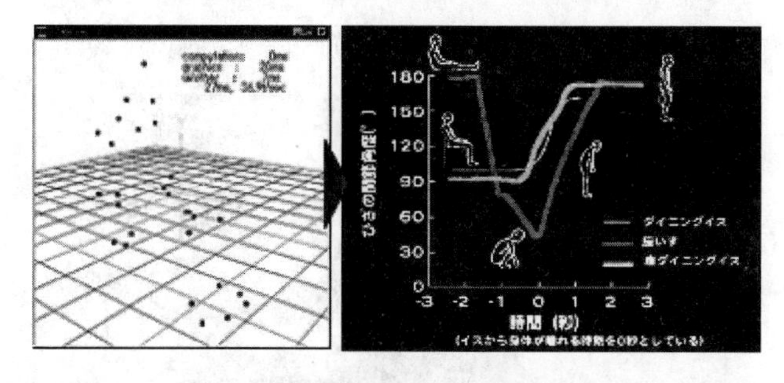

图 16—16　分析测量所得的数据以寻求最适合高龄者的身体姿势

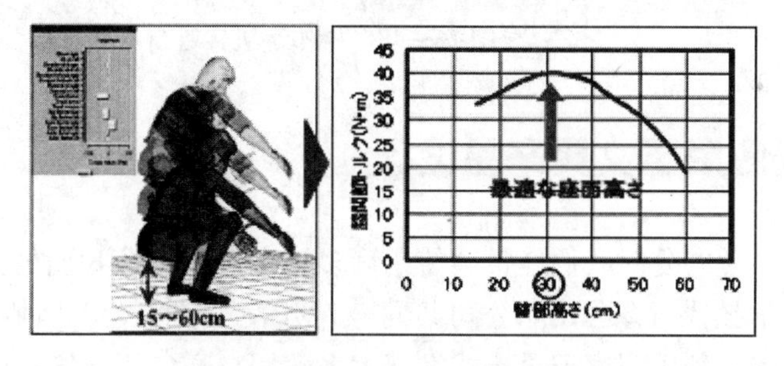

图 16—17　分析得出最适合高龄者的座椅面高度

七、符合高龄者需求的移动电话的开发设计

在日本拥有移动电话的 60 岁高龄者约占七成。为了使高龄者也可以使用复杂移动电话（手机）的功能，针对高龄者使用的手机设计逐渐增加。手机的功能越来越复杂，对于高龄者操作上更显困难。因此日本九州岛大学教授与 Panasonic 共同合作开发适合高龄者的移动电话。

首先，利用观察记录方式发现大多数高龄用户会以大拇指来操作手机。然后，运用实验法进行实验测量。利用人体测量的方式测量所有参与实验的高龄者的手部大小，并且利用录像、观察记录方式以及问卷设计，来分析高龄者操作 4 款不同按键设计手机的情况（见图 16—17 与图 16—18），经过数据解析与分析，设计出最适合高龄者使用的用大拇指操作的手机按键的距离。最后，设计出利用拇指灵活特性且高龄者易于操作的轻巧手机。[2]

图 16—17　四款不同按键设计手机

资料来源：感谢 Satoshi Muraki 提供资料，J Hum Ergol（Tokyo），2010 Dec，39（2）：133-142.

图 16—18　操作手机实验情况

八、人因工程应用于文具产品设计

在日常办公时我们经常会使用许多档案夹来储存我们的文书数据。日本和歌山大学教授与办公用品公司共同合作开发了较符合人因概念的档案夹设计。首先，他们利用观察记录方式发现大多数用户在使用档案夹时会出现拿取不易的状况（见图 16—19）。然后，运用实验法测量那些易于拿取档案夹的设计。利用人体测量的方式测量所有参与实验的用户的手部大小，并且利用录像、观察记录方式以及问卷设计，分析用户在拿取时肌肉的施力大小，以设计开孔拿取的位置，开发出更符合用户使用的档案夹文具设计（见图 16—20）。

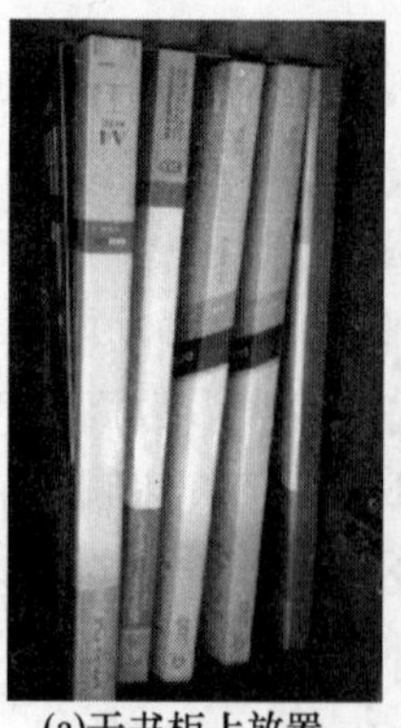

(a)于书柜上放置

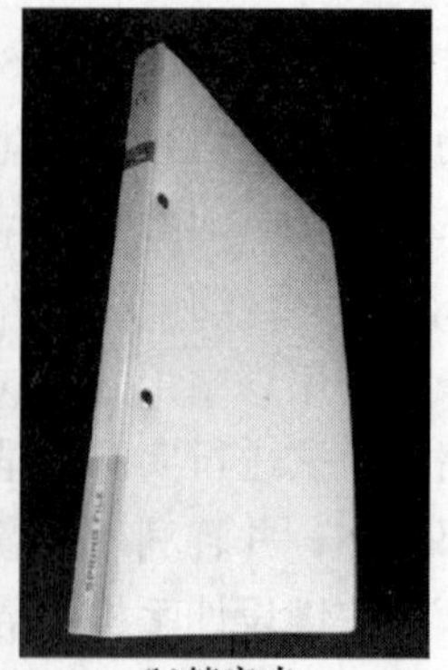

(b)档案夹

图 16—19　传统式档案夹设计

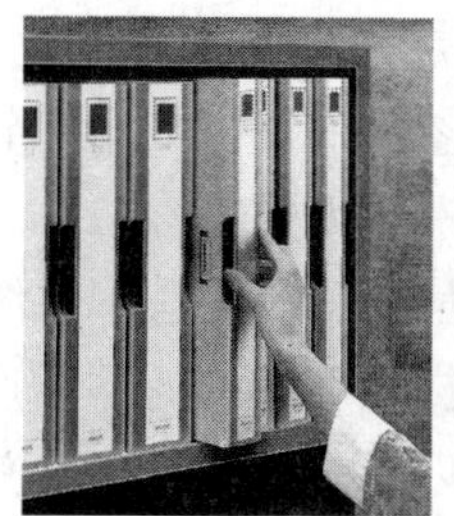
(a)于书柜上拿取动作

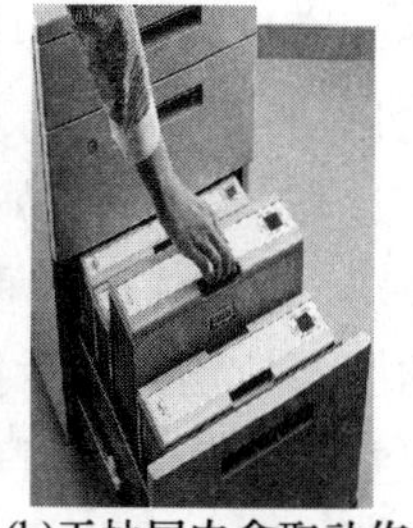
(b)于抽屉内拿取动作

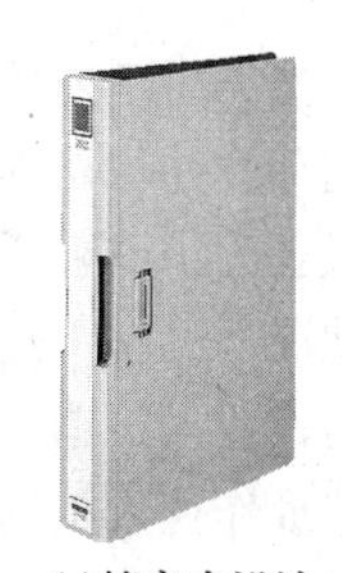
(c)档案夹设计

图16—20 产品情境图

资料来源：山冈后树教授提供资料。

九、符合高龄者生活的人因工程应用

数据统计显示，在日本高龄者跌倒发生率较高，其中七成由居家生活环境造成。预防跌倒事件备受日本研究学者的重视。然而，造成跌倒的主要原因为身体机能的下降和居家环境的设置。主要包括高龄者平衡感失调以及不良的照明、不当的楼梯阶梯间高度或过滑的地板设计。日本的居家生活大多是以榻榻米、木板或地毯为主（见图16—21）。日本九州岛大学教授也针对居家地面的材质做分析探讨，利用三次元的动作分析与问卷设计访谈方式，调查高龄者在跨越障碍物时脚的移动感觉，并经过数据解析与分析，找出高龄者在不同地板形式与跨越不同高度时的认知感觉。

(a)榻榻米

(b)木板

(c)地毯

图16—21 日本居家生活地板形态

资料来源：感谢Satoshi Muraki提供资料。

十、应用人因工程改善无尘室内库存管理

半导体产业与LCD产业是台湾现在与未来经济发展的主力，其中LCD生产制造技术结合半导体产业、化学材料产业以及光电产业的制造技术，生产过程更为复杂。LCD产业与半导体产业制造过程中的作业必须在无尘室内进行。

虽然无尘室内已经高度自动化，但是仍然有很多作业需要使用人力才能完成。这部分往往是高度自动化产业极易忽略的，例如仓库管理需要很多人力才能完成。为了改善货箱过高与过重容易造成人员肌肉拉伤，且不易找到备用物品的状况（见图 16—22），应用人因工程重新设计仓库系统与仓管作业流程，减少对作业人员造成的肌肉拉伤。同时提升仓库内的照明度，减少因为光源不够而造成作业人员的视觉疲劳，不但可以提升库存管理的效率、减少人力工时、提升设备使用率，还可以降低工作人员遭遇职业伤害的几率（见图 16—23）。

图 16—22　改善前货架设计

图 16—23　改善后货架设计

□注　释

[1] 横山精光、邻幸二：《采用动作分析的螺旋梯扶手之通用设计》，载《松下电工技报》，54 (4)。

[2] S. Muraki, et al., The preferable keypad layout for ease of pressing small cell phone keys with the thumb, *Journal of Human Eogology*, 2010, 39 (2): 133-142.

图书在版编目（CIP）数据

人因工程：基础与实践/饶培伦主编. —北京：中国人民大学出版社，2013.9
21世纪管理科学与工程系列教材
ISBN 978-7-300-18059-5

Ⅰ.①人… Ⅱ.①饶… Ⅲ.①人因工程-高等学校-教材 Ⅳ.①TB18

中国版本图书馆CIP数据核字（2013）第216681号

21世纪管理科学与工程系列教材
人因工程：基础与实践
饶培伦 主编
Renyin Gongcheng：Jichu yu Shijian

出版发行	中国人民大学出版社			
社　　址	北京中关村大街31号		**邮政编码**	100080
电　　话	010－62511242（总编室）			010－62511398（质管部）
	010－82501766（邮购部）			010－62514148（门市部）
	010－62515195（发行公司）			010－62515275（盗版举报）
网　　址	http://www.crup.com.cn			
	http://www.ttrnet.com（人大教研网）			
经　　销	新华书店			
印　　刷	北京昌联印刷有限公司			
规　　格	185 mm×260 mm　16开本		**版　　次**	2013年10月第1版
印　　张	14.25插页1		**印　　次**	2013年10月第1次印刷
字　　数	278 000		**定　　价**	29.00元

教师教学服务说明

中国人民大学出版社工商管理分社以出版经典、高品质的工商管理、财务会计、统计、市场营销、人力资源管理、运营管理、物流管理、旅游管理等领域的各层次教材为宗旨。

为了更好地为一线教师服务，近年来工商管理分社着力建设了一批数字化、立体化的网络教学资源。教师可以通过以下方式获得免费下载教学资源的权限：

在“人大经管图书在线”（www. rdjg. com. cn）注册，下载“教师服务登记表”，或直接填写下面的“教师服务登记表”，加盖院系公章，然后邮寄或传真给我们。我们收到表格后将在一个工作日内为您开通相关资源的下载权限。

如您需要帮助，请随时与我们联络：

中国人民大学出版社工商管理分社

联系电话：010－62515735，62515749，82501704

传　　真：010－62515732，62514775　　　　电子邮箱：rdcbsjg@crup. com. cn

通讯地址：北京市海淀区中关村大街甲 59 号文化大厦 1501 室（100872）

教师服务登记表

<table>
<tr><td>姓 名</td><td></td><td>□先生 □女士</td><td>职　　称</td><td colspan="2"></td></tr>
<tr><td>座机/手机</td><td colspan="2"></td><td>电子邮箱</td><td colspan="2"></td></tr>
<tr><td>通讯地址</td><td colspan="2"></td><td>邮　　编</td><td colspan="2"></td></tr>
<tr><td>任教学校</td><td colspan="2"></td><td>所在院系</td><td colspan="2"></td></tr>
<tr><td rowspan="3">所授课程</td><td>课程名称</td><td>现用教材名称</td><td>出版社</td><td>对象（本科生/研究生/MBA/其他）</td><td>学生人数</td></tr>
<tr><td></td><td></td><td></td><td></td><td></td></tr>
<tr><td></td><td></td><td></td><td></td><td></td></tr>
<tr><td colspan="2">需要哪本教材的配套资源</td><td colspan="4"></td></tr>
<tr><td colspan="2">人大经管图书在线用户名</td><td colspan="4"></td></tr>
<tr><td colspan="6">院/系领导（签字）：
院/系办公室盖章</td></tr>
</table>